U0270472

汪延茂 / 著

叩开学习物理的门与道

$E=mc^2$

$$\Delta P = \frac{\Delta F}{\Delta S}$$

上海交通大学出版社
SHANGHAI JIAO TONG UNIVERSITY PRESS

内容提要

本书别开生面地采用辩证唯物思想为指导,以自主学习为核心的"八个理念"来引领中学生跨进物理的大门,揭开这座"科学大厦"中诸多的神奇与奥秘,让学生不仅能轻松愉快地学习物理,还能在学习中品尝物理的原汁原味,享受物理的内在美! 本书假"沪粤版初中物理教材"为依托,将中学生在学习物理的过程中,可能遇到的问题整理出来并采用问题导学的方式逐一解决,在解决这些问题的过程中突出解决问题的思想、观点、路子、方法以及技能技巧,为学生在学习物理的过程中扫清各种各样的问题障碍。

图书在版编目(CIP)数据

叩开学习物理的门与道/汪延茂著.—上海:上海交通大学出版社,2016
ISBN 978 - 7 - 313 - 15546 - 7

Ⅰ.①叩… Ⅱ.①汪… Ⅲ.①物理-青少年读物
Ⅳ.①O4 - 49

中国版本图书馆 CIP 数据核字(2016)第 179130 号

叩开学习物理的门与道

著　　者:汪延茂
出版发行:上海交通大学出版社　　　　　　地　　址:上海市番禺路 951 号
邮政编码:200030　　　　　　　　　　　　电　　话:021 - 64071208
出 版 人:韩建民
印　　制:昆山市亭林印刷责任有限公司　　经　　销:全国新华书店
开　　本:710 mm×1000 mm　1/16　　　　印　　张:18.75
字　　数:341 千字
版　　次:2016 年 9 月第 1 版　　　　　　　印　　次:2016 年 9 月第 1 次印刷
书　　号:ISBN 978 - 7 - 313 - 15546 - 7/O
定　　价:45.00 元

序一 | Preface

授之以鱼不如授之以渔

古人云"授之以鱼不如授之以渔",说的是送给别人一条鱼,只能解其一时之饥饿,却不能解其长久之温饱,如果想让他永远有鱼吃,不如教会他捕鱼的方法。这句话的广义是指在帮助一个人或一群人的时候,若直接给金钱与物质,不如教给他们怎样获取财富的方法。因为直接给金钱与物质,只能救一时之急,不能解决根本问题。其实,教育也是这样的道理,联合国教科文组织曾谈道:

"今后的文盲将不再是不识字的人,而是不会自学和学了知识不会应用的人。成功的教育不应是填鸭式的模式,而是激发学生的自主学习能力,提高学生的创造力。"

我们的汪延茂老师在他古稀之年的精品奉献中,提出"学习物理的八个理念",并告诉初中生在学习中如何践行,就是他在联合国教科文组织倡导的方向上所做的一种成功尝试。

传统的物理教育采用"自上而下"的方式,虽然终结性地呈现了物理知识的完美体系,却难以展示物理学中原生态的美。

但是,物理学以及任何科学与技术的发展,都是自下而上的,源于自然、源于生活和生产、源于人类与自然之间的相通与互动现象。

然而,汪老师在他的《叩开学习物理的门与道》这本书中,用心选出的一些课外阅读资料完美地解决了上述的矛盾。

例如,书中"从密度的微小差异中发现新元素的瑞利"这一课外阅读资料,就是一个非常好的案例。它不仅让学生明白了测量的意义和重要性,同时也为学生清晰地演绎了人类在自然中进行科学探究的七个基本要素,即:① 提出问题;② 猜想与假设;③ 设计实验与制订计划;④ 进行实验与收集证据;⑤ 分析与论证;⑥ 评估;⑦ 交流与合作。

科学家卡耳·波普曾说:"科学始于问题,是问题激发我们去观察、去思考、去探究,为了解决问题,寻求答案,便试探性地提出某些猜想与假设。"

同样,一本好的学习参考也离不开好的问题。

　　好的问题在于它能启发学生思考,进而再提出更好的问题,甚至能对问题的答案提出科学的猜想与假设,并对猜想与假设做出可行性的验证方案,进而培养学生独立研究问题的能力。好的问题具有多方面的作用,不仅能激发学生的求知欲望和创新意识,而且能驱使学生积极地去观察自然、探究自然、学习自然,同时还能引导学生怎样去学习物理、总结物理和应用物理。

　　难怪爱因斯坦说"提出问题,往往比解决问题更重要!"

　　汪老师在书中提出一系列具有启发性的问题,就非常好地体现了这个原则。

　　因此,在本书中诸多好的问题的引导下,采用巧妙的学习支架,让同学们在解决问题的同时,掌握学习中的思想、观点、路子、方法和技能技巧,最终一定会驱使学生自觉地步入自主与创新并存的学习轨道,进而达到培养学生自主与创新学习的能力和习惯的目的。

　　在科技发展日新月异的今天,我们更加需要会自主学习并能创新的人才!

　　期望汪延茂老师的这本《叩开学习物理的门与道》,在初中生学习物理的大好时机能开此先河,授学生以渔,不仅教授学生物理知识,更重要的是教会学生怎样去学习!

周　沛
2016 年 3 月 2 日

　　周沛,马鞍山市第二中学 89 届高中毕业生。高中学习期间,参加中学生国际奥林匹克化学竞赛,并在竞赛中同时获得国际金奖和理论特别奖两个奖项。

　　周沛于 1998 年在美国哈佛大学获得博士学位,之后师从哈佛医学院 Gerhard Wagner 院士做博士后研究。

　　2001 年加入杜克大学生物化学系,是美国杜克大学生物化学系、化学系教授,杜克医学院和癌症研究中心成员,Whitehead 学者。

　　他长期从事核磁和结构生物学研究,尤其是快速核磁方法的研究,并将其应用于生物大分子三维结构的解析,是该领域中国际知名专家。

　　近年来,周沛实验室运用液体核磁共振和 X 射线晶体衍射方法解析了一系列与疾病相关的生物大分子及其复合物的三维结构,并结合蛋白质的动力学性质,设计了一系列有效的抗菌药物,用于抗击超级细菌。

　　其相关研究成果在 *Cell*,*Science*,*Nature*,*PNAS*,*JACS* 等高水平国际杂志发表,并被多次选为封面热点文章。

序二 | Preface

学生的心声

我们的老师汪延茂在古稀之年,写出了我们今天这些不惑之年学子的共同心声:不要再让我们的下一代害怕物理了!

他提出了全新的"学习物理的八个理念",并采用大量的事例生动活泼地诠释在学习初中物理的过程中,怎样用这"八个理念"自主地学好初中物理这门课程。

我们读了之后,第一反应就是既有"曲径通幽,妙趣横生"的美感,又有"会当凌绝顶,一览众山小"的愉悦,真是美不胜收,痛快至极!

例如,书中提出牛顿第一定律、惯性和惯性现象的区别和联系在哪里?

这个问题,如果让我们回到初中那个年代来回答,可能很难说得清楚。

但是,今天的初中生若读了汪老师写的下面一段文字,即刻就能豁然贯通!

> 牛顿第一定律,反映的是一切物体在没有受到任何外力作用时,必然处于静止或匀速直线运动状态的自然规律。
>
> 惯性,反映的是一切物体均具有维持静止或匀速直线运动状态的普遍属性。
>
> 惯性现象,反映的是物体在某一方向上失去力的作用时的牛顿第一定律的瞬间表现。
>
> 因此,物体的惯性是根本,牛顿第一定律是人们在假设物体不受任何外力作用的理想条件下,通过理性思维中逻辑推理的方法得出的,但在现实中却看不到的一种自然规律。惯性现象则是物体在某一方向上失去力的作用时,在现实中常能见到的牛顿第一定律的瞬间表现。人们常把牛顿第一定律说成惯性定律。可见,惯性定律和惯性现象,是物体在不同条件下惯性的内在和外在的两种表现,即:

> 一是物体在所有方向上均失去力的作用的理想条件下,我们虽看不到惯性表现,但它仍潜在于物体相对静止或匀速直线运动状态之中的惯性定律。
>
> 二是物体在某一方向上失去力的作用的特定条件下,我们常能在现实中看到的,甚至在公交车上曾经历过的惯性定律的瞬间表现,即惯性现象。

又例如,沪粤版初中物理教材中提到"雨滴将要落到地面时是匀速的",这一自然现象的奥秘又在哪里呢?

这个问题,如果让我们回到初中那个年代来回答,恐怕更是说不清了。

但是,今天的初中生若读了汪老师用"大自然总是要尽可能地使其系统结构内部的能量耗损降低到最低为止,以确保其系统结构的稳定与和谐"这一规律或本性来阐明该自然现象时,就会茅塞顿开!

> 首先,雨滴在下落的过程中会自然形成流线体,因为这种形体在运动过程中受到的阻力最小,能量耗损最小,也是一种最稳定,并具有对称美感的结构。例如,不倒翁的形状就是流线体,因此,它最稳定,始终不会翻倒。又例如,各种蛋生动物下的蛋都是流线体,因为它们在下蛋的过程中受到的阻力最小,最节省能量。
>
> 接着,雨滴在下落到快接近地面的过程中,又自然地趋于重力与空气阻力二力的平衡状态,从而使雨滴进入能量耗损最小的匀速直线运动状态,进而确保了雨滴在运动线路的结构上和谐与稳定。
>
> 可见,"大自然总是要尽可能地使其系统结构内部的能量耗损降低到最低为止,以确保其系统结构的稳定与和谐"这一与生俱来的美德和品性,是非常值得我们人类学习的。
>
> 正如科学家爱因斯坦所说的,"一切科学工作都要基于这种信仰,确信宇宙存在并应该有一个完全和谐的结构。今天,我们比任何时候都没有理由让自己人云亦云地放弃这个美妙的信仰"。

再例如,书中提出大自然是怎样处理力和惯性这对矛盾的?

同样,这个问题如果让我们回到初中那个年代来回答,或许无从说起。

但是,若读了汪老师用"矛盾是事物发展的动力,事物往往是矛盾的对立统一体"这一辩证的观点,结合"大自然总是要使其系统结构稳定与和谐"的本性来诠释时,问题的答案立马就会水落石出!

力总是要改变物体的运动状态,而惯性又总是要维持物体的运动状态不变。因此,它们成了一对矛盾。

然而,大自然却十分巧妙地采用圆或椭圆运动,统一了惯性和力这对矛盾。

这说明圆或椭圆运动,是力和惯性这对矛盾的对立统一体的表现形式,而圆或椭圆恰恰又是大自然中和谐与稳定的一种结构方式,也是大自然中对称美的质朴表现。

由于科学家们发现圆或椭圆是大自然中一种稳定、和谐的结构,且具有直观对称的质朴美。于是,艺术家和文人墨客们便用不同的方式来赞誉大自然的这种美!

如下图所示:

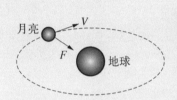

科学家发现的自然美

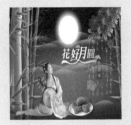

艺术家彩笔下的自然美

文人墨客对联中的自然美

类似上述三个问题的妙趣横生,理中显美的解答案例,在汪老师所写的这本书中可谓比比皆是!

因此,我认为这是一本非常值得当今初中生阅读的学习参考。

陆　铭

2016 年 2 月 18 日

陆铭,马鞍山市第二中学 91 届高中毕业生,在校学习期间担任学生会主席。

2001 年获得复旦大学经济学博士学位,任复旦大学教授,上海交通大学特聘教授、博士生导师,并担任中国发展研究中心主任,被选为上海市政协委员。

作为客座教授(兼研究员)受聘于北京大学、日本一桥大学等多所高校。曾担任世界银行和亚洲开发银行咨询专家。担任《经济学(季刊)》副主编。

研究领域为劳动经济学、城乡和区域发展以及社会经济学。

作为主要负责人主持过国家自然科学基金重点项目、国家社会科学基金和教育部重大项目等多项国家或省部级研究课题，以及世界银行、亚洲开发银行等国际合作研究课题。

作为主编之一出版了《空间的力量》《中国的大国经济发展道路》《中国区域经济发展：回顾与展望》《中国区域经济发展中的市场整合与工业集聚》《工资和就业的议价理论：对中国二元就业体制的效率考察》等多部专著。为教育部"十五"规划编写了《劳动经济学》《劳动与人力资源经济学》《微观经济学》等多本重点教材。多篇论文发表于 World Development，Journal of Comparative Economics，China Economic Review，Journal of Housing Economics，Review of Income and Wealth 等国外期刊以及《中国社会科学》《经济研究》《经济学（季刊）》《世界经济》《管理世界》等国内权威期刊。研究成果获得过包括全国百篇优秀博士论文，上海市哲学社会科学一、二、三等奖，教育部中国高校人文社会科学研究优秀成果奖，人事部人事科研奖在内的多个奖项。

获得的荣誉包括教育部新世纪优秀人才、上海市教委曙光学者（2005 年）、上海市领军人才（2009 年）和上海市十大青年经济人物（2010 年）。

前言 | Foreword

前言就从《叩开学习物理的门与道》这本书的名字说起。

顾名思义,此书将引领中学生跨进物理这门科学的"大门",并为同学们鸣锣开道,揭开这座科学大厦中的诸多神奇与奥秘!

本书以沪粤版初中物理教材为依托,将同学们在学习物理过程中可能会遇到的难以理解、心存疑惑和容易混淆,但又必须要解决的问题统统整理出来,采用"问题导学"的方式逐一解决,并在解决这些问题的过程中,突出解决问题的思想、观点、路子、方法以及技能技巧的展示,为同学们在学习物理的过程中扫清各种各样的问题障碍。

当同学们将学习过程中的问题障碍逐一排除之后,又学会了使用解决这些问题的思想、观点、路子、方法以及技能技巧进行思考与操作。那么,怎样学好物理这门科学的问题,也就迎刃而解了。

例如,当同学们刚刚踏进物理科学这扇大门时,本书就提出观察实验和理性思维在学习物理这门科学中的作用是什么,进而开门见山地告诉同学们,在学习物理这门科学的过程中最关键的"入门之道"。

> 请阅读下面内容,看看本书是怎样告诉同学们,在学习物理的过程中最关键的"入门之道"的。

观察实验和理性思维,是大自然赋予我们人类的两大认知功能,同时也是构建一切科学的两条最基本途径,物理学也不例外。

大自然为人类公平造化	视觉、听觉、嗅觉、味觉和触觉等感知器官和一双灵巧的手。	→	它们能帮助我们快速传递信息到大脑,并在观察实验中收集各种证据。所谓证据,指通过感官和动手测量能获得的事物本质在各个方面的外部表现。
	一副大脑和一套灵敏的神经系统。	→	它们能帮助我们在理性思维中揭示事物的本质。所谓事物的本质,通常指的是事物的性质和事物运动的规律。

因此,同学们要把大自然为人类公平造化的两大认知功能充分用好。不仅要像科学家那样把这两大认知功能有机地结合起来,还要具备像科学家那样的思想、精神、情感、毅力、态度和意志品质。

如果同学们能在上述的两个"像"上下功夫,那么,你们就一定会把初中物理这门课程学好,并为今后学习高中物理,甚至是学习所有的学科奠定坚实的基础。

这就是学习物理这门科学最关键的"入门之道"!

为了让同学们知道怎样应用大自然为我们人类造化的两大认知功能,本书又通过"探究运动和力的关系"的实验过程,说明观察实验和理性思维是怎样在该实验探究中具体应用的。

请阅读下面的材料,看看本书在"探究运动和力的关系"的实验中,是怎样应用大自然为我们人类造化的两大认知功能的。

下面是"探究运动和力的关系"的实验示意图。

观察小车从斜面滚动到不同光滑程度的水平轨道上运动状态的变化。观察实验中能收集到哪些证据?理性思维中如何得出科学结论?

1. 观察实验只能帮助我们收集证据。

这里说的证据,指在观察实验中,能看见的现象发生或产生的条件和特征,以及能观测到的现象变化的量值和影响量值变化的部分因素。但是,这些证据均无法揭示事物的本质。例如,本观察实验中能收集到的证据有:

(1) 小车从斜面滚到不同光滑程度的水平轨道上,均做的是直线运动。

(这条证据是能看见的现象产生的条件和现象的基本特征)

(2) 当水平表面越来越光滑时,小车在水平轨道上运动的时间越来越长。

(3) 当水平表面越来越光滑时,小车在水平轨道上运动的距离也越来越长。

(这两条证据是能观测到的现象变化的量值和影响量值变化的部分因素)

2. 理性思维可以帮助我们分析、归纳、概括,并作出科学的推断。

这里说的理性思维,指通过大脑加工处理,去粗取精、去伪存真的过程。但是,它却能揭示事物的本质。例如,本观察实验中的理性思维过程如下:

首先分析:小车在水平轨道的竖直方向上受到重力和支撑力两个力作用,且这两个力是平衡的二力相互抵消。

进而想象：小车在竖直方向上不受力作用。

接着分析：当水平表面越来越光滑时,小车在水平轨道上运动的时间和路程也越来越长,这意味着小车在水平方向上受到的阻力越来越小。

进而推想：小车速度的改变量也越来越小。

跟着假设：水平表面是一个没有任何阻力的理想模型,于是,思想实验便在这种假设的理想模型上开始,即在头脑的想象中进行实验。

接着推想：小车在不受任何外力作用时的速度改变量就为零,也就是小车的速度不会发生改变。

最后推断：小车将做永久的匀速直线运动。再应用从个别到一般的逻辑推理方法,便可归纳得出"一切物体在不受外力作用时,将做匀速直线运动"的牛顿第一定律这一科学结论。

同学们若经常模仿训练上述的做法,自然就会应用这两大认知功能,自主地进行科学探究了。

本书对同学们在学习物理的过程中可能会遇到的一些难以理解,存有疑惑和容易混淆的问题,均有观点明朗、思路清晰、简洁明快的破解之道。

例如,当同学们学到分子动理论时,可能对"看不见的分子既具有引力,又具有斥力"难以理解。

于是,本书采用"矛盾相互转化,它们既是对立的,又是统一的"和"自然界中事物的多样性与统一性"的辩证观点为指导,并与看得见的弹簧伸长与压缩现象作类比,让同学们对"看不见的分子间既有引力,又有斥力"这个难以理解的问题,茅塞顿开,豁然开朗。

请看本书是怎样用方框图解的方式来说明的。

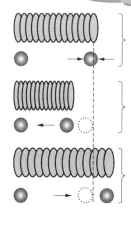

当分子受到的引力和斥力相等时,处于平衡状态,相当于弹簧的自然状态。

当分子离开平衡位置向左时,斥力成为矛盾主要方面,相当于弹簧的压缩状态。

当分子离开平衡位置向右时,引力成为矛盾主要方面,相当于弹簧的伸长状态。

这一事实说明在微观世界中发现的东西,在宏观世界中也能找到。同时也证明了自然中物质与运动的多样性和统一性,以及矛盾既是对立的,又是统一的辩证观点。

　　说实话,尽管编者在前言中,用心挑选书中若干典型问题为例,并采用图文并茂的解析方式,对本书的功能做出颇为具体、比较透彻,且又通俗易懂的说明。但是,该书真正被同学们所接纳并在实际使用中,到底能发挥多大的参考作用,即使编者在这里说得天花乱坠,也无济于事。

　　可见,前言说多了没有用,余下的就是想多听听同学们阅读之后的"回音"了。

　　我们将真诚地等待着读者发自内心的真实的声音,因为量子物理学家海森伯曾告诉我们——"真的光辉就是美"!

汪延茂

2016 年 3 月 30 日

为什么编写这本初中物理学习参考

第一，自主学习是成就一个人的关键要素。

我国著名教育家陶行知先生十分重视在践行中学习，他说："行是知之始，知是行之成。"科学家伽利略早就说过："你无法教别人任何东西，你只能帮助别人发现一些东西。"

历史上如爱迪生、富兰克林、帕斯卡、瓦特、法拉第、焦耳等许多科学家，都是通过自主学习而成就自己的。

可见，教给学生"自主学习"的途径、方法，培养他们"自主学习"的能力和习惯，就显得格外重要，"教是为了不教"的道理也在于此！

第二，现代教学理论指出：有"支架"的学习，是最有效的学习。

怎样理解科学家伽利略所说的"你无法教别人任何东西，你只能帮助别人发现一些东西"呢？

"有支架的学习最有效"就是对伽利略这句话最好的诠释。

因此，在这本初中物理学习参考中，我们采用给思想、给方法、给学习中关键问题的解惑以及用物理学家和部分物理学史的简介等方式作为支架，以帮助初中生尽快地步入自主学习的轨道。

第三，现代教学理论又指出：会自我评价的学习，是最有效的学习。

中国有一句古训："人贵有自知之明"，即只有通过自我认识和觉悟，才能真正了解自己的不足之处，并付诸行动。

在初中物理课标中，用知道、认识、了解、理解和应用等行为动词来描述知识掌握的程度。其中理解和应用是知识掌握程度的相对较高，也是最重要的两个评价级别或层次。

因此，在这本初中物理学习参考中，我们将"怎样评价知识的理解"和"怎样评价知识的应用"两把标尺交给学生，驱使他们及时对学习进行自我评价，进而不断提高自主学习的能力。

第四，我们一直倡导教育公平，却又因某些具体做法上的疏忽而显得不是那么公平。

例如，我们一直在认真地为教师编写"教学参考"，而为了应试，又有许多人为学生编制各种习题训练，却从来没有人想到要为学生编写一本学习参考。

因此,在教师手中就有了"天经地义"的教学参考,而在学生手中就只有"理所当然"地接受检测的各种"习题训练"。

于是,原本是学习的主人的学生,在应试教育明、暗双流涌动的社会、学校和家庭混合交错的冲压下,反倒成了学习的奴隶,这显然是极不公平的。

鉴于上述原因,我们想抓住同学们初学物理这一大好时机,力争为他们打造一本切实能发挥支架作用的初中物理学习参考,以驱使他们尽早地步入自主学习物理的正确轨道,进而扶正他们原本是学习主人的地位!

学好物理的"八个理念"

本书选用沪粤版初中物理教材为依托,告诉同学们怎样走进物理学这扇大门,如何步入学习物理的正确轨道,进而学好物理这门课程。因为《初中物理课程标准》是全国统一的,因此,使用其他版本教材的初中同学,均可将此书用来作为参考,甚至高中同学在空闲时读一读,也一定会有收益。

但是,不论使用哪种版本的教材,我们都希望同学们在学习物理的过程中,要用心吸纳并接受以下学习物理的"八个理念"。

1. 任何知识都不是老师给你讲明白的,而是在老师的正确思想、方法和路子的引领下,通过自己经历阅读与思考、交流与讨论、操作与制作等一系列的活动过程看透的、做懂的、想通的和用心来悟明的。

这就是人们常说的"师傅领进门,修行在个人"的道理。

因此,同学们要把自主学习放在初中物理学习,甚至是各门学科学习的重中之重的位置上。

2. 科学思想的核心是辩证唯物,今天的初中生应当,也必须要接受辩证唯物的思想教育,而物理学就是进行辩证唯物思想教育的最好载体,也是最好的启蒙老师。

因为物理学从远古的自然哲学的母体中分娩出来,必然会遗传其母体的重要基因——辩证唯物。

因此,同学们在学习物理的起始,就要吸纳并接受以下常用的辩证唯物思想中的一些基本观点。

千万不要以为这些观点有多么深奥,它们就在我们的身边,同时也在我们初中物理学之中,同学们要像幼儿背诵"三字经"那样先背下来,然后再利用物理这门科学作为启蒙老师的作用,在学习使用中进一步认识、理解。

※ 人类对客观世界的正确反应,才是正确的认识。
※ 人类认识必须从感性上升到理性,才能揭示事物的本质。
※ 世界既是普遍联系的,又是无限循环发展的。
※ 矛盾是事物发展的动力,矛盾的双方可以相互转化,事物往往是矛盾的对立统一体。

※ 主要矛盾在事物运动与发展的过程中起决定性的作用。

※ 从量变到质变,是事物发展的普遍规律,变中有不变,不变中有变,而变与不变也是对立统一体。

※ 自然界的物质与运动,既是多样的,又是统一的。

※ 事物总是有两面性的,因此,要用一分为二的观点来分析问题、处理问题。

※ 内因是事物运动与发展的决定性因素,外因是事物运动与发展的外部条件。

※ 必然是偶然的支撑,偶然又是必然的表现和补充。

※ 原因是现象,结果也是现象,只不过原因是结果的内在现象,而结果是原因的外在表现。

※ 事物总是在"否定之否定"中演变和发展的。

※ 真理既是绝对的,又是相对的。

当同学们吸纳并接受了上述辩证唯物思想中常用的一些基本观点之后,自然就会登上学习物理的制高点,进而达到"一览众山小"的学习效果。

3. 要吸纳并接受科学家们的审美观点,科学家们对自然中各种现象的审美标准是:真实、质朴、简单、均衡、对称、不变、守恒、和谐、稳定和辩证等。

当同学们吸纳并接受了科学家们的这些审美标准之后,自然就会变物理的学习与探究为美的一种享受。

4. 要把接受科学思想和掌握科学方法以及学会做人、做事和做学问放在比学习知识更重要的位置上。

因为科学思想是学习与探究知识的指路航标,科学方法则是打开知识宝库的"金钥匙",而"人"做不好,"事"也很难做成,至于"做学问"就更谈不上了。因此,同学们要把学习的精力和重点,放在积极接受科学思想和尽快掌握科学方法以及认真学习做人、做事和做学问上。这也是所有学科学习的总目标。

5. 要让学生学会使用衡量知识的理解和应用两把"标尺",来评价自己的学习。

所谓知识的"理解",指知道知识的来龙去脉。其中"来龙",指了解知识从哪里来的,"去脉",指知道知识用在什么地方。

所谓知识的"应用",指会使用,甚至灵活使用所理解的知识去解释自然中的一些现象,解决生活、生产中的一些实际问题。

当同学们知道了知识的来龙去脉,又会使用,甚至灵活使用所理解的知识去解释自然中的一些现象,解决生活、生产中的一些实际问题时,那么,他们就完全可以自豪地说自己进入了理解和应用知识的两个较高的级别或层次,同时也可以自信地说自己在自主学习的能力上,又提升了一个档次,上升了一个台阶。

6. 学习物理要做到心中有数。

这里说的"数"有三层含义:

一是指同学们要重视观察实验中的测量数据。

因为观察实验中所收集的那些测量数据,往往是我们用来揭示事物本质的最重要的证据。

二是要认识并记住物理学中一些常数。所谓常数,指自然中那些能维持物质运动与变化在较大范围内秩序功能的不变量值。

因为在自然中,当物质运动与变化在量值上接近或达到这些常数时,物质的性质和物质运动的秩序将会发生质的变化。

三是要把数学作为精雕细刻大自然的最佳工具。

因为物理学中的力、声、热、电、光等现象,只有通过数学的语言才能精准地描述它们变化的规律或秩序。这个事实反过来说明,大自然具有数学结构的本性。难怪许多科学家都说,"大自然是用数学的方法来打造自己近乎完美的结构的"。

可见,数学也只不过是人类用来呈现大自然数学结构本性的一件精美的复制品而已。因此,天文学家开普勒说"数学是美的原型"。

7. 要了解物理学史,因为不了解物理这门科学的过去,就很难理解它今天所揭示的到底是什么和为什么。

因此,同学们在学习初中物理的过程中,要适当了解一点物理学的发展史,进而知道物理知识到底是从哪里来的,又是怎样来的。这对同学们认识并理解物理知识大有好处。

8. 要拜大自然为老师,因为人类的一切科学都是从大自然那里学来的,物理学也不例外。同时,要坚信物质、运动、能量、守恒、辩证以及让结构系统内部的能量耗损降低到最低为止,以确保系统结构的稳定与和谐等,均是大自然与生俱来的并为人类自始至终地在探究、学习与应用的本性。因此,同学们在学习初中物理的过程中,要树立尊重大自然,学习大自然,热爱大自然,保护大自然的观念。

一开始就要求同学们完全吸纳并接受上述的"八个理念"可能有些困难,但只要同学们使用这本初中物理学习参考,那么,就一定会从书中很快体悟到这些学习理念在今天的学习,甚至是未来的学习、生活与工作中,将会产生多么重要的作用!

这就是我们为什么要求同学们,在学习物理的过程中用心、积极吸纳并接受上述"八个理念"的根本原因。

目录 | Contents

第一章
走进物理世界

本章是同学们学习物理的入门篇。

通过入门篇的学习,同学们要达到的目标是:

1. 了解物理学是研究什么的科学,知道它不仅有趣,而且有用,同时,还要知道怎样才能把初中物理这门课程学好。

2. 知道测量在科学探究中的意义和价值,学会对长度和时间的测量。

3. 经历简单的科学探究过程,了解科学探究中的七个基本要素,知道科学探究是怎么一回事,进而对科学探究产生一定的兴趣。

1.1 希望你喜爱物理

本节是学习物理入门篇的序幕,目的就是让同学们了解物理学是研究什么的科学,知道它不仅有趣,而且有用,认识观察实验和理性思维的作用是什么,进而知道怎样才能把初中物理这门课程学好。

本节学习要点

- 认识物理学,了解它是研究什么的科学。
- 认识物理学,知道研究它的用途在哪里。
- 认识在物理学中具有里程碑式的三位科学巨人伽利略、牛顿和爱因斯坦。知道他们曾经想了些什么、说了些什么、做了些什么,进而知道怎样才能把初中物理这门课程学好。

本节学习支架

1. 物理学是研究什么的科学？

> 宇宙到底有多大？宇宙的深处到底有些什么？我们的地球在宇宙的哪里？是中心，还是边缘？

> 地球是一个"大水球"，其表面有70%的水，为什么这些水总是随着地球一道运转，而不洒落到浩瀚的宇宙中？

> 地球是一个"大磁球"，地磁是怎么一回事？它跟我们人类又有怎样的关系？

> 地球也是一个"大电球"，地电与天电是一回事吗？它跟我们人类有怎样的关系？

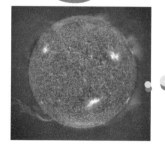

> 太阳是一个"大火球"，那么，到底是什么东西在生生不息地燃烧？太阳的"燃烧"跟我们地球又有怎样的关系？

　　啊！多么神奇而又妙趣的宇宙，它到底隐藏了多少奥秘？怎样才能揭开宇宙中一个又一个的奥秘呢？

　　物理学就是一种最锐利的武器！

　　可见，物理学是用来探究力、热、电、光、声等自然现象，以及这些现象变化所遵循规律的一门科学。

　　2. 物理学的用途在哪里？

　　蒸汽机的发明，使人类从繁重的手工劳作中解脱出来，促进社会步入大规模机器生产的时代。

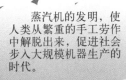

　　各种热机的产生，促进了空间技术的发展，人类开始登上月球，尝试闯进火星，展开深空探究，寻找宇宙中人类还有95%以上未知的物质。

电动机

　　发电机和电动机的出现，大大改变了人类的生活和生产方式，提高了人类的生产效率和生活质量，促进社会步入电气化的时代。

发电机

电磁波的发现、微电子和信息技术的发展、电脑的普及、互联网的开通、各种机器人的研制和使用等,表明人类今天已经步入高科技、信息化、智能型的时代。

上面的图示与说明,为我们呈现出了物理学一次又一次的重大发现与发明,给人类带来一个又一个福音!

可见,物理学不仅是一门十分有趣的科学,而且是一门非常有用的科学。

3. 课外阅读资料。

● 物理这门科学从哪里来,为什么说它是辩证唯物思想教育的最佳载体和最好的启蒙老师?

　　早在公元 15 世纪之前,没有物理学这门科学,因此也没有"物理学家"这一称号。在那个时代,凡在自然现象的认识上有所建树的智者统称为"哲学家"。在西方,从公元 5 世纪到 14 世纪将近 1 000 年(史称科学黑暗时期)里,由于封建教会的严密统治,视神学至高无上,一切真理都不得超越"圣经"。因此,科学被窒息了,物理学也只能沉睡在自然哲学①之中。15 世纪,文艺复兴运动的兴起,倡导人们崇尚科学,重视人与自然的统一,强调用知识来唤起民众,引导人们与传统恶习抗争,于是,许多新思想、新观念脱颖而出,一大批科学巨人,如达·芬奇、哥白尼、伽利略等纷纷涌现,诸多科学发现和科学理论也相继诞生。

　　直到 16 世纪,物理学才从远古的自然哲学中分出来,成为一门独立的科

---

　　① "自然哲学"指早期人们用来研究自然的思想、观点与方法的一门学问。它是人类远古时期最早出现的科学之一。

学。可见,伽利略才是真正的第一个获得"物理学家"这个头衔的科学家。

由于物理学从远古的自然哲学的母体中分离出来,必然遗传其母体最重要的基因——辩证唯物,因此,我们说它是今天初中生接受辩证唯物思想教育的最佳载体和最好的启蒙老师!

● 我们要向伽利略、牛顿和爱因斯坦这三位科学巨人学些什么?

伽利略善于独立思考,常用自己的观察和实验来验证教授们所讲的教条。他虽然用观察实验方法否定了堪称"古希腊百科全书"的亚里士多德某些错误观点,但他仍然说:"我并不是说我们不应倾听亚里士多德的话,相反的,我称赞那些虚心阅读和仔细研究他的人。我所反对的是那些屈服于亚里士多德的权威之下,盲目赞成他的每一个字,不想去寻求其根据,而只是把他的每一个字看成颠扑不破的真理。"

是伽利略第一个把实验引进物理学的研究中,并利用实验和数学相结合的方法,在运动和力两个方面发现了许多重要的规律。

还是伽利略第一个建立"速度"概念,并在这个科学概念的基础上,对物体的机械运动做出了正确的分类,从而使运动学步入了科学研究的轨道……

可见,伽利略坚持唯物,尊重事实,重视用观察实验的结果说话,从不盲从权威的思想、精神和意志品质,是非常值得我们后人学习的。

牛顿是大量应用数学方法来系统地整理物理理论的第一人。

他提出用简单性、统一性以及在观察实验的基础上通过归纳得出结论的一些科学思想与方法来研究各种物理现象。

例如,他说:"自然不做无用之事,只要少做一点就成,做多了却是无用,因为自然喜欢简单,而不爱用什么多余的原因来夸耀自己。"

这就是他对"自然法则"中的"简单性"最风趣的表述。

他又说:"对于自然中同一类的结果,必须尽可能归之于同一种原因。""物体的属性,凡既不能增强,又不能减弱者,并为我们实验所能及的范围内一切物体所具有的,就应视为所有物体的普遍属性。"

这就是他对"自然法则"中"多样性与统一性"的具体描述。

他还说:"物体的属性只有通过实验才能为我们所了解……在实验中,我们必须把从各种现象中通过一般归纳的方法而得出的结论,看作是完全正确的,或者是非常接近正确的。"

可见,牛顿是一位具有朴素的唯物辩证思想,并善于将观察实验和理性思维相结合的科学家。

这些,就是我们后人非常值得学习的地方。

后人将爱因斯坦在科学探究中所坚持的科学思想与方法总结如下:

(1)坚持自然科学中唯物的思想。他在 1921 年谈到"相对论"时说:"……理论并不起源思辨,它的创建,完全是由于要想使理论尽可能地适应于观察到的事实。"

(2)坚持物质世界"统一性"的原则。他把物质世界的统一性,作为自己科学研究的最高目标,并贯穿于他的整个探索过程之中。

例如,他对牛顿假设的"绝对时空"产生怀疑,就是从"物质世界的统一性"这一思想出发而引起的,他认为"绝对时空"破坏了物质世界的统一性,即时间与空间并非跟外界事物无关。

(3)坚持独立与批判的精神。他从不迷信权威,并敢于突破,坚持怀疑的态度和独立性的原则。

(4)善于应用理性思维的洞察力,深入揭示事物的本质。

可见,爱因斯坦是一位既善于应用辩证唯物的思想,又善于应用理性思维方法揭示事物本质的科学家。

这些,恰恰是我们后人可敬,可学的地方。

4. 观察实验和理性思维的作用是什么?

观察实验和理性思维是大自然赋予我们人类的两大认知功能,同时也是构建一切科学的两条最基本的途径。

大自然为人类公平造化	视觉、听觉、嗅觉、味觉和触觉等感知器官和一双灵巧的手。	→	它们能帮助我们在观察实验中收集各种证据。所谓证据,指通过感官和动手测量能获得的事物本质在各个方面的外部表现。
	一副大脑和一套灵敏的神经系统。	→	它们能帮助我们快速传递信息,并在理性思维中揭示事物的本质。所谓事物的本质,通常指的是事物的性质和事物运动的规律。

因此,同学们要把大自然为人类公平造化的两大认知功能充分用好。不仅要像科学家那样把两大认知功能有机地结合起来,还要具备像科学家那样的思想、精神、情感、毅力、态度和意志品质。

如果同学们能在上述的两个"像"上下功夫,那么,你们就一定会把初中物理这门课程学好,并为今后学习高中物理,甚至是学习所有的学科奠定坚实的基础。这就是学习物理的最重要的"入门之道"!

1.2　测量长度和时间

进入本节学习,同学们要明白学习物理,为什么首先要学习测量,而学习测量,为什么又要从学习长度和时间的测量开始。

本节学习要点

- 认识测量的三个基本要素:

  测量单位。

  测量工具。

  测量方法(直接测量与间接测量)。
- 认识国际单位制。
- 认识测量误差,知道减小测量误差的基本方法。
- 学会正确使用带刻度的测量工具(直尺与表)。

本节学习支架

1. 学习物理,为什么首先要学习测量?

科学家开尔文曾说过:"……当你能够量度你所说的东西,并且能用'数'来表示,那你就对它有所了解了,如果你不能量度而且不能用'数'来表示它,那你的知识便是贫乏的和不能令人满意的。"

可见,测量和测量中的数据是何等重要。

2. 课外阅读资料。

测量和测量中的数据为什么重要?

请阅读下面资料,同学们就一定会认识到测量和测量中的数据为什么重要,同时还能从科学家瑞利和拉姆塞在想什么、说什么和做什么中认识到科学探究是怎么一回事,并且学习他们之间的合作精神。

课外阅读资料

从密度的微小差异中发现新元素的瑞利

瑞利(1842—1919)是英国著名物理学家,是著名物理学家汤姆逊的老

瑞利（1842—1919）

师，曾担任过举世闻名的"卡文迪许实验室"第二任主任，后来又任英国皇家学会会长和剑桥大学校长。

瑞利出身于贵族家庭，从小受到良好的家庭教育，在中、小学时就才艺初露。

1860 年，他以优异的成绩进入剑桥大学，1865 年大学毕业时被列为最优等。剑桥大学主考教授提出："瑞利的毕业论文极好，不用修改就可以直接付印。"

瑞利在理论和实验两个方面均具有杰出的才能，所研究的工作几乎遍及当时经典物理学的各个领域。他首先研究的是电学，此后又研究声学和光学，1877—1878 年写成的《声学原理》两卷，为现代声学研究奠定了重要的理论基础。他将自己毕生研究的论文仔细修改整理成五卷论文集，曾获得英国皇家学会的金奖。他在论文集的开头写下言词：伟大精深啊，上帝造物之奇妙（这里的"上帝"指的就是大自然）！研究深索吧，求得世界胸中的奥秘，乐在其中！

他的名言是："一切科学上的伟大发现，几乎都来自精确的量度。"

瑞利于 1904 年因发现新的元素氩而获得诺贝尔奖。

说到瑞利获奖这件事，得从我们初中物理中密度知识说起。人们常说瑞利发现氩是一个偶然，事实上瑞利早在 20 年前就在做精确测量各种气体密度的研究工作。1892 年的某天，他在用三种方法制取氧和氮的实验过程中，发现用不同方法制取氧气的密度是相等的，但用不同方法制取氮气的密度，通过精密测量却略有差异。即从空气中提取的氮气，测得的密度为 1.257 2 克/升，而从氨气中提取的氮气，测得的密度为

照片是拉姆塞。瑞利和他是科学研究中最好的合作伙伴，他们共同发现惰性气体家族

1.240 8 克/升，两者相差 0.006 4 克/升。此后，瑞利又进行了多次测量，发现测量的差异都是相同的。这一现象使他产生"其中的原因是什么"的

问题。他的合作伙伴拉姆塞认为：可能是空气中含有某种未知的较重的气体混在氮气中,进而使它的密度增大。瑞利同意这个猜测,接着两人又用不同方法收集这种气体并进行光谱分析(科学家们用光谱分析仪来分析、鉴别物质),发现在光谱中出现了已知空气成分中的元素所没有的谱线,进而证明了这是一种还没有被人类发现的新的气体。这就是氩气发现的过程。后来,他的合作好友拉姆塞建议他继续研究这种气体的家族成员,瑞利欣然同意,他们共同研究,终于发现了惰性气体的家族——氦、氖、氩、氪、氙、氡。瑞利最后用两人的名义向英国皇家学会提交论文报告,介绍他们发现了新的气体。瑞利与拉姆塞的精诚合作,让后人十分敬佩,尽管诺贝尔奖得主是瑞利,但拉姆塞欣然接受。后来他的学生说:"他们关系十分融洽,共同为科学努力,毫无名利之争。"由于瑞利的精密测量,他的名字就有了巨大的商业价值,世界各国均有用瑞利名字命名的精密仪器制造公司。我国北京和青岛就有用瑞利名字命名的精密仪器制造公司。

3. 怎样从白沙鲸有趣的进食中认识测量?

测量就是比较,比较并非人类的独创。

自然中有些物种早就知道比较和怎样比较了。

例如,中央电视台播放的动物世界系列节目"野性非洲"中,通过视频解说一群白沙鲸在大西洋中遇到其他鲸类的尸体时,并非采用争抢打斗的方式来进食。十分有趣的是它们通过相向而行地互相比较自己的形体尺寸,并按照各自形体尺寸的大小先后排序,体型大的先进食。这说明白沙鲸在它祖先的遗传基因中,早就有了比较和怎样比较了。

4. 怎样认识测量单位?

用来作比较的标准量,就是测量单位。

那么,这个标准量是从哪里来的? 又是怎样规定的呢?

测量的基本单位,通常源于自然中的一些不变的量值。

例如,长度单位米,就是先人当时认为"地球子午线长度的四千万分之一"是一个不变的量值,进而用来作为标准量,并用铂制作成"米原器"存放在法国巴黎国际计量局内,以方便人们复制与操作。

随着科学技术的进步,后人发现地球子午线的长度并非一成不变,于是,后人在先人规定的长度单位的基础上,改用"光在 1/299 792 458 秒内通过的,且是一个稳定不变的距离"为长度单位,并在 1960 年第 11 届国际计量大会上通过,因此,这个长度单位既具有不变性,又具有公认性。

可见,用来作比较的测量单位的规定,遵循不变性、公认性、可复制性和便操作性四个原则。

5. "国际单位制"建立的意义在哪里?

1795 年 4 月 7 日,法国国民议会颁布由法国科学院制定的"米制条例"。

1882 年,在巴黎举行的第一次国际计量大会上,通过了以法国科学院制定的"米制条例"为基础的"国际单位制"。

"国际单位制"的建立,是物理学史上一件意义非常重大的事情。

下面我们将通过方框图和举例说明的方式,让同学们认识"国际单位制"的建立为什么是物理学史上一件意义非常重大的事情。

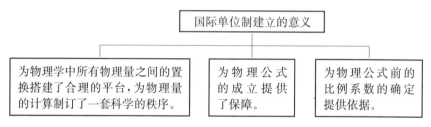

在物理教材中,我们常能看到编者在呈现的物理公式前面,往往注明"在国际单位制中"这句话。编者为什么要这样做呢?

让我们用沪粤版初中物理教材中首先要认识的密度公式"$\rho = m/V$"来说明其中的原因(公式中 ρ 表示密度,m 表示质量,V 表示体积)。

因为"$\rho = m/V$"这个公式,只有在国际单位制中其前面的比例系数才为"1",或者说"$\rho = m/V$"这个公式,只有在国际单位制中才能成立。

例如,当我们在使用"$\rho = m/V$"这个公式时,若将公式中涉及的物理量的单位任意取用,把质量单位取用为"千克",而把体积单位取用为"立方厘米",那么,该公式前面的比例系数就不再是"1"了,那么,公式"$\rho = m/V$"也就不能成立。

"国际单位制"跟"国际货币汇率制"有些相似。

各国货币单位虽然不统一,但有了"国际货币汇率制",各国货币就能直接兑换流通了。同样,各国测量单位也不统一,但有了"国际单位制",那么,各国在物质与能量等资源的交换上,不仅有了一个公正、合理的平台,同时也有了计算物理量的一套科学秩序。

　　这不仅方便了各国科学技术之间的交流,同时也促进了各国科学技术的研究与发展。可见,"国际单位制"的建立意义非凡!

　　6. 怎样认识测量误差和用多次测量的平均值来减小误差的方法?

　　由于测量仪器的精度有限、测量环境和条件等客观因素的影响以及在测量读数中总是有偏大或偏小的主观因素的出现。因此,任何物理量的真实值都是无法测量到的。于是,人们采用多次测量的平均值来替代真实值。

　　本节所说的测量误差,实质上是测量值与多次测量的平均值之间的差异。为什么可以用多次测量的平均值来替代真实值呢?

　　让我们用"投掷硬币"的试验结果,来说明多次测量的平均值可以替代真实值的原因。投掷的硬币落地后,不是正面,就是反面,投掷的次数越多,硬币正、反两面出现的次数就愈趋近于"均等",而这个趋近于"均等"就是趋近于真实值。建议同学们课下尝试一下,投掷的次数越多越好。

　　这也是对"投掷的硬币,其正、反两面出现次数均等规律"的探究。

　　同样,在多次测量同一个物理量时,测量者在估读中也总是有偏大和偏小两种现象出现,因此,取多次测量的平均值就趋近于真实值。

　　这就是多次测量的平均值可以替代真实值的原因,也是用多次测量取平均值的方法可以减小误差的原因。

1.3　长度和时间测量的应用

　　本节主要介绍长度和时间测量的一些方法。

本节学习要点

- 认识间接测量。
- 知道什么是估测,训练并培养自己的估测能力。

本节学习支架

　　1. 何谓直接测量? 何谓间接测量?

　　直接测量,指使用测量工具直接就能获得测量结果的测量。

　　间接测量,指先采用巧妙的方法过渡,然后再使用测量工具获得测量结果的测量。

2. 测量中的精密度和准确度有区别吗？

测量中的精密度和准确度是两个不同的概念。

精密度是针对测量工具而言的，准确度则是针对测量结果来说的。

让我们采用类比的方法，用打靶的结果来区分这两个概念，同学们很快就能明白这两个概念不同处在哪里。

例如，某战士用步枪打靶，弹着点相对集中在图1-1左下角靶环边沿的区域内，偏离靶心较远。这说明步枪的精密度较高，而战士打靶的准确度偏低。可见，精密度简称精度，是针对步枪而言的，准确度简称准度，是针对打靶结果来说的。

若将这一知识迁移到测量中，那么，精密度描述的是测量工具的精密程度，而准确度则描述的是测量结果的准确程度。

图1-1

3. 为什么学习测量，首先要从学习测量空间（长度）和时间开始？

因为"自然中一切物质的运动与变化，都是以时间和空间的形式进行的"，或者说"物质的运动与变化，总是离不开时间和空间的"。

科学家伽利略早就提出，必须要对自古以来就有的时间和空间作出规定。因此，对时间和空间作出规定，便成了研究物质运动的首要和必要条件。首先对时间和空间作出规定的科学家是牛顿。他假设：

（1）时间是与外界事物无关而均匀地流逝着。

（2）空间也是与外界事物无关而永恒不变的。

上述两点假设非常重要，我们在初中所学习的物理知识，都是在这两点假设的时空框架中产生的。若没有这两点假设，即：时间不是与外界事物无关而均匀流逝，空间也不是与外界事物无关而永恒不变，也就是说时间和空间均跟外界事物有关而时刻在变化，那么，我们今天就无法找到任何测量工具对时间和空间进行测量了。

4. 测量长度和时间谁不会，还有什么可学的呢？

在初中物理中，用到的带刻度的测量工具很多，如直尺、秒表、量筒、托盘天平、弹簧测力计、温度计、气压表、电流表、电压表等。

当同学们掌握了刻度尺的正确使用方法后，自然了解刻度尺的校零、量程（测量范围）和分度值（最小刻度）的意义；必然知道在测量读数的过程中，必须要读到准确值下一位估读值；肯定晓得测量记录包括准确值、估读值和单位；同时也一定会明白测量误差是怎么一回事以及怎样减小误差等测量知识与技能。

只要将上述的一些测量的基本知识和技能,迁移到其他带刻度的测量工具上,那么,同学们很快就能学会其他一些带刻度的测量工具的使用方法和技能。

5. 什么是估测? 估测的诀窍在哪里?

所谓估测,指通过我们的感知器官收集被估测对象的一些信息,进而在心里进行的一种比较。

因此,对测量单位的感性化就显得十分重要,也就是对某个测量单位要能做到心里有数,即,心里要有某个测量单位的具体参照对象。

例如,科学家费米曾在远离原子弹爆炸的地点,估测原子弹爆炸的能量跟实际爆炸的能量相差无几。

其中的诀窍就是他对能量单位十分熟悉,并能将其具体化。因此,他在原子弹爆炸时,用备好的纸屑撒向空中,利用原子弹爆炸时所产生的冲击波对纸屑冲击的能量作参照,进而在心里估算出原子弹爆炸时的能量。

1.4　尝试科学探究

本节让同学们经历简单的科学探究过程,进而了解科学探究中的七个基本要素,知道科学探究是怎么一回事。

本节学习要点

认识科学探究中的七个基本要素:
- 提出问题。
- 猜想与假设。
- 设计实验与制订计划。
- 进行实验与收集证据。
- 分析与论证。
- 评估。
- 交流与合作。

本节学习支架

1. 沪粤版初中物理教材为什么一开始就选择探究摆的奥秘?

科学家伽利略在比萨大学执教时经常到教堂做礼拜,偶然看到教堂顶部悬挂的吊灯在摆动,通过反复观察,觉得吊灯每次摆动的时间似乎相等,进而产生疑问并提出问题:"吊灯是否每次摆动的时间都是相等的呢?"于是,伽利略回到学校用各种东西代替吊灯,并用绳子将它们悬挂起来,分别进行实验探究,终于发现了"摆的等时性"的规律。后来,荷兰科学家惠更斯在此基础上发明了世界上第一台摆钟。课本之所以首先选择探究摆的奥秘,其意图有两个:一是让同学们重返科学家走过的探究之路,进而认识科学探究到底是怎么一回事;二是让同学们知道是伽利略首先把实验探究方法引进物理学的。

2. 什么是科学探究?

科学家卡耳·波普曾说:"科学始于问题,是问题激发我们去观察、去思考,去探究,为了解决问题,寻求答案,便试探性地提出某些猜想与假设。"

因此,他断言:"任何科学理论的实质都是猜想与假设,是人们在有限事实材料的基础上,大胆地跳跃到某个结论上,再用这个结论对问题进行解释,然后接受实践的检验。"可见,科学探究的实质就是"从提出问题开始,到采用科学方法解决问题的全过程"。上面介绍的科学家伽利略从反复观察中发现问题并提出问题,到进行实验探究,直到解决问题的全过程,就是科学探究。我们在初中物理中学习的科学探究,主要就是像科学家伽利略采用的观察与实验方法那样,探究摆的奥秘的实验探究。

3. 在进行实验与收集证据的环节中,其中证据指哪些?

证据指在科学探究中,凭感官和测量能收集到的以下四个方面的信息:

(1) 现象产生的条件。

(2) 现象的主要特征。

(3) 影响现象的主要因素。

(4) 反映现象变化的量值。

4. 交流与合作和评估两个要素,是科学探究中哪个环节中的?

在现实的科学探究中,交流与合作和评估这两个要素是贯穿在科学探究的全过程之中的。

例如,问题虽然被提出来了,但仍需要交流讨论问题是否有探究的意义和价值;又例如,探究结论虽然出来了,但仍有必要交流讨论探究结论是否正确,其应用价值有哪些;再例如,探究的中间环节,同样需要交流与合作和评估,看看中间环节是否有疏漏、不完善之处,以及可以进一步改进的地方等。

可见,交流与合作和评估贯穿在科学探究的始终。

本章值得思考与探究的问题

1. 你认为在科学家的身上最值得我们学习的东西是什么？为什么？

2. 你认为怎样才能把初中物理这门课程学好？为什么？

3. 请在生活和学习中，提出一个值得探究的物理问题，同时说明所提出的问题的价值在哪里？

4. 请到裁缝师傅那里调查一下，缝制一套衣服需要测量哪些部位的尺寸，测量自己身上这些部位的尺寸，并做好记录。

再上网了解一下，这样尺寸的衣服被列为什么样的型号。

5. 选用什么样精密度（最小分度值）的刻度尺，可以将下面图1-2中三个等边三角形的一条边的边长和对应的高测量出来？分别计算它们边长与对应的高之比，看看能发现什么规律？这个发现可推广应用吗？试试看！

  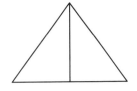

图 1-2

6. 列出人体中哪些器官可以用来当表使用。并用其中一种器官当表，估测自己步行50米所用的时间。再想一想，具有怎样运动规律的物体，可以用来作为测量时间的工具。

7. 应用上面第5题的规律，在有太阳的情况下，能否在地面上用直尺测量学校旗杆的高度？怎样测量，请写出测量方案。

8. 我国民间传说"衣不大寸，鞋不大分"（寸和分是我国古代用的长度单位，1寸大约3.3厘米，1分大约3.3毫米）。从这个传说中，你能悟出裁缝师傅使用的刻度尺，其最小刻度达到多少就够了吗？为什么？

9. 下面有一条曲线（见图1-3），请你说出测量该曲线长度的三种方法，并尝试用你认为比较好的方法进行测量，结果是_____毫米。

图 1-3

第二章

声音与环境

2.1 我们怎样听见声音

本节通过"观察发声体的振动""把声音显示出来"和"传声试验"三个活动，让同学们知道声音是怎样产生的，引出声波和声速概念，让同学们知道声音在不同介质(物质)中，传播效果是不同的。

本节学习要点

- 认识声波，知道回声是怎么一回事。
- 了解声速，记住声音在空气中传播的速度。
- 知道声音在不同的介质中传播效果是不同的。

本节学习支架

1. 怎样认识声波？

让我们用看不见的介质中的微粒疏、密相间，交替变换由近及远地传播形式，即声波，与看得见的人在走路的过程中，左、右两腿相间，交替变换向前运动的形式对应起来类比联想，那么，同学们就会在比较容易地接受声波概念的同时，认识波动是自然中事物在运动和发展中前进的一种重要方式。我们常常说"社会的发展是波浪式前进的"道理就在于此。

小组合作参照图 2-1 所示的装置动手自制。将装有红色液体的漏斗如图示的那样安装，并让其按照与图中三角平面垂直的方向左右摆动起来，然后再匀速拖动板面上装有纸条的小车，于是，我们便可在纸条上观察到波动图

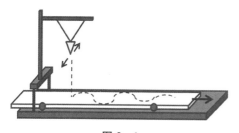
图 2-1

线。这说明波动传递的是振动的形式。

或者用更简便的方法,即两位同学合作,一人用铅笔在平放于水平桌面的纸条上轻轻地做上、下往返滑动,而另一人沿水平方向匀速拖动纸条,那么,纸条上就会出现铅笔留下的波形痕迹。

在今后的学习中,我们还会知道波动更重要的作用是传递能量和信息。

2. 怎样认识用比值的方法来定义物理概念?

在物理学中,几乎所有的概念都是采用理性思维中科学抽象的方法获得的。所谓科学抽象,指把事物或现象中最本质的因素抽取出来的理性思维过程。

例如,决定物体运动快慢的最本质的因素是路程和时间,于是,人们将这两个因素抽取出来,采用控制变量的方法,即控制两个物体在运动时间相同的条件下比较路程,进而确定两个物体运动的快慢。这就是物理学中,用比值的方法来定义或建立速度概念的理性思维过程。

因此,在物理学中,把声音传播距离跟传播所用时间的比,叫作声速。

今后同学们在遇到像频率、密度、压强、功率、机械效率等用比值方法来定义的物理概念时,就应当会用上述的表达方式来自主地定义它们。

3. 课外阅读资料。

建议阅读"首创机械计算机的帕斯卡"资料。

通过该资料的阅读,了解帕斯卡在 11 岁就通过实验的方法发现声音是怎样产生的道理,以及他后来在数学、计算机与物理学方面的突出贡献,进而知道为什么用"帕斯卡"的名字来命名我们后面将要学习的压强单位。

课外阅读资料

首创机械计算机的帕斯卡

帕斯卡(1623—1662)是法国数学家、物理学家。

他没有接受过正规的学校教育,4 岁时母亲因病去世,靠既是数学家,又是政府官员的父亲和两个姐姐负责对他进行教育与培养。但是,父亲有一个错误的认识,认为学习数学太费脑子,可能会伤害这个自幼失去母亲的可怜孩子的身体,因此,将家里所有数学书籍都藏了起来,还不允许他的朋友

帕斯卡(1623—1662)

在小帕斯卡面前讨论数学方面的问题。父亲的这一做法，反倒引起了小帕斯卡的好奇，于是，他常常偷偷地看数学书籍，想知道数学书籍中究竟隐藏了什么秘密。有一次，小帕斯卡问父亲："什么是几何？"父亲不想跟他说更多的数学问题，便简单地告诉他："几何就是教人在画图的时候，能作出正确美观的图。"就这样，帕斯卡经常在地面上画图，画呀，画呀，12岁的帕斯卡突然发现"三角形的内角之和等于180°"。于是，他把这个发现告诉了父亲，父亲激动、惊讶的同时，意识到自己的错误，便开始将自己藏起来的所有数学书都拿了出来给小帕斯卡阅读，小帕斯卡居然独立地发现了欧几里得的前 32 条定理。

19 岁那年，他为了帮助父亲快速计算税收问题，便设计制造出世界上第一台机械计算机。他认为人的思维过程跟机械过程没有太大的差别，因此，提出并实践"用机械来模拟人的思维过程"这一非常了不起的想法。

**帕斯卡研制的世界上
第一台机械计算机**

因此，他给后人留下的名言是：

"人只不过是一根芦草，是自然中最脆弱的东西，但他是一根可思想的芦草。"

帕斯卡不仅在数学上成就很大，在物理学中的贡献也很突出。例如，他在 1648 年做了著名的关于液体压强的"裂桶实验"，发现了液体和气体的传递压强的奥秘，后人称"帕斯卡定律"，即"加在密闭的液体或气体上的压强，能按照原来大小由液体或气体向各个方向传递"。这个规律的应用十分广泛，价值也非常高，万吨液压机、各种液压和气压传动装置均用到它，甚至在高科技领域内如机器人中也不可缺少。

为了纪念帕斯卡的贡献，国际单位制中用他的名字"帕(Pa)"作为压强的单位。1 帕(Pa)＝1 牛／米²(N/m²)。因为他是第一个研制出机械计算机，并首先提出"用机械来模拟人的思维过程"这一重要思想的人。因此，1971 年面世的"PASCAL 语言"，也是为了纪念他，将他的英名长留在信息时代。

关于帕斯卡的故事

从厨师碰击盘子发出声音引起的思考

帕斯卡从小就爱思考，对一些有趣的自然现象总是想探究其中的奥秘。有一次,他在厨房里玩,听到厨师把盘子弄得叮叮咚咚地响,这引起了他的思考:为什么物体被撞击会发出声音呢? 即使撞击物体离开了被撞击的物体,物体发出的声音也不会立即消失。于是,他开始动手进行试验,发现被敲击盘子的声音连绵不断,但用手按住盘子时,声音即刻停止,且手指碰到盘子时还有点发麻。于是,11岁的帕斯卡通过实验终于明白了声音是由振动而产生的道理。

关于"帕斯卡"单位的一则笑话

有人开玩笑说,由于科学家们在世时为人类做了许许多多的好事,因此,他们死后上帝作为一种奖赏,把他们安置在天堂中享受。

有一天,上帝让他们在天堂里玩捉迷藏游戏,上万个科学家围成一圈,轮到爱因斯坦蒙着眼抓人了,他数了100个数后拉开蒙在眼睛上的布,发现是牛顿,即刻就说:"牛顿,我终于抓住了你。"可牛顿说:"不,你抓到的不是我,请你看看我的脚下!"爱因斯坦低头看到牛顿站在一块边长为1米的正方形木块上。这时的牛顿说:"我站在一平方米木板上就是'牛顿/米²',因此,你抓到的不是我,而是帕斯卡!"帕斯卡走到牛顿身边微笑了一下,弯下腰将牛顿脚下的木板抽去说:"现在我是牛顿了。"

上帝说:"不论你是牛顿也好,帕斯卡也罢,还是让活着的人去识别吧!"

墓碑寓意

有一天,帕斯卡的老仆人勒威耶拄着拐杖,领着小孙子步履缓慢地来到帕斯卡墓前,怀着无限留恋的心情凭吊墓中的主人。

小孙子好奇地问:"爷爷,那块石头上刻的是什么?"爷爷告诉他:"这是墓碑,碑上写着'文学家、数学家、物理学家帕斯卡,1623.6.19—1662.8.19'。"

墓碑上还刻着一张桌子,桌子上刻了一个物体,表示一块面积大约为1平方米的物体,对桌面产生的压力为1牛顿,即"1牛顿/米²"。

这是后人为了纪念他,将压强的单位命名为"帕斯卡"。

2.2/2.3　怎样区分声音

这两节通过"探究影响声音高低的因素""探究影响弦乐器音调的因素""探

究决定声音响度的因素"和"辨别不同物体的声音"四个活动,引出乐音的三个特性,即音调、响度和音色(音品),进而发现它们跟哪些因素有关。

两节学习要点

- 知道乐音的三个特点或要素以及它们与哪些因素有关。
- 学会用波形图比较音调、响度、音色,进而识别不同物体发出的声音。

两节学习支架

1. 怎样认识音色?

图 2-2 所示的是音叉、单簧管和小提琴,它们分别发出不同的声音波形。其目的就是让同学们通过该波形图来比较它们的音色。

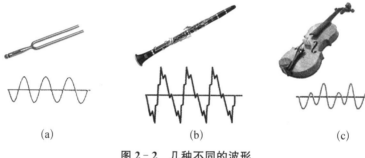

| (a) | (b) | (c) |

图 2-2　几种不同的波形

图 2-2 所示的三种乐器,不仅组成它们的材料和结构不同,它们的发声方式也不同。

例如,音叉是通过小锤敲击的方式,使音叉振动而发出声音的;单簧管是通过吹气的方式,使管内气流振动而发出声音的;小提琴是通过琴弓与琴弦之间摩擦的方式,使琴弦振动而发出声音的。

可见,音色是由发声体的材料、结构及发声方式等因素决定的。

2. 怎样认识并欣赏频率概念中的内含美?

物理学中把"声源(物体)振动次数和振动所用时间的比,叫作频率"。

频率这个概念的定义,似乎有些简单、枯燥,但它的内涵却十分丰富,其中蕴藏着大自然的诸多奇妙和美。

例如:

(1) 人类凭听觉器官只能听到一定音调范围内的声音(声音的音调取决于物体的振动频率)。

（2）人类凭视觉器官只能看到色彩艳丽的可见光（光的色彩取决于光波的振动频率）。

（3）人类凭触觉器官只能感受物体在一定范围内的温度（物体的温度取决于物体内部大量分子的振动频率）。

上述事例说明频率跟声音的音调、光的色彩和物体的温度有关，而大自然造化出人类的一些感知器官又能感触到它们，这难道不是人与大自然之间的奇妙和美吗？这难道不是"自然中事物的多样性与统一性"的表现吗？

这个事例，体现了物理学中处处都有美的表现，证明了"变中有不变，不变中有变"的辩证观点，说明了站在辩证唯物思想的制高点上"一览众山小"的学习效果，同时也让同学们真正品尝到了物理学的原汁原味。

3. 声波的波形图的用途是什么？

用坐标的纵轴代表振幅，用坐标的横轴代表时间，进而在坐标的平面内呈现出声音在介质中传播的图线，这种图线就是声波的波形图像。声波的波形图像简称声波的波形图，它可用来形象、直观地比较声音振幅的大小和频率的快慢，以及音色的不同。

如图 2-3 和图 2-4 所示，就是让我们比较两只不同音叉（声源）振动时，它们在空气中相同时间内传播的波形图像，进而形象、直观地说明它们的音调和响度是不同的。

由于音叉发出的是单频率的声音，因此，它可以用来校对音准。

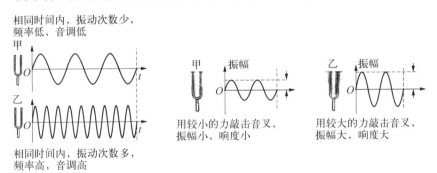

图 2-3　声波的频率　　　　**图 2-4　声波的振幅**

图 2-2 所示的就是音叉、单簧管和小提琴所发出的声音传播的波形图像，它能形象、直观地说明这些乐器的音色是不同的。

4. 何谓共鸣现象？

当两个频率相同的甲、乙音叉靠近，用小锤敲击甲音叉振动发声时，乙音叉也会发出声音,物理学中把这种声学现象叫作共鸣,如图 2-5 所示。

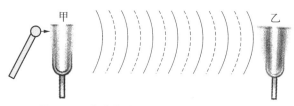

图 2-5 声波传递能量导致同频率音叉发声

共鸣现象产生的实质是共振。所谓共振,指对振动物体施加外力作用的频率与振动物体的频率一致时,振动物体的能量会增强,振幅会增大的现象。

让我们用同学们小时候玩过的秋千为例来说明,当作用在秋千上的推力的频率与秋千自身振动的频率相同时,即每次推力的作用均跟秋千的振动合拍时,秋千就会越荡越高,这就我们所见到的共振效应。

共鸣其实是共振在声学中的一种表现。

自然中的事物总是具有两面性的,共振现象也是如此,它对我们人类既有有利的一面,也有有害的一面。

例如,各种建筑物(包括桥梁),由于它们在结构与材料上的特性,通常都各自有自身的振动频率,物理学中把这个频率叫作固有频率。

如果外力作用的频率与建筑物的固有频率相同时,就会发生共振,若这种共振超过建筑设计的所能承受的振幅极限时,那么,建筑物就会毁坏。

传说希特勒为了显示军威,要求他的部队行军时必须正步走。一次,部队在过一座桥梁时,部队过桥正步走的步频恰恰与这座桥梁的固有频率相同,结果导致桥梁振动幅度过大而断裂,致使部队中不少官兵伤亡。

又例如,音乐与共鸣的关系密切。歌唱家们都善于应用人体内的共鸣器官胸腔、腹腔、口腔和鼻腔。当声带振动引起的气流通过这些腔体,激起共鸣的效果时,那么,这种共鸣就能起到强化和美化声音的作用。

再例如,许多乐器都设置有能产生共振的共鸣箱,如下图(图 2-6)所示。

请指出图中乐器的共鸣箱在哪里。

二胡与琵琶　　小提琴与吉他　　大鼓

图 2-6

5. 为什么用"赫兹"做频率的单位？"分贝"这个单位又是从哪里来的？

"赫兹"是频率的单位。它是用科学家赫兹的名字来命名的。声源每秒振动 1 次，其频率就是 1 赫兹(1 Hz)。

"分贝"是计量声音强弱的单位。1 分贝(1 dB)大约是机械手表的嘀嗒声响或微风吹拂树叶的沙沙声响。"分贝"是科学家贝尔从在发明电话时所创造的单位"贝尔"那里延伸出来的，1 分贝为 1 贝尔的十分之一。

由于赫兹和贝尔两位科学家在物理学中均做出了突出的贡献，因此，后人为了纪念他们，用他们的名字命名频率(音调)和响度的单位。

6. 课外阅读资料。

建议阅读赫兹和贝尔两位科学家的资料。

通过这两个资料的阅读，同学们会了解到赫兹和贝尔两位科学家曾想了些什么，说了些什么，又做了些什么，进而在知道频率(音调)和响度单位由来的同时，还能分别认识到理论与实验的意义和价值。

即理论可以预言未知，而实验则可以用来验证理论中的预言是否正确。

课外阅读资料

可惜，英年早逝的赫兹

赫兹(1857—1894)

赫兹(1857—1894)在少年时就对光学和力学实验十分感兴趣。19 岁进入德累斯顿工学院，次年进入德国著名的柏林大学。1885 年，28 岁的赫兹就被聘为卡尔鲁厄大学教授，1889 年又被聘为波恩大学教授。赫兹的老师亥姆霍茨(著名物理学家)非常赏识这位学生，师生之间的关系非常密切，受老师的影响，他开始着重研究麦克斯韦的电磁理论，并对这一理论中预言的电磁波产生浓烈兴趣。因此，他发誓要用实验方法来验证这个"预言"。1887—1888 年，他用电磁振荡发生器和接收器进行实验，实验结果不仅证实了电磁波的存在，同时还测出了电磁波的波长为 66 厘米。这个实验一下子轰动了整个科学界。

在这个实验中，赫兹还发现了我们在高中物理中要学习的"光电效应"，即他在验证电磁波的实验中，观察到了接收器的两个电极，受到发射器产生的火花照射时，接收器上的火花出现加强的现象。后来进一步证明，这是紫外线照射的作用，将电极上带负电的粒子被打出来的结果。

在这里曾发生过轰动整个科学界的实验

这个现象表明,光可以转化成电,同时也说明光不仅具有"波动性",还具有"粒子性"。可是,他只是写了一篇论文发表,没有来得及继续研究。

追溯电磁波发现这段科学史的进程,我们不难发现科学家们就像接力运动员那样一棒接一棒地在科学探究的轨道上赛跑。

首先,奥斯特和法拉第从"电"与"磁"之间联系的实验探究开始,奥斯特发现"电能生磁",法拉第发现"磁能生电",这相当于接力的第一棒和第二棒。

接着,麦克斯韦采用数学的方法总结出"电磁理论",并预言电磁波的存在,这相当于接力的第三棒。

最后,由赫兹做出决定胜利的实验验证,这相当于接力的最后一棒。

非常可惜,这位年轻科学家的一生却有两大遗憾。

一是赫兹亲自用实验验证了电磁波的存在,但他却又否定电磁波的应用价值,因为按照他的估算,要应用电磁波则需要半个欧洲大的发射天线,因此,他认为电磁波的应用是不可能的。其实,就在赫兹说电磁波应用不可能之后的两年,电磁波的应用便在年轻的科学家马可尼和波波夫手中实现。

二是赫兹英年早逝,正当人们寄希望于这位年轻的科学家有更大的作为时,年仅 37 岁的赫兹,却因血液中毒于 1894 年逝世,让世人感到十分震惊,同时都觉得非常惋惜。

人们为了纪念这位英年早逝的科学家曾为人类做出的重大的贡献,于是,将他的名字作为频率的单位。

发明有线电话的贝尔

贝尔(1847—1922)出生在英国,年轻时跟父亲从事聋哑人教育,曾设想研制能用眼睛看到声音的机器。

1873 年被聘为波士顿大学教授,开始研究同一线路能传送许多个电报的多工发报机。

1875 年 6 月 2 日,贝尔和他的助手华生分别在两个房间试验多工发报机。一个偶然启发了他,即华生房间发报机上的一只弹簧粘上了通电的磁铁,当华生拉开弹簧时,弹簧产生振动并发出声音,与

贝尔(1847—1922)

此同时,贝尔惊奇地发现自己房间发报机的弹簧也跟着振动起来,同样也发出了声音。于是,这时的贝尔茅塞顿开,意识到这是两只弹簧共振而出现共鸣的声学现象。由此,他即刻联想到如果一个人对着铁片讲话引起铁片振动,若在铁片后面放一块电磁铁(关于电磁铁知识将在后面学习),那么,电磁铁的线圈中就一定会产生时大时小的感应电流(关于感应电流知识将在后面学习),这个电流的信号和能量传到远处类似的装置上,同样也会产生振动并发出声音。这就是世界上第一台有线电话发明的起因。1876 年 3 月 7 日,贝尔获得电话发明的专利。1892 年,纽约到芝加哥的电话线路开通,贝尔第一个试音,"喂,芝加哥"。

1892 年,纽约到芝加哥的电话线路开通,贝尔
第一个试音,"喂,芝加哥"

1915 年 1 月 25 日，贝尔在美国举行跨大陆长途电话开通仪式。贝尔对"发明"的认识曾这样说："无论你在哪儿找到发明家，无论你给他多少财富或夺走他的一切，他都会发明创造。他无法不去发明创造，就像无法不思考和呼吸一样。"

这段话告诉我们，良好习惯的养成是多么重要。发明创造是人类与生俱来的禀性，但需要从小培养与训练，才能使它成为一种良好的习性。

在这里我们再说说初中物理中关于声音的响度单位"分贝"的由来。

贝尔发明电话之后，为了测量信号的增减量，他采用数学中对数的方法，即当信号通过一个放大器后，把信号前、后功率比的对数用"贝尔"表示。例如，有一个放大器的信号在输入时的功率是 1 W，输出时的功率为 2 W，那么，1 贝尔就等于 $\log(2\ W/1\ W)$。1 贝尔的十分之一就是 1 分贝。

因此，我们在初中物理中所学习的声音响度的单位"分贝"，就是从贝尔发明电话所创造的单位"贝尔"那里延伸出来的。

2.4 让声音为人类服务

本节内容主要是介绍声音的一些应用以及控制和减少噪声对环境的污染的一些基本途径。

本节学习要点

- 乐音的应用以及乐音与噪声之间的区别。
- 认识超声和次声，了解超声和次声以及应用。
- 了解控制噪声对环境的污染一些基本途径。

(a) 乐音的波形

本节学习支架

1. 怎样科学区分乐音与噪声？

图 2-7 所呈现的就是乐音和噪声的波形图。该波形图直观地告诉我们，乐音的波形规则，具有规律性，而噪声的波形杂乱无章，没有规律性。这就是物理学中对乐音和噪声的区分标准。

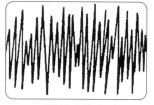

(b) 噪声的波形

图 2-7

但是,在特定的情况和环境中,乐音与噪声又是由每个人的心理感受来做出区分的。例如,当某个人在极度悲伤的情况下,即使是轻音乐这样动听的乐音,他也会认为是噪声。又例如,在要求十分安静的环境中出现乐音,也被视为噪声。

2. 为什么不说"声音的三要素",而说"乐音的三要素"?

由于声音有乐音和噪声之分,尽管噪声也有响度,但刺耳且毫无规律。因此,在噪声中没有什么音调和音色可言。

故我们不可将音调、响度、音色笼统地说成"声音的三要素",而把音调、响度、音色归纳在乐音的三个特点之中,即说"乐音的三要素"。

3. 什么是回响? 它跟回声有区别吗?

声音与建筑之间的关系密切,古人早就在建筑上巧妙地应用了声音的各种特性。我国首都北京天坛的回音壁和三音石,就充分展示了先人在建筑设计上的智慧。现代大剧院和音乐厅的建筑在声音的要求上则更高。

例如,我国首都大剧院的设计,在空座时的交混回响时间为 3.3 秒,满座时为 1.36 秒。

又例如,2016 年 3 月 21 日,中央电视台 10 频道在"地理中国"栏目中,用视频详细剖析我国山东即墨附近的"鹤山传奇"之谜。鹤山有一座古道观,道观旁的 2 000 多年前古人建造的台阶十分神奇,当人们走到距离台阶前 17.4 米左右处击掌,从台阶反射回来的声音却不是掌声,而是鹤鸣声。于是,后人将此处命名为"招鹤回鸣"。由于古人称"鹤"为"仙",由此传出许多具有神奇色彩的故事,"鹤山道观"也因此引来了众多香客。这种现象的奥秘在哪里呢?

据科学家反复考察探究,原来道观旁的台阶恰好处在一个周边特殊的环境之中,进而形成了独特的回声通道,而掌声是一种多频率混合的声音,用来建造台阶的石材,包括特殊的回声通道,均具有吸收某些频率而只反射类似"鹤鸣频率"声音的特性,于是,我们听到的回声便是鹤鸣声。

至今,人们还不知道此现象是古人刻意所为,还是大自然的妙手神功。

物理学中,把声源振动停止后,声音延续的现象叫作回响,而把回响最佳的时间叫作交混回响时间。这个时间大约在 1～2 秒之间。

回声描述的是声音遇到障碍物后,反射回来而被我们听到声音的现象。

回响描述的是声源停止振动后,声音延续的现象。

可见,回声和回响描述的是声音的两个现象。

4. 何谓超声与次声？

人们把人类听不到的频率在 20 赫兹以下的声音称作次声，而把人类听不到的频率在 20 000 赫兹以上的声音称作超声。

但是，大自然非常奇妙，它造化的某些物种却能听到人类听不到的声音。

例如，大象就能听到频率在 20 赫兹以下的次声，2004 年东南亚地区发生特大海啸，导致数以万计的人葬身大海。但大象在此时听到海啸这种次声，于是，便惊恐地驱赶一些游人向高处奔跑，进而使这些游人免遭这次特大海啸的劫难。

又例如，蝙蝠没有视觉，但大自然却为它造化了一种既能发射，又能接收频率 20 000 赫兹以上声音的超声器官。因此，即使在漆黑的夜间，甚至是复杂的环境中，也能凭借大自然为它造化的器官，扫除前进中的各种障碍翩翩起舞，自由飞翔。

5. 怎样从控制和减小噪声的三条途径上，认识科学、技术与社会之间的互动关系？

控制和减小噪声有三条途径：① 消音；② 吸音；③ 隔音。

这三条途径，又促使人们探究并研制各种消音器材、吸音材料和隔音材料。

这一简单的事例便可说明，"社会进步的需要促进了科学技术的发展，反过来，科学技术的进步也会促进社会的前进和发展"这一互动的关系。

本章值得思考与探究的问题

1. 在帕斯卡的资料中有一段小故事如下：

有一次，他在厨房里玩，听到厨师把盘子弄得叮叮咚咚地响，这引起了他的思考：为什么物体被撞击会发出声音呢？即使撞击物体离开了被撞击的物体，物体发出的声音也不会立即消失。于是，他开始动手进行试验，发现被敲击盘子的声音连绵不断，但用手按住盘子时，声音即刻停止，且手指碰到盘子时还有点发麻。于是，11 岁的帕斯卡通过实验终于明白了声音是由振动而产生的道理。

请你用科学探究中的一些基本要素，来表述 11 岁的帕斯卡实验探究的过程，同时说说你的读后感。

2. 在贝尔的资料中有下面一段描述：

1875 年 6 月 2 日，贝尔和他的助手华生分别在两个房间试验多工发报机。一个偶然启发了他，即华生房间发报机上的一只弹簧粘上了通电的磁铁，当华生拉开弹簧时,弹簧产生振动并发出声音,与此同时,贝尔惊奇地发现自己房间发报机的弹簧也跟着振动起来,同样也发出了声音。

通过这段文字,你认为声音是通过什么方式传递的? 这段文字中说"一个偶然启发了他",请说说这个"偶然"与"必然"之间有什么关系?

3. 本章第一节中提出"声音在固体、液体、气体中传播时,哪种传声效果最好"这个问题,同学们心中都有了答案。那么,请大胆猜想一下,声音在固体、液体、气体中传播效果不同的原因是什么? 同时说明你猜想的依据。

4. 从二胡和小提琴两种乐器的结构和演奏中,你能获得关于声音的哪些知识?

5. 请设计一个测量声音传播速度的实验方案。

6. 请上网调查一下超声和次声的应用,并在小组中进行交流。

7. 物理学中常常用波形图来描述和比较各种声音。从声音的波形图中能获得声音方面的哪些信息?

8. 你能否利用日常生活用品组合,让它们分别发出 Do,Re,Mi,Fa,So,La,Si 七个音符的声音? 试试看! 即使尝试出部分音符也是一种快乐。

第三章

光和眼睛

3.1　光世界巡行

本节通过"手影游戏"和"研究光的色散现象"两个活动,引出光源概念、光的直线传播原理,以及光线、光速和色散概念。

本节学习要点

- 认识光的直线传播原理。
- 知道光线是人们假想的物理模型。
- 知道光速是自然中物体运动速度的极限。
- 认识光的色散现象。

本节学习支架

1. 怎样认识光线?

在物理学中,常用带箭头的线条来描述一些物理现象。

这种带箭头的线条,不仅能形象、直观地表示一些物理现象的特征,甚至能大致说明这些物理现象中量值的变化。

例如,描述光的传播方向和行径的光线。我们以后还要学习的描述力的力线,即力的示意图和力的图示法;描述场的磁感线和电场线,以及描述流体运动的流线等。这些带箭头的线条都是人们假想出来的,在客观上并非存在。因此,物理学中把人们根据某些现象的特征,在头脑中想象出来的能直观、形象地描述这些现象特征的带箭头的线条,统称为"假想模型"。这种假想模型在帮助我们揭示自然奥秘的过程中,具有十分重要的作用,是人类在理性思维中所创造出来的一种重要的科学方法。

2. 怎样认识并记忆光速？

科学家爱因斯坦最先指出：光速是自然中物体运动速度的极限。

光速是自然中不变的量值。物理学中把自然中那些非常重要的不变的量值称为常数。大凡物理学中的常数，通常都要求同学们记住！

人们常常采用一些趣味记忆的方法来记忆，例如，光在真空中每秒传播的距离是 299 792 458 米，于是，趣味记忆便是"二舅舅吃酒二试吾爸"。

3. 光为什么沿着直线传播？

严格地说，光只有在均匀透明的物质中传播，其路径才是直的。

通常情况下空气、水、玻璃等物质都是均匀透明的。因此，光在空气、水和玻璃中传播的路径是直的。依据前面八个学习物理的理念中提到的"大自然总是要使其系统结构内部的能量耗损降到最低为止，以确保其系统结构的稳定与和谐"的特性，那么，光在均匀物质中只有做匀速直线运动，才是光程最短，最节省时间，最节省能量，也是最稳定和最简单的线路结构。难怪牛顿说："自然不做无用之事，只要少做一点就成，做多了却是无用，因为自然喜欢简单，而不爱用什么多余的原因来夸耀自己。"可见，大自然比人类更加知道怎样简单，如何稳定，也更加懂得怎样节约时间和如何节省能量！

这就是我们为什么倡导同学们学习大自然，拜大自然为老师的道理。

4. 光的色散现象是谁首先发现的？又是怎样发现的？

1664 年，牛顿在房子里把窗户遮得严严实实，只留下一个小孔，让太阳光通过小孔射到房内的三棱镜上，如图 3-1 所示意，发现光屏上呈现出由各种颜色组成的彩色光斑，并以红、橙、黄、绿、蓝、靛、紫为序排列，紫光偏折得最大，红光偏折得最小。

图 3-1

接着牛顿以严谨的科学态度做了三个实验：

实验一：让阳光通过三棱镜被分解成有序排列的彩色光带，并把这种现象叫作色散。

实验二：把分解的某一色光再经过三棱镜，则该色光不再分解，并把这种现象称作单色光。

实验三：最后把分解出来的所有色光统统再经过三棱镜，它们又复合成原来的阳光，并把这种现象称作复色光。

是牛顿首先用逻辑关系严密的三个实验事实，让人们无可辩驳地确信阳光是由红、橙、黄、绿、蓝、靛、紫七种色光组成的。

红、绿、蓝三种色光，是无法用其他色光混合而成的，这三种色光通常称为光的三基色。把三基色光按不同比例混合，就可以获得各种不同的色光，自然光中多数都是复色光。例如，数码照相机、摄像机、彩色电视机中的图像所呈现出五彩缤纷的画面，就是由光的三基色按照不同比例混合而成的复色光所形成的。这与自然中物体发出的声音，也多数都是多频率组合的声音一样。

这一事实再一次证明了自然中事物的多样性和统一性的辩证观点。

5. 光的颜色是由什么因素决定的？

我们在前面已探究到声音的音调，是由物体振动的频率决定的。

如果同学们学会使用类比的方法，应用自然中的物质既是多样的，又是统一的观点，提出"光的颜色可能也是由组成光的微粒振动的频率所决定的"猜想，那就非常值得赞赏。因为这种猜想涉及历史上科学家们曾对光的本质的探究。历史上，科学家们就曾对光的本质提出了两种猜想，一是"波动说"；二是"粒子说"，并形成了两大派，争论了很长时间，最后还是科学家爱因斯坦用"事物总是具有两面性"的辩证观点，统一了两大派科学家的争论。他提出为什么就不能说光既具有"波动性"，又具有"粒子性"呢？科学研究表明，光的颜色的确是由光子的振动频率所决定的。因此，同学们在学习物理的过程中，要培养自己大胆猜想的意识和精神，进而训练自己科学猜想的能力。

在这里，我们还能领悟到科学家爱因斯坦站在辩证唯物思想的制高点上，"一览众山小"的效果。

这也是我们强调要让同学们吸纳并接受辩证唯物思想观点的原因。

3.2 探究光的反射规律

本节通过"观察光的反射现象"和"探究光的反射规律"两个活动，提出问题，引出光的反射概念，以及用光线来描述光的反射现象中的入射光线、反射光线、法线、入射角、反射角等概念，进而归纳出光的反射规律。

本节学习要点

- 认识光的反射规律。
- 知道镜面反射和漫反射是本质相同，但效果不同的反射现象。

● 了解光反射现象的应用。

本节学习支架

1. 光的反射规律是怎样得出的？

前面我们曾说过，"任何观察实验都不可能揭示事物的本质"。

从"光的反射"实验观察中，我们只能收集到光反射的一些特征和某些量值之类的证据，而收集到的这些证据必须进入大脑加工，即通过理性思维的过程，才能得出结论。课本中"金钥匙"栏目中介绍的"一般说来，规律是在实验的基础上，对实验证据进行分析和归纳得到的，归纳就是从实验事实中找出因果联系的一种理性思维方法"正是这一理性思维方法在帮助我们揭示光的反射规律这个本质。可见，光的反射规律是通过观察实验和理性思维两个过程得出的。这一事实说明人类只有从感性上升到理性，才能揭示事物的本质。

2. 怎样认识镜面、镜面反射和漫反射？

所谓镜面，指的是物体光滑的平面。

例如，平静的水面、光滑的黑板和桌面等，均可称作镜面。

不要误认为只有平面镜的镜面才是镜面。

所谓镜面反射，指一束平行光投射到镜面上，光按照光的反射规律，对称地反射出一束平行光的现象。

不要误认为只有平行光射到平面镜上，才会出现镜面反射。

所谓漫反射，指一束平行光投射到粗糙不平的物体表面上，同样也是按照光的反射规律，只不过将平行的入射光向各个方向反射，进而使平行光分散变弱的现象。

不要误认为漫反射不遵循光的反射规律。

3.3 探究平面镜成像特点

本节通过"镜前观像"和"探究平面镜成像时像与物的关系"两个活动，引出实像和虚像概念，分析归纳出平面镜成像时，像与物的关系。进而说明平面镜的应用、凹面镜和凸面镜的作用及其应用。

本节学习要点

● 知道平面镜成像时像与物的关系。

● 认识实像和虚像，并能区分它们。

- 认识各种面镜(平面镜、凹面镜、凸面镜)的特点,了解它们的一些应用。
- 在希腊古奥运遗址奥林匹亚,用凹面镜点燃圣火的原理以及意义。

本节学习支架

1. 怎样认识实像和虚像?

课本上把能够呈现在光屏上的像,叫作实像,把不能呈现在光屏上,只能用肉眼观察到的像,叫作虚像。这里说的虚像,指不是实际光线到达光屏上所形成的像,而是通过平面镜的反射光进入我们眼睛,并在眼睛的视网膜上所成的像。但是,在视网膜上所成的像均是实像。

因此,课本上说的"只能用肉眼观察到的像"这句话,必须要跟前面"不能呈现在光屏上"这句话联系起来理解。

总之,实像是实际光线会聚形成的,而虚像则是实际光线的反向延长线会聚形成的。

不论是实像,还是虚像,它们在我们眼睛的视网膜上所成的像,都是实像。

2. 怎样认识自然中的对称美?

对称是自然与生俱来的,并被人类直觉到的一种质朴的美。

例如,自然界中蝴蝶美丽的双翼,人类和各种禽兽的五官肢体,甚至皮毛上的纹理,都蕴含着对称的因素。可见,对称美赋予了世界灵动的生命。

光的反射以及平面镜成像中像与物的对称,就是自然中最质朴的一种对称美的表现。于是,人类模仿大自然在建筑上体现对称美。

如北京的紫禁城、故宫建筑群以中轴的对称,堪称中国建筑的瑰宝,它们让我们体验到祥和与庄严之间的协调美。摩天大楼、桥梁等的对称,体现出现代生活节奏的韵律美。这里再一次证明大自然是人类最伟大的导师。

3. 怎样才能快速判断互成角度的平面镜成像的个数?

当两个平面镜之间的夹角为 θ 时,根据数学归纳的方法,我们得出物体在两个平面镜之间所成像的个数为 $\dfrac{360}{\theta} - 1$ 个。但是,能否同时看到这么多像与观察者眼睛的位置有关。

4. 在希腊古奥运遗址奥林匹亚,用凹面镜点燃圣火的原理以及意义在哪里?

图3-2为2016年里约奥运会点燃圣火仪式的部分壮观场景。

古奥运遗址

50名模仿古奥运女祭司和三位少女手拿象征和平的橄榄枝，聚集在希腊古奥运遗址奥林匹亚这块神圣的土地上。

鸣笛

最高女祭司朗诵

击鼓

最高女祭司点燃圣火

凹面镜

她们用鸣笛、击鼓的方式迎候最高女祭司缓步走到存放凹面镜的祭祀台前，朗诵人类渴望阳光与和平的史诗，在众多女祭司的陪伴下，将火炬的顶端放在凹面镜的中央，借助太阳神的威力，成功点燃奥运圣火。

图 3-2

圣火点燃的物理原理并不复杂：利用正午 12 点强烈阳光平行入射到凹面镜上以及凹面镜聚焦（聚集光能）的作用，使焦点处的温度升高到足以让火炬点燃的程度。

但是，点燃奥运圣火的意义却大大超出火炬被点燃的最简单的物理原理。

圣火象征了古希腊的文明，传递了人类更高、更快、更强的奥林匹克精神，体现了人类渴望宽容、团结、和平的奥林匹克价值观的实现。

人们坚信无论是在人类中出现的恐怖与战争，还是在自然中发生的各种重灾大难，它们都永远熄灭不了大慈大悲的太阳神点燃的圣火，也永远阻止不了圣火对更高、更快、更强的奥林匹克精神和宽容、团结、和平的奥林匹克价值观的永恒传承。

这就是信仰的力量，它支撑着、激励着和鞭策着人类永不放弃这一崇高的追求！

3.4　探究光的折射规律

本节通过"观察光的折射现象"和"探究光的折射规律"两个活动，引出光的折射以及用光线描述光的折射中折射光线、法线、入射光线、折射角和入射角等概念，进而归纳出光的折射规律。

最后再列举生活中和自然中光的折射现象。

本节学习要点

- 认识光的折射规律，并能用它解释自然和生活中光的折射现象。

本节学习支架

怎样认识光的折射规律？

当我们再一次用前面"学习物理的八个理念"中提到的"大自然总是要尽可能地使其系统内部的能量耗损降低到最低为止，以确保其系统结构的稳定与和谐"这一特性来认识光的折射现象时，同学们就会有"居高临下，一览众山小"的愉悦。

例如，水总是从高处往低处流，趋向水平状态才能稳定；热总是从高温处向低温处转移，趋向温度相等的热平衡状态才能稳定；物体的重心越低，越稳定；各种流线体在运动中的能量损耗最小，也是最稳定的结构。

这些现象，统统都是上述的自然特性在诸多方面的具体表现。

同样,光在两种不同物质中运动也是如此。

例如,光在水中运动的速度比在空气中慢,于是,当光从空气进入水中时,便自然又精准地选择出一条折射结构的线路,如图 3-3 所示,并把光程长的一段留在空气中,进而使光在这两种物质中均能保持光程最短的匀速直线运动。这样,既节省了时间,又节省了能量,同时也确保了光在这两种物质中运动,其线路结构的简单、和谐与稳定。

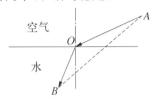

光行驶在折射结构的路线上

图 3-3

汽车行驶在环城结构的路线上

图 3-4

如图 3-3 所示,AO 与 OB 是光在空气和水中所选择的路程最短的直线,且光把更多的时间留在速度更快的空气中运动,这样,比沿着 AB 直线运动更节省时间和能量。同样,人类学习大自然,建造环城高速,其中道理跟光的折射规律相似。如图 3-4 所示,因城中红绿灯、行人和道路堵塞等因素的影响,故汽车穿城而过的速度比环城的速度要慢。

这里再一次证明,大自然懂得如何节省时间和能量,知道怎样才能维持其系统结构的简单、和谐与稳定。难怪爱因斯坦说:"世界赋予的秩序和谐,我们只能以谦卑的方式不完全地把握其逻辑的质朴性的美。"他又说:"一切科学工作都要基于这种信仰,确信宇宙存在并应该有一个完全和谐的结构。今天,我们比任何时候都没有理由让自己人云亦云地放弃这个美妙的信仰。"

3.5 奇妙的透镜

本节通过"观察透镜对光的作用"和"测量凸透镜的焦距"两个活动,引出描述透镜的主光心、光轴、焦点(虚焦点)、焦距等一些主要概念。认识平行主光轴的光线通过凸透镜折射后会聚在主光轴上的一点,就是凸透镜的焦点。知道凸透镜具有会聚光的作用,凹透镜具有发散光的作用。学会测量凸透镜焦点的方法。

本节学习要点

- 认识各种透镜和描述透镜的一些主要概念。

- 知道凸、凹两种透镜的功能,了解它们的一些应用。
- 会测量凸透镜的焦距。

本节学习支架

1. 怎样认识凸、凹透镜的会聚和发散作用以及透镜的实、虚焦点?

只要我们将两只三棱镜如图 3-5 所示的两种方式放置,便可理解它们为什么一个具有会聚作用,一个具有发散作用。

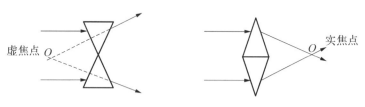

图 3-5

凹透镜发散光线的反向延长线的交点,就是凹透镜的虚焦点,凸透镜会聚光线的交点就是凸透镜的实交点,虚、实焦点均落在主光轴上。

2. 怎样认识透镜的光心和主光轴?

在透镜中总是有这样的一个点,当光不论从哪个方向射入并通过透镜中的这个点时,光的传播方向不会发生改变。那么,这个点就叫作透镜的光心,如图 3-6 中"0"所示,图中跟虚线所示的透镜中心面垂直的带箭头的光线,也就是当将透镜竖直放置时,水平穿过光心的光线就是主光轴。透镜具有光心、主光轴和焦点等非常重要的性质,它们能决定透镜成像的虚实、大小和正倒。

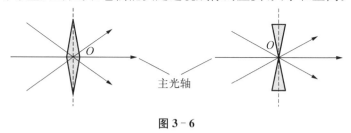

图 3-6

3.6 探究凸透镜成像规律

本节安排了一个较为完整的"科学探究凸透镜成像规律"的内容。

本节学习要点

- 经历科学探究过程,熟悉科学探究的七个基本要素,学会科学探究。
- 熟悉并理解凸透镜成像的规律。
- 认识放大镜,了解放大镜的功能。

本节学习支架

怎样用做光路图的方法来寻找凸透镜成像的规律?

前面我们学习了"通过透镜光心的光线,其方向不变","平行于主光轴的光线一定通过透镜另侧的焦点"。那么,根据几何知识,两条直线交叉便可确定一点的位置。于是,我们便可利用这个几何知识,采用作光路图的方法尝试寻找凸透镜成像的规律,进而证明实验探究的结论是正确的,如图 3 - 7 所示。

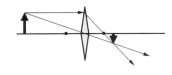

物距在两倍焦距之外,
成缩小倒立的实像。

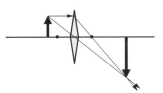

物距在一倍焦距和两倍焦距之间,
成放大倒立的实像。

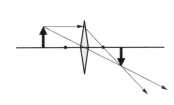

物距在两倍焦距上,
成等大倒立的实像。

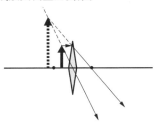

物距在一倍焦距之内,
成放大正立的虚像。

图 3 - 7

3.7　眼睛和光学仪器

本节通过"研究近视眼镜和远视眼镜""认识照相机""认识显微镜"和"认识

望远镜"四个活动展开,目的是让同学们认识科学探究凸透镜成像规律的价值,即它的用途极其广泛。

本节学习要点

- 知道大自然为人类造化的眼睛是一部无与伦比的高级照相机。
- 知道远视和近视的校正方法和原理。
- 知道照相机、显微镜和望远镜的基本原理都是凸透镜的成像规律。

本节学习支架

1. 人类从哪里获得灵感创造并研制出各种光学仪器?

人类是从大自然那里获得灵感,进而创造并研制出各种光学仪器的。

例如,大自然造化的人类眼睛,就是一台无与伦比的最灵敏、最高级的照相机。它通过视神经系统把所摄取到的信息,快速传递到大脑进而产生视觉。同时,又能及时灵敏地通过晶状体自动调节焦距,进而在视网膜上形成清晰的像。大自然还赋予人类一副大脑和一双灵巧的手,让人类发挥想象,通过探究、创造、发明,进而研制出人类眼睛所不及的各种光学仪器,如,放大镜、眼镜、显微镜和望远镜等。

因此,同学们要尊重大自然、热爱大自然、保护大自然,恭恭敬敬地拜大自然为老师!

图 3 - 8　伽利略望远镜的实物照片

2. 世界上发明第一台望远镜的人是谁?

伽利略 1609 年发明了世界上第一台能放大 32 倍的天文望远镜。

他在一根管子两端各放置一凸一凹两个透镜,眼睛贴近凹透镜观察远处物体,物体被移近了许多。于是,他利用这台望远镜发现了一些新的天体。这为当时被封建教会所封杀的哥白尼、布鲁诺的"日心说"给予了有力的支持。因此,1611 年宗教界发出警告,不准宣传他的发现,并处罚他终身监禁在家里。图 3 - 8 就是伽利略发明的第一台望远镜的实物照片。图 3 - 9 是伽利略望远镜的结构示意图。

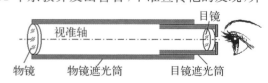

图 3 - 9　伽利略望远镜的结构示意图

本章值得思考与探究的问题

1. 请列举出关于光的直线传播原理应用的 3 个实例。

2. 光速和声速相差非常大,请用光速与声速之间的差距,自编一道物理问题(问答题和计算题均可)。

3. 古诗中有"举杯邀明月,对影成三人"的佳句,请从科学和文学两个方面来说明这一佳句的含义。

4. 图 3-10 中"隐身术"用到了相互成直角的平面镜和花墙板,请说出其中的光学原理,并根据这一原理制作一个微型的隐身装置,隐去布娃娃的下身,只留下布娃娃的头部,并在班级展示"隐身术"的微型装置。

5. 商场卖水果的地方,常在水果的后面安装平面镜的作用是什么?

6. 白光进入三棱镜后,分解出来的各单色光在三棱镜另一侧的位置有什么不同? 什么色光的位置在最上方? 什么色光的位置在最下方? 请根据这个事实猜想一下,其中的原因可能是什么?

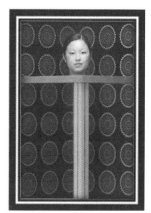

图 3-10　隐身术

7. 冬天,我们在火炉旁看到物体被扭曲的现象,其中的原因是什么?

图 3-11　眼睛、眼镜保持
在同一条轴线上

8. 让我们就地取材,从近视的同学那里取下一副近视眼镜,再从爷爷或奶奶那里借一副老花眼镜,参照图 3-11 所示的方式进行以下尝试:

将两副眼镜前后位置对调,反复调整两镜之间的距离,直到看清远方的物体。请把观察到的现象记录在下面的方框中。

9. 1969 年,阿波罗 11 号飞船登上月球时,在上面安装了一个重 30 千克的反射器。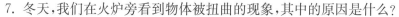这个反射器能够把任何方向入射的光线都向后转,即沿原来方向反射回去。在地球上用强度足够强的激光发射器与接收装置,记录激光从射出到返回原点的时间,就能非常精确地计算出地球到月球的距离。假设你是这个项目的总工程师。

（1）请构思、设计这个反射器，并说明它的原理。

（2）如果记录激光从射出到返回原点的时间是 2.56 秒，请计算出地球与月球之间的距离。

10. 图 3 - 12 是达·芬奇著名的画作《最后的晚餐》。画面中间是耶稣，两边分列 12 位门徒。你能从光的色彩、明暗和人物的姿态和面部表情上，指出叛徒犹大在画中的位置吗？请试一试。

图 3 - 12

第四章
物质的形态及其变化

4.1 从全球变暖谈起

本节安排了"凭感觉能判断冷和热吗""观察温度计""用常见温度计测量温度"三个活动,让同学们认识温度、温标和温度计,并学会正确使用温度计。

本节学习要点

- 认识温度和温标。
- 认识温度计和学会使用温度计。

本节学习支架

1. 怎样认识物理量?

课本上多处出现"物理量"这个词。例如,本节课文中就出现温度是表示物体冷热程度的物理量。那么,什么是物理量呢?

大自然充满了运动的物质和物质的运动,这就是我们在前面"八个学习理念"中,提到的大自然与生俱来的物质性和运动性的表现。

自然中的物质与运动,常常以形态、运动形式和量值等方式来表现它们的存在。其中的量值,往往反映的是物质与运动中最本质的东西。

因此,科学家开尔文说:"当你能够量度你所说的东西,并且能用'数'来表示,那你就对它有所了解了,如果你不能量度而且不能用'数'来表示它,那你的知识便是贫乏的和不能令人满意的。"

在物理学中,把反应物质与运动中那些最本质的量值,统称为物理量。

大凡物理量都是有名称的,物理量的名称就是我们通常所说的物理概念。例如,表示物体冷热程度的物理量的名称,就是温度。

其实,物理这门科学从某种意义上也可以讲,它是科学家们在寻找物理量,并发现物理量之间关系的一门科学。

2. 物理学中常数的意义到底在哪里?

物理学中,把自然中那些非常重要的不变的量值,称作常数。在初中物理中遇到的常数只有几个,例如,自然中的光速 299 792 458 m/s;自然中的温度最低点−273.15℃以及 0。它们意义分别如下:

当物质运动接近或达到光速时,时间和空间的性质将发生质的变化。

例如,当时间不再是与其外界事物无关而均匀流逝,空间也不再是与外界事物无关而永恒不变时,那么,牛顿等科学家创立的经典物理学就不再适用了,取而代之的便是科学家爱因斯坦创立的相对论。

当物质的温度接近或达到−273.15℃时,物质的性质将发生质的变化。

例如,汞(水银)在 4.2 k,即−268.95℃时,其电阻将突然降至为零。

物理学中的"0",并非是"无",它代表守恒状态或平衡状态。

例如,物体受到合力为"0"时,那么,物体处于静止或匀速直线运动两种平衡状态或守恒状态。

又例如,物体内部正负电荷数相等时,即正负电荷相互作用为零时,物体处于不显电性的静电平衡状态。

可见,常数具有维持物质在较大范围内运动与变化秩序的功能。

上述事实说明了"真理既是绝对的,又是相对的"和"量变到质变是自然中事物变化的普遍规律,变中有不变,不变中有变,变与不变是对立的统一体",以及"事物总是在否定之否定中前进"的自然哲理。

3. 什么是温标?

温标指科学家们所制定的测量温度的标准,就是测量温度的单位。

4. 课外阅读资料。

建议阅读"制定温标的第一人——华伦海特""重新制定温标的摄尔修斯"以及"76 岁高龄的研究生——开尔文"三个资料。

从这三篇资料中同学们不仅会了解到历史上制定与修订温标的过程以及发明酒精温度计的人是谁,还会了解到这三位科学家的主要贡献以及他们是怎样做人、做事和做学问的。

同学们在阅读本书中科学家的简介时,并非都要一一弄懂他们所研究东西,重要的是了解他们曾想了些什么、说了些什么和做了些什么,进而学习他们的科学思想、科学精神、科学毅力、科学态度和科学习惯。

课外阅读资料

制定温标的第一人——华伦海特

华伦海特（1686—1736）是荷兰物理学家。他出生在波兰，1701 年因父母突然去世，15 岁的华伦海特由他的监护人送到荷兰阿姆斯特丹接受商业教育，学习科学仪器的制作。

华伦海特（1686—1736）

由此，华伦海特对物理产生浓烈的兴趣，因此，他在荷兰建立了一个机械车间，主要制造温度计、气压计、液体比重计和其他物理仪器、天文仪器，并被荷兰核准为仪器制造专家。

他主要是通过旅行，即游学的方式进行学习，一生中拜访了许多科学家和仪器制造者，甚至是基层的工匠。

1707 年曾到柏林、莱比锡、哈勒等地参观学习工匠的操作，进而学到了许多技术，掌握了不少仪器制作的技能，进而积累了丰富的经验。

1708 年遇到天文学家罗默，他们之间建立了深厚的友谊，又向他学习了许多天文方面的知识。1715 年，他又跟数学家莱布尼茨合作，研制成了测量大海经度的时钟。由于他发现多种液体的沸点和凝固点是不变的，并首先提出把水的沸点定为 212 度，冰点定为 32 度，中间等分 180 份，每份是 1 度（华氏度）。因此，1724 年人们正式确定用他的名字来命名温标，即华氏温标，符号为 $^\circ$F。

目前，美国、加拿大等少数国家以及航空上还在用这种温标。

例如，我们在飞机上，常常能听到播音员播报地面温度时，除了播报摄氏温度外，还播报华氏温度。

他最重要的贡献是 1709 年发明了世界上第一支酒精温度计，1714 年改成水银温度计，制定出历史上第一个经验温标——华氏温标。

同学们千万不要小看温度计的发明和温标的制定，正是它们的出现，才为热学进入定量研究奠定重要的物质与思想基础。华伦海特还进行了一系列的实验研究，发现所有液体的沸点，均随气压变化而变化；实验研究了液体的沸点与压强和溶于其中的盐含量的关系，发现当液体中含有杂质时，沸点会发生变化；设计制造出带气压表的温度计；研制出比重计，编制出比重表，相当于我们今天初中物理课本中学习的密度计和密度表。

课外阅读资料

重新制定温标的摄尔修斯

摄尔修斯(1701—1744)是瑞典物理学家、天文学家,瑞典科学院的院士。

他从小受到热爱科学的父亲影响,后来从事天文学、数学、地球物理学以及实验物理学的研究。

摄尔修斯家庭教育的环境非常好,在父亲的影响下,养成了十分严谨的科学态度和习惯,加上自己的勤奋钻研,26 岁就担任乌普萨拉科学协会的主席,1730—1744 年担任乌普萨拉大学的教授,1740 年兼任乌普萨拉天文台的台长。

摄尔修斯(1701—1744)

1732—1736 年,他离开瑞典到国外访问,先后到过柏林、纽伦堡、巴黎和意大利等地,广泛参观访问各国的天文台和著名科学家,进而丰富了自己的学识。1733 年,他在巴黎和意大利访问期间,正赶上巴黎和伦敦双方科学家关于地球形状的论战,因为在此的 300 多年前,人们只是理论上猜测,并不知道地球到底是什么样的形状。因此,巴黎科学家认为地球是"纵长白兰瓜型",而伦敦科学家却认为地球是"扁平的横长型"。

为了弄清地球的形状,考证牛顿关于"地球在赤道附近半径大而两极扁平"的理论是否正确,法国巴黎科学院于 1735 年和 1736 年先后派出两支科考队到赤道和北极开展大规模测量活动。摄尔修斯在伦敦设法弄到一套测量所需要的仪器,于是,1736 年,他随科考队一道到北极测量,1737 年回国,测量结果证明了牛顿的理论是正确的。

他在 1742 年给瑞典皇家学院的文章中提出"要重新制定温标",把水的沸点定为 0 度,把水的冰点定为 100 度,中间等分 100 份,每份 1 度(1 摄氏度)。但这样的规定使用起来不太方便,于是,1745 年由科学家卡尔林耐将其颠倒,即把水的冰点定为 0 度,沸点定为 100 度,一直沿用至今。

1948 年,巴黎召开第九届国际计量大会,根据"名从主人"的惯例,把摄尔修斯首先提出的温标称作摄氏温标,符号为"℃"。目前世界各国仍然通用摄氏温标。摄氏度与华氏度之间的换算关系如下:

$$°F = \frac{9}{5}°C + 32$$

摄尔修斯通过实验研究,证明了"在气压不变的情况下,液体的沸点是不变的"。他还探究到"不同液体混合后的体积会变小"。

例如,他用 40 个单位的水与 10 个单位的硫酸混合,混合后的液体体积变成了 48 个单位。这个实验结果,对建立"分子动理论"提供了重要的实证。我们在初中学习的"分子动理论"中就有一条:"分子是有大小的,分子之间是有间隙的。"他还在天文观察领域做出了突出贡献,因此,月球上的环形山就是以他的名字命名的,叫作摄尔修斯环形山。

课外阅读资料

76 岁高龄的研究生——开尔文

开尔文(1824—1907)

开尔文(1824—1907)是英国物理学家,发明家,英国皇家学会会员,并担任过英国皇家学会 5 年的会长(只有在学术上具有很高威望的科学家,才能有资格出任英国皇家学会的会长)。他的原名叫威廉·汤姆孙,由于在科学和工程上的成就卓著,被英王室封为"开尔文勋爵",于是,他从被封勋爵后就改名为开尔文。

开尔文的父亲是格拉斯哥大学的自然哲学教授,从小聪慧好学的开尔文,10 岁丧母,跟着父亲进入格拉斯哥大学听数学课。父亲为他设计了一套保护心灵、磨砺智力的教育方式,让他与思想广阔的天地结成友谊,拜大自然为自己的老师。

这套教育方式培养了开尔文的心胸开阔、目光远大、思想活跃的优良品质。

因此,17 岁的开尔文就给自己立下戒律:"科学领域到哪里,就在哪里攀登不息;前进吧,去测量大地,记录海的潮汐;去指示行星在哪一条轨道上奔跑,去纠正老皇历,叫太阳尊重你的规律。"

1845 年,他以优异的成绩毕业于英国著名的剑桥大学。在大学学习期间曾获得兰格勒奖金第二名、史密斯奖金第一名。大学毕业后赴巴黎跟随物理学家和化学家 V·勒尼奥从事实验工作一年,1846 年受聘格拉斯哥大学物理教授。开尔文研究的范围很广,在热学、电磁学、地球物理学、光学、流体力学、数学等方面均做了突出的贡献。尤其在热学和电磁学方面,1848 年,24 岁的开尔文创立热力学温标,指出"这个温标的特点是完全不依赖任何特殊物质的物理性质,把自然中温度的最低点 $-273.15℃$ 规定为 0 K"。

开氏温标与摄氏温标之间的关系是:

$T = t + 273.15$(式中 T 表示开氏温度,t 表示摄氏温度)

他指出:"不可能从一个热源取热,使之完全变成有用功而不产生其他影响。"因此他断言:"能量耗散是普遍的趋势。"这就是我们在初中物理中要学习的"能量的转移和转化是有方向性的"重要规律,即使用过的能量,不可能完整无损地再使用。他研制出了许多电磁学上非常有价值的测量仪器,这些仪器为电磁学研究提供了重要条件。为了航海,他还改进了航海罗盘,制造了潮汐预报器和潮汐分析仪……他一生发表论文 600 余篇,获得专利 70 种。开尔文领导团队为期 10 年,顺利完成爱尔兰到纽芬兰海底电缆巨大工程。

开尔文的妻子温文尔雅,一双深蓝的大眼睛镶嵌在美丽的脸庞上,但他的妻子体弱多病。他非常爱他的妻子,经常在工作之余陪伴她,当得知自己要远离妻子领队去做很长时间的工程时,开尔文十分犹豫。美丽大方的妻子看出了他的心思,便鼓励支持他去做这项工程。不懂什么"绝对温标"的妻子,在临终时给开尔文的信中写道:"我知道你非常爱我的那颗心,肯定比'绝对零度'要高……"

开尔文接到妻子的信后十分难过,长时间默默地看着深蓝色的大海,就像看到妻子的一双深蓝而又美丽的眼睛在对着他深情地说:"我非常爱你。"

开尔文非常重视实践,常常把教学、科研与生产连为一体,因此,也常常把理论、生产和工程结合起来。可见,今天的大学应当是教学、科研与生产连为一体,培养创新人才和转化科研成果的孵化器。

开尔文十分尊重别人的研究成果,善于跟别人合作,不怕前进中的困难和失败,他认为:"……对困难必须重视,应当放在心里,希望解决它,无论如何,每一个困难一定总有解决的方法,虽然我们可能一生都没有找到,但一定有。"

开尔文更为英明伟大之处就是把自己所研究的成果,毫无保留地送给了麦克斯韦,并鼓励他建立"电磁学理论"。他的这一伟大而又英明的举措,在当时的科学界享有极高的声誉,他本人诸多贡献,也获得了当时英国科学界所有的荣誉。

关于开尔文的三则有趣的小故事

酒窖变成了英国首个甚至是世界首个课外实验室

22岁的开尔文被任命为格拉斯哥大学教授,血气方刚,劲头十足,为了改革物理教学,他向大学申请要一间房子做课外实验室,这是该大学从未有过的事情,因此,其他教授们觉得有些不解,但又无理由阻止,便说:"如果他实在想要一间房间,那就把学校的酒窖给他,我们把酒窖中酒桶搬出来不就得了。"就这样,开尔文在这个酒窖里创办起来英国大学里,也是世界大学里第一个课外实验室,并带领学生在这里做了许多实验。

把证明浸透在学生心里

有一天,开尔文的朋友,德国著名科学家亥姆霍兹到他的酒窖实验室参观陀螺仪实验。开尔文让一个金属圆盘直立并快速旋转,用来展现其转动轴是垂直不动的现象,进而证明地球的转轴也是稳定不变的。圆盘正在转着,突然开尔文用一把小钉锤猛地敲击圆盘,看看在外力作用下圆盘转动会怎样变化,由于金属盘失去平衡,马上沿离心方向飞出去,恰好击中了衣架上亥姆霍兹挂着的帽子,并将帽子击破了,学生哄堂大笑起来,亥姆霍兹无奈地也只好跟着学生笑。可开尔文却似乎没有当一回事,轻描淡写地说:"对不起,出了点毛病,我会赔你一顶新帽子。"开尔文讲课非常幽默,从不沉闷,他说:"我取消上课读发了霉的论文的做法。"他的课堂和实验室堆满了各种各样的仪器,五花八门,样样都有。有一天,他叫人弄来一些水浇在课堂一角看上去平凡无奇的装置中,这个装置其实就是一个覆盖橡皮膜的金属圈,由于水加多了,橡皮膜下垂胀大,最后胀破了,于是,水泼到一些学生的头上。这时,开尔文幽默地说:"我从来都喜欢把我的证明,浸透在你们的心里。"全班同学听了,连同被水浇在头上的同学都哈哈大笑起来。

开尔文勋爵——研究生

开尔文在格拉斯哥大学执教了整整53年才辞去了教授工作,校董事会希望他不要退休,但他摇头说:"请不必感情用事,我已没有什么用处了。"他最后一次见到学生时说:"我最近相信当一个人老了的时候,在家里火炉边最欣赏的就是那些把他带回到大学生活时代的照片……使生活充满光明和纯洁的照片……"

开尔文无法割舍他与格拉斯哥大学执教 53 年的情感,1899 年,这位 76 岁高龄的科学家,跟大学本科生一道走进了学校注册室报名,并在注册表上认认真真地填写着:"开尔文勋爵,研究生。"他知道自己不能再执教了,并告诉所有的人,从现在起他只是一个学生,同时也让所有人懂得一个道理:"没有永远的老师,只有永恒的学生。"

4.2　探究汽化和液化的特点

本节安排了"讨论影响蒸发快慢的因素""探究水沸腾时温度变化的特点""观察液化"和"探究汽化吸热和液化放热"四个活动,进而引出汽化、蒸发、沸腾和液化四个概念。让同学们了解影响蒸发快慢的因素;认识水沸腾时温度不变的特点;了解一些液体的沸点;知道除了降温外,在一定温度下压缩气体的体积也能使气体液化;知道汽化时会吸收热,液化时会放热。

本节学习要点

- 认识汽化(蒸发、沸腾)和液化现象。
- 知道影响蒸发快慢的因素和水沸腾的特点以及一些液体的沸点。
- 知道除了降温外,在一定温度下压缩气体体积的方法也能使气体液化。
- 知道汽化会吸热,液化会放热。
- 会用图像方法直观形象地描述一些物理现象变化的特点(如水的沸腾现象)。

本节学习支架

1. 科学概念跟日常用语之间的区别在哪里?

科学概念一般都是科学家们通过科学抽象的方法,将一些事物的本质因素抽取出来,再通过归纳、概括而给出的一些名称。因此,它们均有比较严格的定义。例如,温度是表示物体冷热程度的物理量。

日常用语通常是人们在日常生活中使用的大家都能听得懂的一些习惯

说法。

例如,"今天的天气比较热"。在这句话中说的"热"并非指热量,而指的是温度,即指今天的气温比较高。

因此,同学们千万不要用日常用语来替代科学概念。

2. 什么是图像方法?

图像是物理学中常用的方法,也是科学家们常用来呈现自己研究成果的一种方法。

由于这种方法不但省略了大段文字的描述,而且具有形象、直观和一目了然的特点。在前面我们曾介绍了声波的波形图像,本节正是让同学们尝试用图像方法来呈现水在沸腾前后,温度随时间变化的特点。

所谓图像,如下图 4 - 1 所示,指用直角坐标将某一物理现象中的两个相关物理量的变化量值,如温度和时间,分别标注在坐标的两个轴上,并在坐标平面内一一找出它们的对应点,再将各对应点用线条连接起来,进而在坐标平面内,呈现出反映该物理现象的两个相关物理量(温度和时间)之间的变化特点与规律的图线。

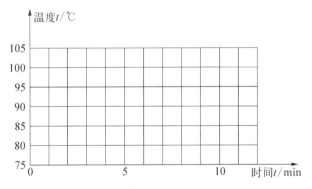

图 4 - 1　水沸腾时的温度-时间图像

4.3　探究熔化和凝固的特点

本节通过"探究海波熔化和凝固的特点"和"探究石蜡熔化和凝固的特点"两个活动,让同学们知道晶体和非晶体的区别,晶体具有固定的熔点或凝固点,非晶体没有固定的熔点或凝固点;知道熔化过程要吸热,凝固过程要放热;熟悉用图像方法描述晶体和非晶体熔化或凝固现象变化的特点。

本节学习要点

- 认识熔化和凝固现象,以及晶体和非晶体熔化和凝固现象的特点。
- 知道部分晶体的熔点。
- 知道熔化过程要吸热,凝固过程要放热。
- 会使用图像方法。

本节学习支架

怎样认识水的沸点和凝固点?

水的沸点为 100℃,凝固点为 0℃,其条件是纯净的水。如果水中含有杂质,沸点就会低于 100℃,凝固点也会低于 0℃。这就是我们用并非是纯净的自来水做沸腾实验时,总是观察到温度计在不到 100℃ 时水就开始沸腾的原因。

建议同学们在家里利用冰箱做下面的实验:

将一杯纯净的矿泉水和一杯盐水,同时放进冰箱的冷冻室内,冷冻室内的温度设置在 −5℃,一段时间后取出来,你会发现纯净的矿泉水凝固了,而盐水却没有凝固。这就是在冬季雨雪天气中,工人师傅常常会在高架桥面上撒盐,用来降低水的凝固点,使路面上雨雪所积的水不会结冰的原因。

另外,水的沸点与大气压有关,当大气压降低时,水的沸点也会降低,这就是在高山上煮不熟鸡蛋的原因。

上述事例说明,物理学中涉及物质的性质、物质变化的特点,以及物质运动变化的规律等这些最本质的东西时,都是有一定的条件的。

因此,同学们在遇到物质的性质或物质运动规律的应用时,切勿生搬硬套!

4.4 升华和凝华

本节通过"观察碘的升华现象"和"观察凝华现象"两个活动,引出升华和凝华概念,了解升华过程要吸热,凝华过程要放热。

本节学习要点

- 认识升华和凝华概念。
- 知道升华过程要吸热,凝华过程要放热。

● 了解人工降雨的原理。

本节学习支架

怎样认识升华和凝华？

物质的形态变化就其本质而言,都是因物质内部我们看不见的大量分子在不停地做无规则运动,以及分子间存在相互作用力的结果。

关于"分子动理论"知识,将在八年级学习,但在这里提前用来说明。

通常情况下,物质吸热时,其内部分子运动会变得激烈一些,于是,就会有一些运动速度较大的分子,挣脱固态物质内部分子的引力作用,离开固态物质直接变成气态。当形成的气态物质放热时,其内部的分子运动又会变得缓慢起来,于是,它们又会在分子引力作用下凝结在一起,又变回到固态。

这就是碘的升华和凝华现象产生的本质原因。

4.5 水循环与水资源

本节阐明了两个重要问题,一是自然中水循环的意义;二是水是珍贵资源。

本节学习要点

● 知道自然中水的循环过程以及意义;了解云、雨、雹、雪、雾、露、霜的成因。

● 认识水为什么是人类十分珍贵的资源,进而要自觉、有效、合理利用这种珍贵的资源。

本节学习支架

怎样归纳、概括和总结一章的知识？

阅读中归纳、概括和总结,是自主学习中十分重要的能力。因此,同学们要培养并训练自己在阅读中归纳、概括和总结的能力。

希望同学们在学完每章内容之后,均要自觉地去进行归纳、概括和总结,以培养自己归纳、概括和总结到底学到了些什么的习惯。

例如,本章从全球变暖谈起,以温度变化为主线,进而引出自然中物质"三态"循环变化的一些特点与规律,以及这些变化特点与规律的应用。

最后,用自然中水循环的意义和水资源的珍贵,来告诫人类要尊重自然,遵循自然规律,珍惜水资源,提倡节约用水,防止水污染,并用改变"水是取之不尽,用之不竭的"的观念来结束本章内容。因此,同学们就应当沿着这条线索来梳理本章知识。归纳、概括和总结的方式有很多，有提纲式、表格式以及方框图式等，同学们可根据自己的习惯和喜爱来选择。

本章值得思考与探究的问题

1. 通过阅读华伦海特、摄尔修斯和开尔文三位科学家的资料，你认为华氏、摄氏和开氏三个温标的相同点和不同点在哪里？

某同学在飞机快降落地面时听到空姐播报地面温度为 64 华氏度，那么，在摄氏和开氏温标中分别是多少度？

2. 通过阅读华伦海特、摄尔修斯和开尔文三位科学家的资料，你从他们身上学到了些什么？

3. 通过阅读课本上几种液体的沸点（在 1 个标准大气压下）的表格，你获得酒精和水银温度计在使用方面的信息是什么？ 能否从表格的标注上提出一个值得思考与探究的问题，试试看！

4. 描述水的沸腾、海波的熔化和石蜡的熔化三个过程的图像，能为我们提供哪些信息？ 再说说你对图像方法的认识。

5. 在家里分别将盛有相等质量的清水、酱油和醋，放在温度设置为 −5℃ 冰箱的冷冻室内，数小时后取出观察，你发现它们形态变化有什么不同？ 由此，你得出的结论是什么？

6. 说说你对自然中水循环意义的认识。

7. 自然中物质通常都是以运动形式、形态和量值，三种方式来表现它们的客观存在的。其中量值最重要，它们往往反映物质在运动与变化的过程中某些特点和特征，甚至是规律性。本章中体现物质运动与变化中特点的量值有哪些？为什么说它们重要？ 请举例说明。

8. 用温度变化为主线，归纳、概括并总结本章学习与探究的内容，总结的方式有多种，如提纲式、表格式、方框图式等，请选择你所喜欢的方式将本章内容呈现出来。

第五章
我们周围的物质

5.1　物体的质量

本节在引出质量概念和质量单位的基础上,安排了"用天平测量固体的质量"和"用天平测量液体的质量"两个活动。目的是让同学们知道质量是物体的基本属性。接着通过阅读说明书的方法,让同学们认识托盘天平的主要部件及名称,了解托盘天平的调节步骤和使用方法,进而动手测量固体和液体的质量。

本节学习要点

- 认识质量概念,知道测量质量的单位。
- 会对大、小质量单位进行换算。
- 会用托盘天平测量固体和液体的质量。

本节学习支架

1. 课本中一会儿出现物质的属性,一会儿又出现物质的特性,到底怎样区分物质的属性和特性?

物理学中常出现物质或物体属性和特性的说法。属性也好,特性也罢,它们统统指物质或物体的性质。严格地说,属性和特性之间是有区别的。

通常,人们将物质或物体共同具有的性质,叫作属性或共性。

例如,牛顿曾说:"凡既不能增强,又不能减弱者,并为我们实验所能及的范围内一切物体所具有的,就应视为所有物体的普遍属性。"

一般情况下,人们把物质或物体特有的性质,叫作特性或个性。

但是,特性(个性)又包含在属性(共性)之中,因此,人们有时也把特性说成属性。同学们在学习初中物理的过程中不必计较这些说法。

总之,自然中的物质既有属性(共性),又有特性(个性),这就是"自然中物质与运动的多样性和统一性"这一自然辩证法则的表现。

图 5-1   国际千克原器

2. 质量单位是怎样规定的？

质量单位跟长度、时间、温度等单位一样，也源于自然。

人们将 1 000 立方厘米的纯水，在 4℃ 时的质量规定为 1 千克(kg)。

可见，质量单位具有"不变性"；国际计量大会通过，具有"公认性"；人们又据此用铂铱合金造成一个国际千克原器，存放在法国巴黎国际计量局中，如图 5-1 所示，它具有"可复制性"，便于操作使用，因此也具有"可操作性"。

3. 单位感性化是什么意思？

单位感性化就是单位具体化，即将一些测量单位与身边熟悉的事物作比较，进而做到心里有数。同学们经常做这样的训练便可提高自己的估测能力。例如，课本上的"你知道吗"练习，如下图(图 5-2)所示，目的就是训练同学们经历从毫克到克，再到千克，最后到吨这些质量单位的"感性化"过程。

请填写一些物体的质量单位。

(a) 一根眼睫毛的   (b) 30粒大米的   (c) 15个鸡蛋的   (d) 1头大象的
    质量约1____   质量约1____   质量约1____   质量约5____

图 5-2   你知道吗

5.2   探究物质的密度

本节通过"探究物体的质量与体积的关系"活动，引出用来描述物质特性的密度概念，以及用来描述这种特性的密度公式。

本节学习要点

● 认识密度概念。

- 认识密度公式。
- 知道密度单位是复合单位。

本节学习支架

1. 什么是物理公式？

所谓物理公式,指用一些符号代表某一物理事实中的某些相关的物理量,再根据这些相关物理量之间的内在联系,构建出能精准描述这些相关物理量之间依存关系的数学式子。

例如,用符号"ρ"表示密度;用符号"m"表示质量;用符号"V"表示体积,那么,在国际单位制中,精确描述质量与体积之间成正比关系的数学式子就是:$\rho = m/V$ 或 $m = \rho V$。因此,人们常常说公式是科学家们最简洁的语言。同时也说明了数学是精雕细刻大自然的最佳工具。

由于密度公式是本教材首先呈现出来的物理公式,因此,同学们应当通过密度公式了解物理公式的由来,认识物理公式的意义。即,物理公式是大自然数学结构的本性,在物质的性质与运动规律中的表现,进而被我们人类发现并总结出来的一种数学表达或写真的方式。

因此,科学家们用它来作为简洁而又精准地描述物质的性质或物质运动规律的重要工具。也是我们常说"数学是精雕细刻大自然最佳工具"的原因。

可见,密度公式既不是从天上掉下来的,也不是人们凭空想出来的,而是大自然固有的数学结构这一本性在物质性质上的表现,进而被我们人类发现并总结出来的一种数学表达或写真形式,即比值的方式。

2. 物质的密度跟物体的密度有区别吗？

物质的密度,通常指纯物质的密度,而物体的密度,通常指混合物质的密度。例如,鸡蛋的密度指包括蛋壳、蛋清和蛋黄在内的混合物质的密度,通常称作物体密度,而蛋壳、蛋清和蛋黄分别各自有自己的物质密度。

3. 比值和乘积在物理学中的作用是什么？复合单位是怎样来的？

在物理学中,人们常用求比值和乘积的方法导出新的物理量。

例如,前面说的声速和光速即速度,以及本节接触到的密度,它们都是通过比值的方法比出的,或导出的物理量。

又例如,今后同学们要学习的功这个物理量,就是力跟力的方向上移动的距离两个相关的物理量,通过乘积的方法乘出的,或导出的物理量。

由于比值和乘积通常都涉及两个物理量,它们各自都有自己的单位,因此,新物理量的单位就由这两个相关物理量的单位来组合而成,通常称复合单位。它们的写法与读法课本上有。用比值和乘积方法能精准地描述物理现象或物理事实,再一次说明了数学是精雕细刻大自然的最佳工具。

4. 科学家们通常是怎样表述自己科学研究成果的?

科学家们常用文字、图表和公式三种方法,来呈现自己科学研究成果的。同样,我们的物理课本,也采用这三种方式,来呈现物理学家们为我们留下的主要研究成果。

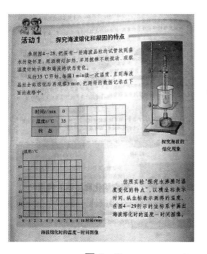

同学们只要大致翻阅一下课本,就会发现我们初中物理课本,就是用文字表述、图表(图像、表格)展示和公式描述这三种方式来呈现的。如图5-3所示,在课本的一页中,就有文字表述和图表展示。可见,物理课本只不过是用上述三种方式来呈现科学家们研究的主要成果的载体罢了。

希望同学们要学会阅读物理课本,让课本中那些公式、表格和图像都变成有血有肉、生动活泼的东西。这样,你就不会觉得物理课本枯燥了。

图 5-3

5.3 密度知识的应用

本节安排了"查密度表""测量固体的密度"和"测量液体的密度"三个活动以及一个例题和两个问题。

本节学习要点

- 会测量固体和液体的密度。
- 会查密度表(查阅资料)。
- 通过查密度表,会采用公式变换的方法计算质量或体积。

本节学习支架

怎样呈现物理计算问题的解答过程?

本节中安排的例题如下图5-4所示:

例题 如图所示是一枚第25届奥运会的纪念币，它的质量为16.1 g，体积为1.8 cm³。试求这种纪念币的密度，并判断它是金币还是铜币。

已知：纪念币的质量 $m = 16.1 \text{ g} = 1.61 \times 10^{-2} \text{ kg}$，纪念币的体积 $V = 1.8 \text{ cm}^3 = 1.8 \times 10^{-6} \text{ m}^3$。

求：制成纪念币的金属的密度 ρ。

解：$\rho = \dfrac{m}{V} = \dfrac{1.61 \times 10^{-2} \text{ kg}}{1.8 \times 10^{-6} \text{ m}^3} \approx 8.9 \times 10^3 \text{ kg/m}^3$

答：制成纪念币的金属的密度为 $8.9 \times 10^3 \text{ kg/m}^3$。

由密度表可知，这枚纪念币是铜币。

图 5 - 4 是金币还是铜币

可见，通过这道例题的解答过程，同学们便知道物理计算题解答的基本程序是：

（1）列出问题给出的条件（已知）。
（2）写出问题要解决的哪些要求（求）。
（3）呈现问题解析的过程（解）。
（4）注明问题解析的答案（答）。

5.4 认识物质的一些物理属性

本节首先介绍物质的磁性以及它在生活和科研中的广泛应用。接着通过"比较物质的导电性"和"比较木筷和不锈钢汤匙的导热性"两个活动，引出导体和绝缘体，以及热的良导体和热的不良导体概念。进而让同学们说出物质的导电性和导热性的应用。

本节学习要点

- 认识物质的磁性，了解它的一些应用。
- 认识物质的导电性，了解它的一些应用。
- 认识物质的导热性，了解它的一些应用。

本节学习支架

什么是物理属性？

在物理学中，常常出现物理现象、物理变化、物理属性等一些说法。

例如,本节标题就是"认识物质的一些物理属性"。上述的说法同出一辙,它们指的是当物质本身不发生质的变化时,所表现出来的各种现象、变化和性质。于是,物理学中分别把它们叫作物理现象、物理变化、物理属性。例如,"金属导热"的现象是物理现象,"金属熔化"的现象是物理变化,"金属熔化过程中温度不变"的现象是物理属性。这些现象、变化和性质,均属于物理学所研究的内容。因此,人们又常常说"物理学是研究物质的性质和物质运动与变化的现象,以及这些现象在运动与变化中所遵循的规律的一门科学"。

5.5 点击新材料

本节从人们不断深入研究的物质的属性中,发现物质的一些奇特性质,进而使各种新材料不断出现。它告诉我们,这些新材料越来越多进入我们学习、工作和生活的方方面面,并在改变我们的生活方式、提高我们的生活质量、促进社会进步和发展中发挥重要作用。这就是人们研究物质属性的意义和价值所在。

本节学习要点

- 认识纳米材料。
- 认识半导体材料。
- 认识超导材料。

本节学习支架

科学家们是怎样划分空间尺度的?

科学家们通常将物质占据的空间划分为四类。

一是宏观,指人类肉眼看得见的物体尺度。

二是微观,指人类肉眼看不见的分子、原子尺度。

三是介观,指分子、原子尺度和肉眼看得见的最小微粒之间的尺度。

其中纳米(10^{-9}m)微粒,就属于介观尺度范围。该尺度的微观粒子通常都具有许多奇特的性质。例如,课本上介绍的纳米陶瓷、纳米钢管、纳米磁性材料、纳米复合材料(能吸收电磁波,进而可用作隐形飞机的涂料)等,都具有各种奇特的性质。这也是物质在运动变化过程中,由量变到质变的表现。

四是宇观,指离我们非常遥远的天体尺度。

本章值得思考与探究的问题

1. 物理学中说的"质量"，跟我们平时说的学习质量、工作质量和生活质量中的"质量"有什么不同？

2. 为什么说质量是物体的基本属性？

3. 某同学读了课本上提供的托盘天平使用说明（摘要），又经历了使用托盘天平测量物体质量的过程，为了方便记忆天平的使用规则，编了一个顺口溜并将开头的几句写在下面。请你继续完成这个顺口溜，并尽可能地将天平使用方法、技巧、规则和注意事项归纳在顺口溜中。

> 小小天平精又轻，工作台面要水平。
>
> 使用之前要调试，游码首先要置零。
>
> 左右两盘要清洁，不可对调来使用。
>
> 左放物来又放码……

4. 现有中华人民共和国一元的硬币数枚，如图 5-5 所示。如果用天平、直尺两种工具来测算硬币的密度，那么，在方法上不完善的地方在哪里？测量值比真实值大，还是小？为什么？你打算怎样改进测量方案并说出改进的道理。通过测量方案的改进，谈谈你对测量误差的认识。

图 5-5

5. 人体内的血液大约为 4 000 ml，某同学在一次献血活动中献出了 200 ml 的血液，查知人体血液的密度为 $1.055 \times 10^3 \, \text{kg/m}^3$。那么，该同学体内还剩下多少质量的血液？知道抽血后怎样补充吗？说说看！

6. 关于物质的磁性、导热性和导电性的应用你知道多少，请用表格的方式将你所知道的应用分栏列出。你还知道物质有哪些属性正在被人类所应用，也请在表格的另栏中列出。由此说明人类自古到今都在不停地探究并认识物质的各种性质的意义在哪里？

7. 课本上介绍了纳米材料、半导体材料、超导材料和隐形材料，它们都有特殊的性质，进而被人类所利用，上网搜索一下，看看还有哪些新材料在被人类所利用并跟同学交流。

8. 本章课本第三节"信息浏览"中介绍恒星在演变过程中，会形成密度很大的天体，如白矮星、中子星或黑洞。据推测，$1 \, \text{cm}^3$ 中子星物质的质量约为 $1.5 \times$

10^9 t,而安徽黄山的质量约为 10^{12} t,请估测一个鸡蛋的体积,想一想,如果用中子星物质制成鸡蛋大小的"中子星蛋",那么,多少个"中子星蛋"就相当于安徽黄山的质量?

第六章

力和机械

6.1 怎样认识力

　　本节通过"研究力的效果""推手游戏"和"怎样用力效果好"三个活动,来帮助同学们认识力。与传统教材不同,课本中不出现"力"的定义,而是引导同学们从力的作用效果上来认识力。

本节学习要点

- 从力的作用效果上认识力。
- 认识力的相互性。
- 认识力的三要素即力的三个重要特征。

本节学习支架

　　1. 何谓运动状态? 什么是运动状态的改变?

　　所谓运动状态,指物体在某一时刻或某一位置的速度大小和速度方向。所谓运动状态的改变,指物体在某一时刻或某一位置的速度大小或速度方向发生了改变。这里的"或",指速度大小和速度方向两个因素中,只要有一个发生改变,那么,物体的运动状态就发生了改变。

　　图6-1中(a)和(b)表示足球瞬间由静态变动态和由动态变静态;而(c)则表示足球瞬间速度方向的改变。

　　因此,图6-1(a)(b)(c)所呈现的画面以及图下文字说明归纳概括起来说,就是"力是改变物体运动状态的原因"。其实,这就是我们从进幼儿园开始就曾用过的看图说话的方法。就像中央电视台举办的"中国诗词大会"中给出一幅幅画面,让攻擂者说出画面描述的是古诗词中哪一句一样,这种方法可以训练同学们观察归纳、概括和总结的能力。

(a) 运动员踢球，球由静止
变为运动

(b) 运动员用脚停住
足球，球由运动
变为静止

(c) 运动员用头顶球，
使球改变运动方向

图 6-1

2. 怎样认识作用力和反作用力？

力总是同时发生在两个物体之间，并分别作用在两个物体上。我们常说"孤掌难鸣"的意思就在于此。因此，力总是成对出现的，即有作用力（主动）出现，同时就一定有反作用力（被动）存在。这就是说有施力物体（主动）出现，就必然有受力物体（被动）存在。它们是相互的，而命名则是相对的，也就是说作用力和反作用力或施力物体和受力物体的命名，均是由观察者主观设定的。

通常情况下，观察者以主动和被动为依据作出判断，进而设定谁是作用力，谁是反作用力，或谁是施力物体，谁是受力物体。

3. 何谓力的三要素？

力的三要素指的三个重要特征，即力的大小、方向和作用点。

这三个特征中只要有一个发生变化，那么，力的作用效果就会发生变化。

6.2　怎样测量和表示力

本节通过"认识弹簧测力计"和"测量纸条能承受的最大的拉力"两个活动，让同学们认识弹簧测力计，并学会用弹簧测力计测量力。接着又让同学们用假想的力线来形象地表示力。

本节学习要点

● 认识弹簧测力计，学会用弹簧测力计测量力。

● 认识力线,学会画力的示意图和了解力的图示法。

本节学习支架

1. 力的示意图和力的图示法区别在哪里?

力的示意图和力的图示法,它们都是用带箭头的线段将力的三个特征显示出来的假想模型。只不过前者只能定性描述,而后者则可定量表示,如图 6 - 2 所示。

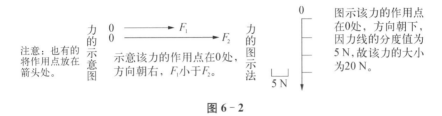

图 6 - 2

2. 本节安排"探究弹簧测力计的原理"和"制作橡皮筋弹簧测力计"两项课外活动的意图是什么?

意图有两个:一是让同学们经历探究弹簧测力计的原理的过程;二是训练同学们动手制作的能力。我国著名的教育家陶行知先生说过:"教而不做,不算教;学而不做,不算学。"因此,希望同学们要努力并认真完成任务。

3. 课外阅读资料。

建议阅读"'英国的达·芬奇'——胡克"资料。

同学们通过该资料的阅读,不仅知道胡克是一位兴趣广泛的科学家,还知道他的动手能力极强,是他发现了弹簧测力计的原理,后人称"胡克定律",并动手制作了弹簧测力计,还动手制作了望远镜和显微镜。今天人们只知道牛顿发现了"万有引力定律",其实,胡克在牛顿发现"万有引力定律"中也起到了一定的作用。他曾与助手一道到高山上和深井下做实验,试图测量重力跟随地心距离变化的关系,但没有成功。因此,在胡克去世 300 年的纪念会上,英国人对胡克的历史贡献重新做了评价,说他是"英国的达·芬奇"。

课外阅读资料

"英国的达·芬奇"——胡克

胡克(1635—1703)是英国物理学家,英国皇家学会的会员(相当于世界各

胡克（1635—1703）

国科学院的院士）。他在力学、光学和天文学等方面均做出了重要的贡献。

他对弹性物体的弹力研究极为深刻，曾做过许多实验，并发现弹簧的弹力大小，跟其伸长量成正比关系。因此，后人把他的这一发现叫作"胡克定律"。

我们初中物理中使用的弹簧测量计，就是根据"胡克定律"研制的。胡克还设计并制作了许多科学仪器，如显微镜和望远镜等，如图 6-3 所示，都是当时无与伦比的。

可见，胡克的动手能力非常强。

胡克的兴趣十分广泛，研究成果也很丰富。今天人们只知道是牛顿发现了"万有引力定律"，其实，胡克在牛顿发现"万有引力定律"中也起到了一定的作用。1864 年，英国皇家学会成立了一个研究委员会专门研究重力问题，当时胡克就从事这项工作。他与助手曾到高山上和深井下做实验，试图测量重力跟随地心距离变化的关系，但没有成功。在这年里胡克曾在一次演讲中提出："若能找到引力随距离变化的关系，那么，天文学家就容易解决天体运动规律的问题了。"就在这年，胡克曾给牛顿的信中说过自己关于引力跟距离平方成反比关系的猜想。还是在这年，胡克、哈雷和论恩等人在一次聚会上，又重新提出引力问题，论恩为此拿出一笔奖金悬赏解决引力问题的人。胡克说他

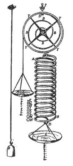

图 6-3　胡克研制的弹簧测力计和显微镜

已解决了这个问题，但没有立即公布他的证明过程。于是，哈雷在 1864 年 8 月，从伦敦专程到剑桥大学向牛顿请教，牛顿也说他早已解决了这个问题，但当时也没有找出证明的手稿，就在这年的年底，牛顿把引力与距离平方成反比关系的证明过程寄给了哈雷，并在哈雷的资助下，于 1687 年出版了他的《自然哲学的数学原理》。

1703 年胡克去世后，他生前建立的实验室和图书馆也解散了，因此，他的研究成果大部分丢失。在物理学史上，这位成果丰富的科学家似乎默默无闻。

今天,我们已经无法,也没有必要再去对这两位科学家是谁先提出"平方反比关系"进行考证了。但是,我们应当采用历史唯物的态度,客观地认识历史上科学家们为人类所做出的贡献。2003 年,在胡克去世 300 年的纪念会上,英国人对胡克的历史贡献重新做了评价,说他是"英国的达·芬奇"。

6.3　重　力

本节首先通过问题以及跟问题相匹配的图片,直接引出重力概念和重力的重要性。接着通过"铅垂线的应用"和"用弹簧测力计测量重力"两个活动,引出重力的方向和找出物体重力的大小跟其质量的关系。最后引出物体的重心概念。

本节学习要点

- 知道重力是怎样产生的。
- 知道重力的方向竖直向下。
- 知道物体重力的大小与其质量成正比。
- 知道物体重力的作用点是物体的重心。

本节学习支架

1. 竖直方向和垂直方向区别在哪里?

竖直方向指物体自由下落的方向,它跟水平面成直角关系。它的参考面是固定的水平面。如图 6-4 所示。

垂直方向的参考面是任意的,即任意选择一个参考面,只要跟该面成直角关系的方向,就是该面的垂直方向。如图 6-5 所示。

可见,竖直方向是垂直方向的一个特例。

跟水平参考面成直角关系的竖直方向。　　跟任意参考面成直角关系的垂直方向。

　　　图 6-4　　　　　　　　　**图 6-5**

2. 课本上说物体的重力跟其质量成正比,即 $G=mg$。可见,g 是公式的比例系数。这个比例系数应当是不变的,为什么课本上又说在地球上的不同纬度上 g 略有差异?

我们在第五章曾说过物体的质量是物体的基本属性。它不因物体的地理位置、形状和温度等因素变化而变化。但是,物体重力却因地理位置变化而变化。这是因为引力是相互的,它的大小不仅跟两个相互作用物体的质量有关,还跟两个物体之间的距离有关。

例如,同一个物体在地球上不同纬度的地方受到重力大小就略有差异(地球并非是绝对的圆球),而在月球上则差异更大,因为月球质量比地球质量小得多,月球跟地球之间的距离,也比地球表面附近的物体跟地心之间的距离大得多。通常情况下,我们视地球表面附近物体的重力是不变的。

3. 一个物体的重心位置是否是固定的? 是否一定在物体上? 它跟物体的稳定性有怎样的关系?

(1) 通常情况下,每个物体的重心位置都是固定的。只有在物体的形体或质量分布发生变化时,该物体的重心位置才会发生变化。

例如,在上、下开口大小不同的两个梯形的容器中,盛有相同质量的水,其重心位置是不同的,如图 6 - 6 所示。

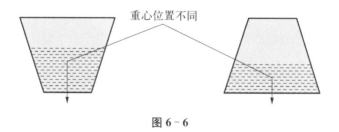

重心位置不同

图 6 - 6

(2) 物体的重心并非都在物体上。

例如,质量均匀分布的环体,其重心就不在环上,而在环心,如图 6 - 7 所示。

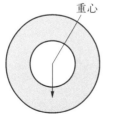

重心

图 6 - 7

(3) 物体的重心越低,稳定性越好。

例如,汽车底盘设计的质量大,重心低,以保证在汽车行驶过程中的稳定性。

(4) 如果物体的重力作用线通过支撑它的点、线、面,物体均不会翻倒,如图 6 - 8 所示。

质量均匀的球体,其重心在它的几何中心,即球心,其

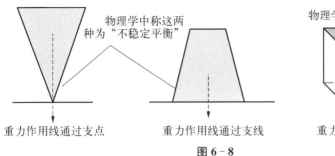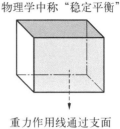

图 6 - 8

重力作用线始终通过它的支点,因此,球体是自然中一种稳定与和谐的结构,物理学中称"随遇平衡"。

这就是宇宙中所有星球几乎都近似球体的原因,因为球是"随遇平衡"体。

难怪科学家爱因斯坦说:"一切科学工作都要基于这种信仰,确信宇宙存在并应该有一个完全和谐的结构。"他还说:"今天,我们比任何时候都没有理由让自己人云亦云地放弃这个美妙的信仰。"

6.4 探究滑动摩擦力

本节首先从生活中的摩擦说起,引出滑动摩擦与滑动摩擦力的概念。接着让同学们经历"测量水平运动物体所受的摩擦力"和"探究滑动摩擦力的大小跟哪些因素有关"两个活动。最后用生活和生产中的一些事例来说明摩擦的利弊,并让学生从前面探究实验的结论中,总结如何增大或减小摩擦的方法。

本节学习要点

- 认识滑动摩擦和滑动摩擦力。
- 会测量滑动摩擦力。
- 通过实验探究知道滑动摩擦力跟压力和接触表面的粗糙程度有关。
- 根据实际需要,知道如何增大或减小摩擦。

本节学习支架

1. 为什么弹簧测力计沿水平桌面匀速拉物体滑动过程中,拉力等于滑动摩擦力?

因为物体只有在平衡力的作用下,才会做匀速运动。而平衡力的知识在后面进行探究,因此,在本节课本"活动 1"中用"研究表明:当木块匀速运动时,弹

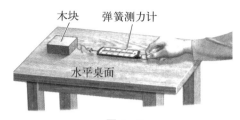

木块　　弹簧测力计

水平桌面

图 6 - 9

簧测力计的拉力大小就等于滑动摩擦力的大小"来提前说明。否则,"活动 1"中的实验探究就缺乏原理的支撑,如图 6 - 9 所示。

可见,原理在实验设计中是何等重要,任何实验的设计,都必须有科学原理的支撑。所谓原理,实质上就是自然中的那些规律。

2. 怎样认识课本上提到的压力?

所谓压力,指两个物体相互挤压时,垂直作用在两个挤压物体接触表面上的力。如果物体间接触的是线,则压力就跟接触的线垂直。如果物体间接触的是点,那么,压力就跟该接触点的切线方向垂直。

3. 摩擦是否仅在物体滑动时才会产生?

摩擦不仅在物体滑动过程中会产生,在滚动过程中或在将动但又未动,即具有运动趋势时都会产生。我们在初中物理中只探究滑动摩擦,在课本"信息浏览"部分作为知识拓展介绍了滚动摩擦,不研究物体在有运动趋势时的静摩擦。

6.5　探究杠杆的平衡条件

本节从学生熟悉的跷跷板提出问题,引出杠杆概念。接着通过"探究杠杆的平衡条件"和"认识生活中的杠杆"两个活动,引出支点、力臂和杠杆平衡概念,进而认识杠杆的平衡条件和识别各种杠杆以及了解它们的应用。

本节学习要点

- 认识杠杆、杠杆平衡、支点和力臂。
- 知道杠杆的平衡条件,并会利用杠杆平衡条件进行简单计算。
- 能识别各种杠杆,并知道它们的应用。会图示各种杠杆在使用中的动力臂和阻力臂。

本节学习支架

怎样认识大自然为人类造化的骨骼、关节、腱和肌肉,是一个近乎完美的、灵活的杠杆组合系统?

见图 6 - 10。

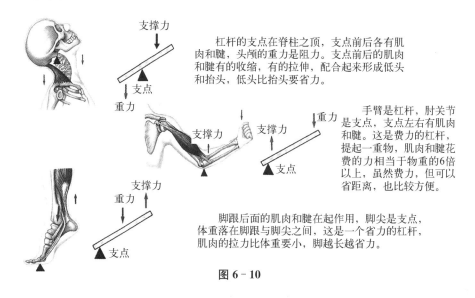

支撑力

支点

重力

杠杆的支点在脊柱之顶，支点前后各有肌肉和腱，头颅的重力是阻力。支点前后的肌肉和腱有的收缩，有的伸展，配合起来形成低头和抬头，低头比抬头要省力。

支撑力   支撑力   重力

支点   支点

手臂是杠杆，肘关节是支点，支点左右有肌肉和腱。这是费力的杠杆，提起一重物，肌肉和腱花费的力相当于物重的6倍以上，虽然费力，但可以省距离，也比较方便。

支撑力
重力

支点

脚跟后面的肌肉和腱在起作用，脚尖是支点，体重落在脚跟与脚尖之间，这是一个省力的杠杆，肌肉的拉力比体重要小，脚越长越省力。

图 6 - 10

6.6 探究滑轮的作用

本节通过"用滑轮把钩码提起来""两类滑轮的比较""使用滑轮的理论分析"和"使用滑轮组时，拉力与物重的关系"四个活动，让同学们认识定滑轮和动滑轮；知道定滑轮和动滑轮的作用；了解它们的作用原理；知道使用滑轮组时，拉力与物重之间的关系。

本节学习要点

- 认识定滑轮和动滑轮。
- 知道定滑轮和动滑轮的作用以及作用原理。
- 知道使用滑轮组时，拉力与物重之间的关系。
- 会图示滑轮组绳子的绕法，并能按照图示绕法组装滑轮组。

本节学习支架

1. 为什么在本节课本"自我评价与作业"部分的 2、3 两题中，均有"忽略摩擦和动滑轮自重"的说明？

使用定滑轮、动滑轮和滑轮组时，均避免不了摩擦和动滑轮自重等因素的影

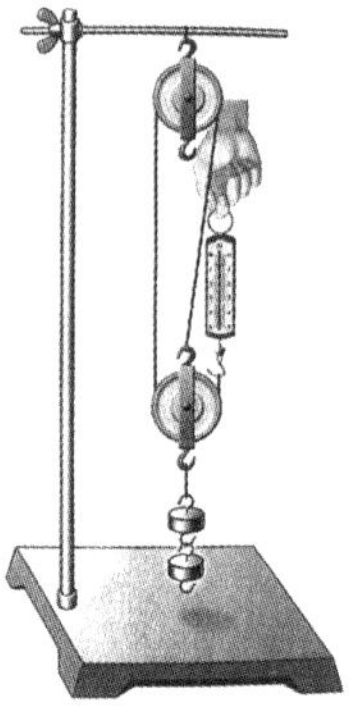

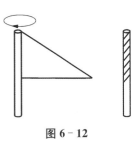

响,如图 6 - 11 所示。

　　课本上用滑轮进行实验探究的一些结论,如"动滑轮省力一半"和"机械功原理"等,都是在忽略摩擦和动滑轮自重等因素的条件下得出的。那么,为什么这种忽略不影响实验探究的结论呢? 这就要同学们应用"事物在运动与发展的过程中,主要矛盾(因素)起决定性作用"这一辩证的观点来分析了。因为在滑轮或滑轮组合使用的过程中,摩擦和动滑轮自重均是次要矛盾(因素),对实验探究的结论几乎没有什么影响,因此,我们可以忽略。

图 6 - 11

　　由于课本练习题目中,要用到滑轮实验在忽略摩擦和动滑轮自重的条件下得出的一些结论,因此,课本上"自我评价与作业"部分的 2、3 两题中要注明"忽略摩擦和动滑轮自重"。

　　2. 杠杆、滑轮都是同一类的简单机械,是否有其他类型的简单机械?

　　在初中我们只研究杠杆类型的简单机械。其实还有斜面类型的简单机械,如斜面、劈、螺旋(螺杆)等,它们都属于省力、不省距离的机械。

　　简单机械知识很重要,各种复杂的机器都是由简单机械组成的。为什么把螺旋(螺杆)归属于斜面类型的简单机械呢?

　　只要我们做一个小实验就会明白其中的道理。将一面直角三角形的旗子在旗杆上旋转,就会发现旗子旋转后绕在旗杆上的形状是螺旋(螺杆),如图6 - 12所示。

图 6 - 12

　　3. 课外阅读资料。

　　建议同学们阅读"用生命捍卫自己祖国的阿基米德"的资料。

　　同学们通过该资料的阅读,不仅了解到阿基米德是一位伟大的爱国主义者,还知道阿基米德是古希腊的一位知识渊博的大师。

　　他精通数学,创造了"级数计数法",解决了数学上遇到的许多大数计算的难题。他不仅发现了后人为他命名的"阿基米德定律",还用逻辑推理和数学演绎的方法得出了"杠杆原理"。他是历史上应用简单机械的先祖。

　　我国著名的数学家华罗庚先生曾对自己的莘莘学子说过三句话,一是"尤里卡";二是"不要动我的圆";三是"只要给我一个支点"。这三句话的含义是什么? 同学们读了就会明白。

用生命捍卫自己祖国的阿基米德

阿基米德(前 287—前 212)的父亲费狄,是一位数学家、天文学家和哲学家。受父亲熏陶的阿基米德,从小就非常喜欢数学。

阿基米德曾师从于大数学家欧几里得的学生卡农,并以欧几里得在几何学上所达到的水平作为起点,继续学习与研究数学。因此,他在数学上做出了许多重大的贡献。

例如,当时的古希腊还没有今天通用的数学符号,也没有阿拉伯数字,不懂十进位的算术和代数。阿基米德在仅有一些希腊字母的条件

阿基米德(前 287—前 212)

下,创造以 10^8 为单位的"级数计算法"(10^8,10^{16},10^{32} 等),解决了当时在数学上遇到的许多大数计算的难题。这在公元前 3 世纪那个年代,是何等了不起的数学创造。民间传说的"王冠之谜"故事,其中说到阿基米德曾在洗澡中发现了"浮力定律",并从浴缸中跳出披上睡衣就跑出来不停地对大家说"尤里卡,尤里卡"(希腊语的意思是"找到了,找到了"),后人称之为"阿基米德定律"。

总之,阿基米德的数学功底很深,他的许多发现都是通过逻辑推理和数学演绎的方法获得的。我们初中物理中学习的"杠杆原理",就是他通过逻辑推理和数学演绎的方法得出的。

据说有一天,阿基米德在久旱的尼罗河边散步,看到农民提水浇地很费劲,回去后经过反复思考,发明了一种利用螺旋在水管中的旋转作用将水吸上来的机器,后人称之为"阿基米德螺旋提水器"。埃及至今还有人用这种古老的机械。这个工具后来成了螺旋推进器的先祖。我们今天初中物理中所学的简单机械知识,若追根求源,它的老祖宗就是阿基米德。

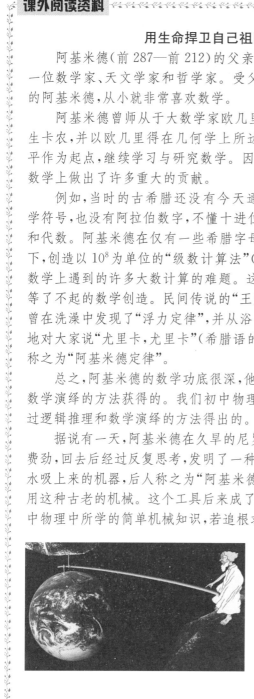

在阿基米德发现"杠杆原理"之前,没有人相信谁能撬动地球。但阿基米德从"杠杆原理"出发,推断只要有足够长度的杠杆,任何重物都可以用很小的力将它举起。因此,他曾在叙拉古国王面前夸下海口:"只要给我一个支点,我就能举起地球!"

下面是叙拉古国王与阿基米德的一段对话：

国王："凭着宙斯(指真主)起誓，你说的事，真是奇怪……"

阿基米德："杠杆能省力。"

国王："到哪里去找支点，把地球撬起来呢?"

阿基米德："这样的支点是没有的。"

国王："那么，叫人相信你的神力，就不可能了。"

阿基米德："不，不，你别误会，陛下，我能给你举出别的例子。"

国王："你太吹牛了! 你且替我推动一样重的东西，看看你讲得是否是真的。"

当时国王正遇到一个难题，埃及国王送他一艘很大的船，动用了叙拉古全城的人的力量也没法把它推下水。

阿基米德说："好吧，让我来替你推这只船吧。"

阿基米德离开国王后，就利用杠杆原理和滑轮原理，设计并制造了一套巧妙的组合机械。一切都准备好了，阿基米德请国王来观看大船下水。他把一根粗绳的末端交给国王，让国王轻轻拉一下，顿时，那艘大船慢慢移动起来，顺利地滑下水里，国王和大臣们看到这样的奇迹，就好像看魔术一样，惊奇不已! 于是，国王信服了阿基米德，并向全国发布公告："从此以后，无论阿基米德讲什么，都要相信他。"这个传说告诉了我们一个道理：相信阿基米德，实质上就是相信科学。

我国著名的数学家华罗庚先生曾对自己的莘莘学子说："你们要记住阿基米德的'三句话'：

一是'尤里卡'(找到了)(即要求学生将来要敢于探索，勇于发现)；

二是'不要动我的圆'(即要求学生将来要学会维护自己从事科学发明创造的权利)；

三是'只要给我一个支点、我就能举起地球'(即要求学生坚持只要根据科学提供一些条件，就一定能做出相应的技术发明和创造的奇迹)。"

阿基米德是一位伟大的爱国主义者，在他的晚年，罗马人入侵他的国家时，他把聪明才智乃至生命全部献给了自己的国家。当入侵者围攻他所居住的叙拉古城时，他利用杠杆原理设计的"投石机"，把敌人打得抱头鼠窜；应用杠杆原理和滑轮原理制造出的"铁爪起重机"，将敌船提起来抛到深海中；利用凹面镜聚焦作用，制造出巨大的凹面镜将阳光投射到敌船上，让敌船焚烧起来。

因此，罗马军队听到"阿基米德"的名字就吓得魂飞散胆。据说罗马军队用了三年时间也没有攻破叙拉古城。传说是叙拉古人在纪念月亮女神的那天晚上，因纵酒行乐过度才被敌人偷袭破城，而在破城的那个时刻，年迈的阿基米德正在沙盘上画了一个单位圆，并准备专心计算一道数学难题……

突然，一个罗马士兵闯了进来要抓他去见首领，可阿基米德临危不惧，并幽默地说："在你杀我之前，请让我把这个题目证完，免得给世上留下一道尚未证实的难题。"

无知的士兵却在践踏他沙盘上画的圆，这时的阿基米德愤怒地叫喊："不要动我的圆!"十分可恨，这个凶残的士兵不分青红皂白地就将这位75岁高龄的科学家杀害了。

阿基米德的名言和部分名言的注释参考

- 即使对于君主，研究学问的道路也是没有捷径的。(指科学无捷径)
- 在对的时间遇上对的人，是一生的幸福；在对的时间遇上错的人，是一生的悲哀；在错的时间遇上对的人，是一生的叹息；在错的时间遇上错的人，是一世的荒唐。
- 放弃是否该放弃的是无奈；放弃不该放弃的是无能；不放弃该放弃的是无知；不放弃不该放弃的是执着。
- 有些机会因瞬间的犹豫擦肩而过，有些缘分因一时的任性滑落指间，只源于一念之差。许多感情因长期的淡漠，无力挽回，许多感谢因羞于表达，深埋心底，成为一生之憾。因此，当你举棋不定时，不妨问问自己，这样做，将来会后悔吗？请用今天的努力让明天没有遗憾。
- 这个世界最珍贵的不是"得不到"和"已失去"，而是已拥有。(指要珍惜今天的拥有)
- 如果理智的分析都无法支撑做决定的时候，就交给心去做吧。("交给心去做"指要用良心决策)
- 如果能够用享受寂寞的态度来考虑事情，在寂寞的沉淀中反省自己的人生，真实面对自己，就会在生活中找到更广阔的天空，包括对理想的坚持、对生命的热爱和一些生活的感悟。

本章值得思考与探究的问题

1. 你能从力的作用效果上,给力下一个定义吗? 试试看!

2. 有同学从力的作用是相互的事实中进行归纳与概括,总结出以下一些特性,请对该同学的总结补充完善。同时,列举出力的相互性应用的实例 5 个。

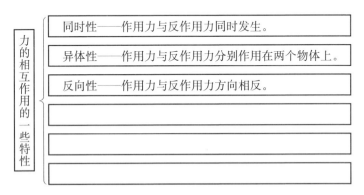

力的相互作用的一些特性

- 同时性——作用力与反作用力同时发生。
- 异体性——作用力与反作用力分别作用在两个物体上。
- 反向性——作用力与反作用力方向相反。

3. 在探究"重力的大小跟什么因素有关系"的实验中,按照图 6-13 中甲所示,把钩码逐个挂在弹簧测力计上,分别测出它们受到的重力,并记录在下面的表格中。

质量 m/g	100	200	300	400	500
重力 G/N	1	2	3	4	5

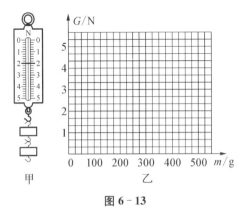

图 6-13

根据表格中的实验数据,在图 6-13图乙中画出重力与质量的关系图像,从图像中你能获得哪些信息?

4. 有同学猜想滑动摩擦力可能跟接触表面的面积有关,请设计实验验证该同学的猜想是否正确。

要求写出实验需要的器材、实验的主要步骤和实验的结论。

5. 请用"一分为二"观点分析摩擦现象的利弊。

6. 某秤的量程为 500 kg,不能用来称量一根质量近 900 kg 的水泥电线

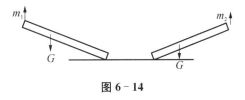

杆,于是,有人想出一个办法,如图 6-14 所示,分别将该水泥电线杆两端为支点,称出下图中的 m_1 和 m_2 的质量,那么水泥电线杆的重便是:$G = (m_1 + m_2)g$。

图 6-14

你能用数学的方法论证这一想法是否正确吗?试试看!

7. 天地间有杆秤,人们不断赋予"秤"的文化内涵,它是公平、公正的象征和天地良心的标尺,一桩桩交易就在秤砣与秤盘的此起彼伏间完成。

杆秤是我国古代的一大发明,它轻巧、经典,使用也极为便利,作为商品流通的主要度量工具,千百年来,活跃在大江南北,代代相传。随着电子秤的普及,预示着杆秤将退出历史的舞台,成为我们中华民族的一种文化符号。

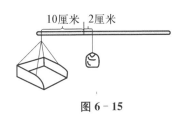

图 6-15

如图 6-15 所示,秤砣质量为 1 kg,秤杆和秤盘总质量为 0.5 kg,定盘星到提钮的距离为 2 cm,秤盘到提钮的距离为 10 cm。如果秤砣由于破损变为 0.8 kg,测出物品质量为 2.5 kg,那么这个物品的实际质量是多少?

8. 动手做一个有趣的实验,并从这个趣味实验中找出它的原理。

找两根 50 cm 长、坚固光滑的木棒,让两位身强力壮的同学用双手分别握住木棒的两端。然后将绳子的一端固定在一根木棒上,并在两根木棒之间缠绕几个来回,如图 6-16 所示。找一位小同学单手握住绳子的自由端,小同学用力拉绳子,很容易使两根木棒靠拢,但两位身强力壮的同学即使用很大的力,也难以把两根木棒拉开。你能说出其中的原理吗?试试看!

图 6-16

9. 电气化铁路的高压输电线,无论在严冬还是盛夏都要绷直,才能使高压线与列车的电极接触良好,这就必须对高压线施加恒定的拉力。为此,工程师设计了如图 6-17 所示的恒拉力系统,其简化原理如图 6-18 所示。实际测量得到每个水泥块的体积为 1.5×10^{-2} m³,共悬挂 20 个水泥块。已知水泥块的密度为 2.6×10^3 kg/m³,g 取 10 N/kg。

(1)请指出图中的动滑轮、定滑轮。

(2)每个水泥块的重力是多少?

（3）滑轮组对高压线的拉力是多大？

图 6－17

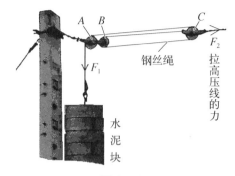

图 6－18

第七章

运动和力

7.1 怎样描述运动

本节通过"怎样判断物体是否运动"和"选择参照物"两个活动,引出机械运动和参照物概念,进而认识机械运动的特征,即运动和静止是相对的。同时还让同学们知道自然万物都在运动且形式是多样的。机械运动只是最简单、最基本的一种运动形式。

本节学习要点

- 认识机械运动、参照物和机械运动的相对性。
- 知道自然界中物质运动的多样性,机械运动是最简单、最基本的一种运动形式。

本节学习支架

1. 课本上说的机械运动(简称运动)是相对的,它跟参照物的选择有关。又说"自然中绝对不动的物体是没有的,整个宇宙都是由运动着的物质组成的"。那么,机械运动跟整个宇宙都是由运动着的物质组成的运动,这两种运动区别在哪里? 它们之间有联系吗?

运动是大自然与生俱来的本性。因此,宇宙中没有不运动的物体。

我们通常说的机械运动跟自然运动,也就是大自然与生俱来的本性运动是有区别的。但是,它们有联系,若没有大自然与生俱来的本性运动,也就是自然运动,那么,也就没有机械运动可言了。

自然运动的形式是多种多样的,有光运动、热运动、电磁运动和原子的运动等。机械运动只不过是自然运动中最简单、最基本的一种形式罢了。

2. 怎样选择参照物？

参照物的选择具有主观性。通常人们习惯选地球为参照物。这是因为人在地面上感觉不到地球的自转和公转。可见，参照物是人们根据习惯或需要在主观上将某物体假设不动，并作为判断其他物体是否运动的参照对象。因此，机械运动是在选定参照物之后，人们直觉到的物体运动或静止以及位置变化的一种最简单、最基本的自然运动。

7.2 怎样比较运动的快慢

本节通过"比较谁游得快""测量物体运动的速度"和"比较汽车速度的变化"三个活动，引出速度概念和速度公式；让同学们认识匀速直线运动和变速直线运动。

本节学习要点

- 认识速度概念和速度公式，会用速度公式进行简单的计算，会进行速度单位的换算。
- 能区分匀速直线运动和变速直线运动，知道用速度公式计算物体做变速直线运动的速度，指的是某段路程或某段时间内的平均速度。
- 知道速度的快慢和速度变化的快慢，它们分别描述的是两种不同的运动现象。

本节学习支架

1. 速度概念是谁最先提出的？提出的意义在哪里？

速度这个概念是科学家伽利略最先提出的，并从速度概念出发，对物体的运动首先做出了科学的分类，即把速度分类成匀速运动和变速运动，进而使后来的人对物体运动的探究，进入了科学的轨道。

这一史实说明，一个新的科学概念的产生和一种科学方法的提出，是何等的重要，它们往往会引出一片崭新的物理研究的天地。

2. 怎样用比值方法认识速度？

比值方法的实质就是在控制变量的基础上，再进行比较的一种做法。例如，当我们控制路程相同的情况下，再去比较时间时，这就是裁判用来比较速度的方法。当我们控制时间相同的情况下，再去比较路程时，这就是观众用来比较速度的方法。

物理学中是采用观众比较的方法来建立速度概念的。

3. 自然中,物体严格地做匀速直线运动的情况很少有,那么,通过速度公式计算出来的速度,又是物体做怎样运动的速度呢?

通常我们应用速度公式计算出来的速度,都是物体做变速运动的平均速度。平均速度只是大致反映物体在某段路程或某段时间内速度的快慢程度。

课本上提供的一些物体的大致速度都是平均速度。

4. 如果物体在做曲线运动的过程中其速度大小不变,是否是匀速运动?

前面我们说过,物体的运动状态包括物体在某个位置或某一时刻的速度大小和方向两个因素。只要其中一个因素发生变化,其运动状态就发生了变化。而物体在做曲线运动的过程中,即使速度大小不发生变化,但其速度方向却始终在变化。因此,曲线运动都是变速运动。

我们常常把速度大小不变的圆周运动称作匀速圆周运动,其实,它的运动方向始终在变化,因此,通常说的匀速圆周运动也是变速运动。

5. 速度快慢和速度变化快慢两者的区别在哪里?

速度快慢,指物体在运动的某段时间内,所通过路程的长短。通过路程长的快,短的慢。或者说物体在完成相同路程的运动中,所用时间的长短。所用时间长的速度慢,所用时间短的速度快。

速度变化的快慢,指物体在运动过程中的某段时间或某段路程内,其速度改变量的大小。速度改变量大的速度变化的快,速度改变量小的速度变化的慢。

例如,汽车在刹车后,在很短时间或很短距离内就停下来,这说明汽车速度的改变量大,即速度变化的快;若汽车在刹车后,在较长时间或较长距离内才停下来,则说明汽车速度的改变量小,即速度变化的慢。

7.3　探究物体不受力时怎样运动

本节通过较为完整的"探究运动和力的关系"的科学探究活动和做两个惯性小实验的活动,让同学们认识"牛顿第一定律"和物体的一种普遍属性——惯性。

本节学习要点

- 熟悉科学探究中的一些基本要素,重点是知道收集哪些证据,如何将收集到的证据在大脑中加工处理,即通过大脑分析、归纳、推理、论证等理性思维方法,得出结论——"牛顿第一定律"。

● 知道惯性是物体的一种普遍属性,并能用惯性解释生活、生产中的一些惯性现象。

本节学习支架

1. 在探究物体不受力作用时怎样运动的实验中,如何应用大自然为我们人类造化的两大认知功能?

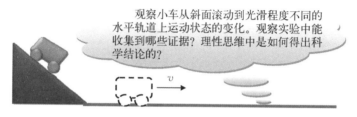

观察小车从斜面滚动到光滑程度不同的水平轨道上运动状态的变化。观察实验中能收集到哪些证据?理性思维中是如何得出科学结论的?

图 7 - 1

图 7 - 1 是同学们在观察实验中的示意图。

(1)观察实验只能帮助我们收集证据。

这里说的证据,指在观察实验中,能看得见的现象发生或产生的条件以及现象的特征和能观测到的现象变化的量值以及影响现象变化量值的因素。但是,这些证据并不能揭示事物的本质。例如本观察实验中能收集到的证据有:

① 小车从斜面滚到不同光滑程度的水平轨道上,均做的是直线运动(这条证据是看得见的现象产生的条件和现象的基本特征)。

② 当水平表面越来越光滑时,小车在水平轨道上运动的时间越来越长。

③ 当水平表面越来越光滑时,小车在水平轨道上运动的距离也越来越长。

(这两条是能观测到的现象变化的量值和影响现象变化量值的部分因素)

④ 理性思维可以帮助我们分析、归纳、概括,并做出合理的推断。

这里说的理性思维,指通过大脑加工处理,去粗取精,去伪存真的过程。但是,它却能揭示事物的本质。例如,本观察实验中的理性思维过程有:

首先分析:小车在水平轨道的竖直方向上受到重力和支撑力作用,它们是一对平衡的力,相互抵消。

进而想象:小车在竖直方向上不受力作用。

接着分析:当水平表面越来越光滑时,小车在水平轨道上运动的时间和路程也越来越长,这意味着小车在水平方向上受到的阻力越来越小。

进而推想:小车的速度改变量也越来越小。

跟着假设：水平表面是一个没有任何阻力的理想模型，于是，思想实验便在这种理想模型上开始了，也就是我们要在头脑的想象中做实验。

接着推想：小车在不受任何外力的作用时的速度改变量为零，也就是说小车的速度不会发生改变。

最后推断：小车将做永久的匀速直线运动，再应用从个别到一般的逻辑推理方法，便可归纳得出"一切物体在不受外力作用时，将做匀速直线运动"的"牛顿第一运动定律"这一科学结论。

可见，"牛顿第一定律"是在理想条件下，借助思想实验，通过理性思维中逻辑推理的方法得出的，而在现实中我们是看不到的。

2. 何谓外力？

本节课本中出现"一切物体在没有受到外力作用的时候"这句话，其中的外力，指单个物体或者是几个物体组成的系统外部所受到的作用力。

例如，人坐在椅子上，就单个的人而言，所受到的外力就是人受到的重力和椅子对人的支撑力；就人和椅子组成的系统而言，那么，外力就是地面对该系统的支撑力和系统（包括人和椅子）受到的重力。而人对椅子和椅子对人的相互作用力，便成了系统的内力。

系统的内力是不会改变系统自身的运动状态的。

因此，坐在椅子上的人，想用自己作用在椅子上的提力，即系统的内力，将自己和椅子一道搬起来，是绝对不可能实现的。不信，就请你试试！

3. "牛顿第一定律"、惯性和惯性现象的区别和联系在哪里？

"牛顿第一定律"，反映的是一切物体在没有受到任何外力的作用时，必然处于匀速直线运动或静止状态的自然规律。

匀速直线运动和静止均属于自然中两种平衡状态，即稳定状态。而这两种平衡状态，恰恰是自然的守恒与和谐美的具体表现。

惯性，反映的是一切物体均具有保持匀速直线运动状态或静止状态的普遍属性。

惯性现象，反映的是物体在某一方向上失去力的作用时的瞬间表现。

因此，物体的惯性是根本，牛顿第一定律是人们在假设物体不受任何外力作用的理想条件下，通过理性思维中逻辑推理的方法得出的，但在现实中我们却看不到的自然规律。惯性现象则是物体在某一方向上失去力的作用时，在现实中我们又常能看见的"牛顿第一定律"的瞬间表现。人们常把牛顿第一定律说成惯性定律。可见，惯性定律和惯性现象，是物体在不同条件下惯性内在的和外在的两种表现：

一是物体在所有方向上均失去力的作用的理想条件下，我们虽看不到惯性表现，但它仍潜在于物体处于相对静止或匀速直线运动状态之中的惯性定律。

二是物体在某一方向上失去力的作用的特定条件下，我们常常能在现实中看见的，甚至在公交车上曾经历过的惯性定律的瞬间表现，即惯性现象。

上述事实也证明了"原因是现象，结果也是现象，只不过原因是结果的内在现象，而结果是原因的外在表现"的辩证观点。

4. 大自然是怎样处理力和惯性这对矛盾的？

力总是要改变物体的运动状态，而惯性又总是要维持物体的运动状态不变。因此，它们是一对矛盾。大自然采用十分巧妙的圆或椭圆运动，统一了惯性和力这对矛盾。这说明圆或椭圆运动是力和惯性这对矛盾建立统一体的表现形式，而圆或椭圆是自然中和谐与稳定的一种结构方式，也是自然中对称美的一种质朴表现。由于科学家们发现圆或椭圆是一种和谐、稳定的结构，且具有对称的质朴美，因此，艺术家和文人墨客们便用不同的方式来赞美大自然！如图 7 - 2 所示。

科学家发现的自然美

图 7 - 2

5. 转动的物体是否有惯性？

物体不论做怎样的运动都具有惯性，转动物体不仅具有惯性，还有保持其转轴方向不变的特性。物理学中把转动物体的这种特性，叫作"自旋稳定性"或"自旋定轴性"（前面开尔文在酒窖中的实验已证明）。陀螺旋转具有很强的稳定性，在电视上看到我国宇航员在太空中做的陀螺旋转实验，有趣的就是它的转动轴方向始终保持不变。地球也像陀螺一样在不停地绕地轴自转，几十亿年来地轴的方向在宇宙中一直保持不变。它在公转轨道的各个位置上，地轴的方向始终彼此平行，如图7－3所示。正是地球自旋的轴向不变，才使得地球上有了春、夏、秋、冬四季不变的"秩序美"。

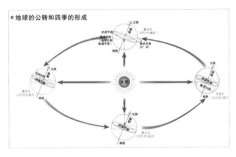

图7－3

6. 课外阅读资料。

建议阅读"古希腊的'百科全书'——亚里士多德""去世300多年后才沉冤昭雪的伽利略"和"勤奋学习，闹出不少'笑话'的牛顿"三个资料。

同学们通过这三个资料的阅读，不仅能学到三位科学家的思想、精神和意志品质，还能跨越2 000年的时空（从公元前300多年到公元1 700多年），了解他们在对运动和力的漫长探究中，终于找到了一系列的正确方法和路子，进而揭开了力和运动方面诸多的奥秘，并为后人留下了许多至理名言。

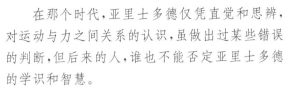

古希腊的"百科全书"——亚里士多德

亚里士多德(前384—前323)

亚里士多德(前384—前323)是西方古代知识集大成者。由于他的著作既多又广，于是，人们称之为古希腊的"百科全书"。

他的思想和著作对当时西方的哲学和科学产生了非常大的影响。

在那个时代，亚里士多德仅凭直觉和思辨，对运动与力之间关系的认识，虽做出过某些错误的判断，但后来的人，谁也不能否定亚里士多德的学识和智慧。

马克思曾称他是"古希腊哲学家中最博学的人"。恩格斯也曾称他是"古代的黑格尔"（黑格尔是西方著名的哲学家）。

公元前335年，亚里士多德在雅典创办了一所名叫"吕克昂"的学校，并在学校执教了12年。执教期间，他对植物、动物、天文、气候、数学、哲学、伦理学、心理学、诗学、教育学和法律等多方面，进行了深入的考察与

亚里士多德经常到自然和民间去考察与学习,从自然与民间中吸收营养、获取知识

研究,同时将考察与研究的成果写成了许多著述。因此,他一生中的著作有 1 000 多部,可谓是前无古人,后无来者。亚里士多德习惯边讲课,边漫步走廊和花园,学生跟随着他边走,边听,边看,边想,边问,显得十分宽松、自由。可见,古希腊原始的学校空间,跟我国春秋时期孔子创办的学堂空间同出一辙,都是"大自然",或者说是"上见天空,下接地气"。因此,他所创办的"学园哲学",后人称作是"逍遥哲学",用今天的新名词来说就是"愉快教学"。他的许多作品都是以讲课笔记为基础的,有的甚至是学生的听课笔记。因此,后人把亚里士多德说成西方第一位"教科书"的编者。

亚里士多德用朴素唯物的思想,力图以世界本来的面貌来说明各种自然现象。他非常"重视观察"和"逻辑推理",但又过分夸大了"形式逻辑"的作用,也就是过于机械地按照逻辑形式进行推理。因此,出现了后人完全能理解的关于运动和力方面的某些错误的论述。著名科学家伽利略虽然用实验方法否定了亚里士多德的某些错误观点,但他仍然说:"我并不是说我们不应倾听亚里士多德的话,相反的,我称赞那些虚心阅读和仔细研究他的人。我所反对的是那些屈服于亚里士多德的权威之下,盲目赞成他的每一个字,不想去寻求其根据,而只是把他的每一个字看成颠扑不破的真理。"

公元前 323 年,马其顿王朝被希腊人推翻,亚里士多德也因此而受到政治思想上的反对派围攻,无奈地只身逃到母亲的家乡,于是,丢失了他长期苦心收集整理的各种标本和书稿。这位视知识重于一切,置科学高于生命的学术权威,采取服毒这种极端的方法结束了自己的生命,让后人感到十分痛心。

亚里士多德的名言和部分名言的注释参考

- 吾爱吾师,吾更爱真理。
- 人生最终的价值在于觉醒和思考能力,而不只在于生存。
- 我不能挽留昨天,但我可以把握今天;我不能改变容貌,但我可以展示笑容;我不可以控制他人,但我可以掌握自己;我不可以预知未来,但我可以珍惜今世;我不能改写历史,但我可以创造未来。
- 坏人因畏惧而服从,好人因爱而服从。
- 在科学上进步而道义上落后的人,不是前进而是后退。
  (既可以理解为有才无德的人,也可以理解为科学是一把双刃剑)
- 美是一种善,其所以引起快感,正因为她善。
- 谬误有多种多样,而正确只有一种,这就是为什么失败容易,成功难,脱靶容易,中靶难。
- 德可以分为两种,一种是智慧的德,另一种是行为的德,前者是从学习中得来的,后者是从实践中得来的。
- 放纵自己欲望是最大的祸害,谈论别人的隐私是最大的罪恶,不知道自己的过失是最大的病痛。

课外阅读资料

去世300多年后才沉冤昭雪的伽利略

伽利略(1564—1642)是意大利天文学家、数学家、哲学家和物理学家。他善于独立思考,常用自己的观察和实验来验证教授们所讲的教条。由于他敢于蔑视权威,曾受到学校的警告,甚至教授们都拒收他提交的论文。因此,他不得不离开比萨大学。

直到1589年伽利略才经朋友介绍又回到比萨大学任数学教授。任教期间,他整天忙于实验,目的是重新检验亚里士多德的著作。传说他曾在比萨斜塔上做轻、重物体同时下落的实验,证明力跟运动无关,进而否定了亚里士多德提出的"重的物体落得快"的观点。

伽利略(1564—1642)

伽利略面对教会审判,坚持真理,临危不惧

1609 年他用自己研制的能放大 32 倍的望远镜,发现了一系列的新天体,有力地支持了被当时封建教会封杀的哥白尼的"日心说"。

1611 年宗教界发出通告,不准宣传伽利略的新发现,但崇尚科学的伽利略并没有屈服,开始秘密写书,于 1623 年出版了《关于托勒枚和哥白尼的两大世界体系的对话》一书,此书一经出版,倍受当时的读者欢迎,故再次激怒了教会,顶撞了宗教尊严。因此,伽利略受到罗马主教团的审判,并作出在今天看来实在是令人费解的判决:

(1)《对话》是禁书。

(2)在三年里伽利略必须每周把七篇忏悔书背诵一遍。

(3)伽利略无限期监禁在家里,直到主教团满意为止。

在那个年代,伽利略无助地只好过着在家里监禁的生活。他在 70 岁的那年双目失明。双目失明的伽利略尽管只有学生托里拆利和维维安尼给予一些帮助。但他仍然在家里坚持科学研究。

1642 年 1 月 8 日,这位 78 岁、被封建教会视为罪人的科学巨人含冤离开人世。时隔 300 多年,在 1979 年 11 月 10 日,罗马教皇终于公开承认教会的审判是不公正的。这位历史上的科学巨人终于沉冤昭雪!

伽利略在力学中的主要贡献:

一些贵族　助手利用自己的脉搏测时间　怀疑者在翻阅亚里士多德的书籍

伽利略非常重视观察实验,常常用实验来验证教授们所讲的教条

是他第一个把实验引进了力学的研究之中,并利用实验和数学相结合的方法发现了许多重要的力学规律。

1582 年他历经长期观察和数学推算得出了"摆的等时性规律"。荷兰天文学家惠更斯就是根据这一规律发明了世界上第一台计时器——摆钟。

是他首先揭示出重力和重心的实质,并准确地给出了重力的数学表达式和正确地给出了重心的定义。

1589—1591年间,他对落体运动做了细致的观察与研究,发现并总结出了"落体运动定律",即在忽略空气阻力的条件下,物体下落的速度与物体的质量无关。

是他第一个建立速度概念,并在这个科学概念的基础上,对物体的机械运动作出了正确的分类,从而使运动学的研究步入了科学的轨道。我们初中物理学中说的匀速运动和变速运动,就是伽利略在对机械运动科学分类的基础上提出的。

他对运动与力的一些基本概念,如重力、速度和加速度等,均以严格的数学表达方式给出了定义。尤其是加速度概念的提出,在力学史上具有里程碑的意义。

伽利略还非正式提出了"惯性定律"和"外力作用下的物体运动规律"(运动第二定律)以及他所提出的一些"科学概念",为牛顿正式提出"运动三定律"奠定了重要的思想与方法基础。

伽利略还发现了"运动的独立性原理",进而提出了运动的合成与分解的方法,并总结归纳出了"抛体运动的规律"。

他首先创立实验、数学与逻辑论证相结合的科学方法研究物理问题。

我们在初中物理中,探究惯性和"牛顿运动第一定律"时所采用的无摩擦的理想实验方法就是伽利略首创的。

总之,伽利略对刚刚从自然哲学中分娩出来的物理学的架构与发展,做出了极其突出的贡献。

因此,在物理学史上,人们将伽利略称作是第一个具有里程碑式的、也是第一个获得"物理学家"头衔的科学家。

伽利略的名言和部分名言的注释参考

- 真理具备这样的力量,你越是想要攻击它,你的攻击就愈加充实和证明它。
- 科学的唯一目的是减轻人类生存的苦难,因此,科学家要为大多数人着想。
- 追求科学需要特殊的勇敢。
- 当科学家被权势吓倒,科学就变成一个软骨病人。

- 生命如铁钻,愈被击打,愈能发出火花。
- 思考是人类最大的快乐。
- 科学不是一个人的事业。
- 世界是一本以数学语言写成的书。(大自然是用最美的数学的形式来完成自己复杂的结构的)
- 你无法教别人任何东西,你只能帮助别人发现一些东西。(你只能让别人自己去完善自己,任何知识都不是别人教给你的,而是自己想通的、悟明的)

课外阅读资料

牛顿(1643—1727)

勤奋学习,闹出不少"笑话"的牛顿

牛顿(1643—1727)是英国天文学家、数学家和物理学家。

牛顿读书时的成绩并非突出,但他学习非常勤奋刻苦,从小就喜欢沉思默想,并动手制作。读小学时就制作出了令人惊讶的小风车;读中学时,又制作小水钟,黎明时会自动滴水到他的脸上,催促他早早起床。14 岁那年,牛顿因继父去世而辍学在家务农,母亲希望牛顿能在家里通过放牧耕种而谋生。但是,少年时代的牛顿充满理想,满怀壮志,一心想学习,并在自家墙上刻了一个日晷,以督促自己争分夺秒地学习。

一次,母亲让他去放牧,他牵着马边走边想着天上的太阳,待走到山上想骑马时,马早已跑得无影无踪了。又有一次,母亲让他放羊,他却独自在大树下看书,以致羊群走散糟蹋了许多庄稼。还有一次,他在风雨中测量风速,浑身湿透。

母亲见他如此状况,担心牛顿因辍学而发疯,于是,牛顿在舅舅和原来牛顿就读的中学校长的支持下又得以复学,并于 1661 年考入剑桥大学三一学院学习,在"卢卡斯数学讲座"第一任教授巴洛的引导下,走上了自然科学研究的道路。

1665—1667 年,牛顿在故乡躲避瘟疫的大约 18 个月内,在万有引力、微积分和光的色散等方面均有了重大的发现。

1667 年牛顿又返回剑桥大学当研究生,次年获得博士学位。1669 年在教授巴洛的推荐下,接受了"卢卡斯数学讲座"教授的职务。

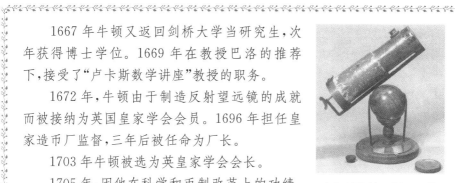

1672 年,牛顿由于制造反射望远镜的成就而被接纳为英国皇家学会会员。1696 年担任皇家造币厂监督,三年后被任命为厂长。

1703 年牛顿被选为英皇家学会会长。

1705 年,因他在科学和币制改革上的功绩,牛顿被封为爵士。牛顿终身未婚,他在其堂外孙

牛顿制作的反射望远镜

女照顾下度过了晚年。1727 年 3 月 20 日牛顿因病逝世,英皇室在威斯敏斯特教堂为他举行了隆重的国葬。

牛顿的主要贡献:

他发现了万有引力,并在开普勒发现"行星三定律"的基础上总结归纳出了"万有引力定律";发现了光的色散原理,制造了反射望远镜,提出了"光的粒子说";是微积分的创始人之一。

他提出了绝对空间和绝对时间概念(假设),即空间是与其他事物无关的,永恒不变的,时间也是与其他事物无关的,均匀流逝的。这为运动理论的建立,提供了一个有效的时空框架。

他在伽利略等前人研究的基础上归纳总结出了"运动三定律",后人称之为"牛顿三定律",为经典力学体系的建立奠定了重要的基础。

在科学研究方法上,他是第一个大量应用数学方法来系统地整理物理理论的人,这为以后的物理理论体系的建立,树立了一个典范。

他还提出用简单性、统一性以及在观察实验的基础上通过归纳得出结论来研究各种物理现象的科学原则。

他说:"除那些真实而已足够说明其现象者外,不必去寻求自然界事物的其他原因……自然不做无用之事,只要少做一点就成,做多了却是无用,因为自然喜欢简单化,而不爱用什么多余的原因来夸耀自己。"(自然的简单性)

他又说:"对于自然中同一类结果,必须尽可能归之于同一种原因。"

"物体的属性，凡既不能增强，又不能减弱者，并为我们实验所能及的范围内一切物体所具有者，就应视为所有物体的普遍属性。"（自然的统一性）

他还说："物体的属性只有通过实验才能为我们所了解……在实验中，我们必须把从各种现象中通过一般归纳的方法而得出的命题（结论），看作是完全正确的，或者是非常接近正确的。"（科学研究的思想与方法）

上述的研究各种物理现象的科学原则，既折射出了牛顿朴素的唯物辩证思想，又反映了牛顿科学研究的思想与方法。这些科学原则对我们学习物理具有重要的指导作用。

牛顿如饥似渴地学习与工作，一生中闹出了不少笑话。

一次，他边读书边煮鸡蛋，待他揭开锅时，锅里煮的竟然是自己的一块怀表。又一次，他请朋友吃饭，突然想到了一个问题，赶忙跑到工作室很久都不出来，朋友实在等得不耐烦了，只好动手把桌上的一盘鸡吃光，留下鸡骨头放在空盘中不辞而别。好长时间，牛顿回来看到盘中的鸡骨头，便自言自语地说："我还以为没有吃饭，原来吃过了。"

还有一次，他家里养了两只可爱的猫，一大一小。当他在工作室里埋头工作的时候，两只猫却经常来捣乱，要他为它们开门。于是，他想出一个自以为不错的方法，他在工作室的门边开两个洞，一大一小。这样，大猫走大洞，小猫走小洞，就不要经常为它们开门而耽误工作时间了。朋友到他家看到工作室门旁边开了大小两个洞，以为有什么奥秘，便好奇地问为什么。他跟朋友说："我家有两只可爱的猫，一大一小，常常打扰我工作，时而让我为它们开门，于是，我就开了两个洞，就是这么简单。"朋友哈哈大笑说："你只要开一个大猫能进来的洞，难道小猫不能进来吗！"这时的牛顿，才恍然大悟。

牛顿的名言和部分名言的注释参考

- 我并没用什么方法，只是对于一件事情很长时间，很热心去思考罢了。
- 我不知道世上的人对我怎样评价，我却这样认为，我好像孩子，时而拾到几块莹洁的石子，时而拾到几片美丽的贝壳并为之欢欣，那浩瀚的海洋仍展现在面前。（这里的莹洁的石子和美丽的贝壳指的是自然的一些奥秘，而浩瀚的大海指大自然对牛顿来说仍然是一个未知）

- 愉快的生活，是由愉快的思想造成的。
- 真理的大海，让未发现的一切事物躺卧在我的眼前，任我去探寻。
- 如果说我看得比笛卡尔远一点，那是因为我站在巨人肩上的缘故。
- 无知的热心，犹如黑暗中的远征。

7.4　探究物体受力时怎样运动

本节通过"探究二力平衡的条件""讨论与二力平衡有关的问题""观察物体受非平衡力作用时怎样运动"三个活动，让同学们认识二力平衡的条件，知道物体在非平衡力的作用下怎样运动。

本节学习要点

- 知道物体处于二力平衡状态时，要么静止，要么匀速直线运动。
- 知道二力平衡的条件是什么。
- 知道物体在非平衡力作用下，运动状态会发生改变。即，要么速度大小改变，要么速度方向改变，要么速度大小和方向都改变。

本节学习支架

1. 本节提到"雨滴将要落到地面时是匀速的"，这一自然现象的道理在哪里？

上述现象，是由我们在前面"八个学习理念"中提到的"大自然总是要尽可能地使其系统内部的能量耗损降到最低为止，以保证其系统结构的和谐与稳定"这一特性所决定的。

首先，雨滴在下落过程中自然形成流线体，而这种形体在运动过程中受到的阻力最小，能量耗损最小，也是最稳定的，并具有对称美感的一种结构。

例如，不倒翁的形状就是流线体，因此，它最稳定，始终不会翻倒。又例如，各种蛋生动物下的蛋都是流线体，因为它们在下蛋的过程中受到阻力最小，最节省能量。

接着，雨滴在下落到快接近地面的过程中，又自然地趋于重力与空气阻力二力的平衡状态，从而使雨滴进入能量耗损最小的匀速直线运动状态，进而确保了雨滴在运动的线路结构上和谐与稳定。

这一自然现象，再一次证明"大自然总是要尽可能地使其系统结构内部的能量耗损降低到最低为止,以确保其系统结构的和谐(均衡)与稳定",这个人类常常因各种利益驱动而难以做到的美德和品性是大自然与生俱来的。

正如科学家爱因斯坦所说的:"一切科学工作都要基于这种信仰,确信宇宙存在并应当有一个完全和谐的结构。今天,我们比任何时候都没有理由让自己人云亦云地放弃这个美妙的信仰。"可见,大自然的这种与生俱来的美德和品性,是非常值得我们人类学习的。

这就是我们倡导同学们要学习大自然,并拜大自然为老师的原因。

2. 平衡的二力与相互作用力之间的区别在哪里?

平衡的二力,指作用在同一个物体上,其效果为零的两个力。它们并非是相同性质的力。

相互作用力,指作用在两个不同物体上的力,它们是相同性质的力。

尽管它们均具有大小相等、方向相反,并作用在一条线上的特点,但它们反映的却是两个不同的物理事实。

例如,课本第六章第四节"测量水平运动的物体所受的滑动摩擦力"的活动中,木块在水平轨道上受到四个力的作用,在水平方向上木块受到的拉力和摩擦力就是一对平衡的力,但它们并非是同一性质的力。木块在竖直方向上受到的重力和桌面的支撑力,也是一对平衡的力,但它们也并非是同一性质的力。因此,木块受到的合力为零,所以木块要做匀速直线运动。而木块所受到的四个力,均各自有自己相同性质的相互作用力,且作用在不同的物体上。请同学们自己去找这四个力各自的相互作用力。

本章值得思考与探究的问题

1. 请从文学和科学两个角度来解释下面毛泽东的诗句:

坐地日行八万里,巡天遥看一千河。

2. 在接力比赛中,接力棒的交接很关键,一旦这个环节失误就会导致整个比赛的失败,那么,两个运动员怎样做,才能形成最佳的接力效果?

3. 在"满眼风光多闪烁,看山恰似走迎来,仔细看山山不动,是船行"这首词句中,以船为参照物来描述运动的是哪一句?

为什么?

4. 我们在前面已经认识了图像方法,并应用图像方法描述水的沸腾过程和海波的熔化过程等,学过的知识与技能要善于迁移,下面是某物体运动路程和时间的关系图像,你能从该图像中获得哪些信息?

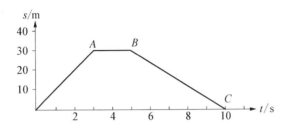

5. 某同学坐在小汽车上用手表记录时间,同时观察到汽车上速度表的指针一直指在 60 km/h,当汽车穿过山洞时手表记录的时间为 5 分 10 秒,那么,山洞的全长是多少?

6. 你能从哪两个方面找到证据,进而推断牛顿在前人研究成果的基础上总结出的运动第一定律是正确的?

7. 举例说明力和运动是自然中物体与生俱来的本性。

8. 亚里士多德曾提出"力是维持运动的原因"这一观点,今天你是怎样认识亚里士多德提出的这个错误观点的?

9. 假设沿地球轴线挖掘,使地球沿轴线形成南、北通道。如果从通道的南端或北端将一重物自由下落,那么,该重物将会做怎样的运动?

第八章

神奇的压强

8.1　认识压强

本节首先通过学生熟悉的多轮大卡车和小小图钉两例子提出问题,引出压力概念。接着又通过"探究压力作用效果"和"讨论增大或减小压强的方法"两个活动,引出压强概念与压强公式以及增大或减小压强的方法。

本节学习要点

- 认识压力和压强。
- 认识压强公式和压强单位,会应用压强公式进行简单计算。
- 会应用增大或减小压强的方法解释简单现象,处理简单问题。

本节学习支架

1. 控制变量方法的理论依据是什么?

自然中万事万物都是有联系的,而事物之间的联系,主要靠的就是影响事物运动与变化的那些主要因素。

例如,自然中物体的运动总是在时间和空间中进行的,于是,物体运动的快慢这一因素,便跟时间和空间中的长度这两个主要因素联系起来了;又例如,自然中的物质总是有多少的,它们又总是要占据空间的,于是,物质组成的疏密这一因素,便跟物体的质量和物体占据的空间这两个主要因素联系起来了;再例如,当两个物体相互接触并发生挤压时,在它们的接触表面一定会产生相互作用力,这对相互作用力的作用效果这一因素,便跟相互作用力和相互接触面积这两个主要因素联系起来了。

人们在探究上述的例子中,均涉及三个因素量值之间的依存关系,于是,人们只有制约或控制其中的一个量值不变,才能合理地推出另外两个量值之间的变化关系。

可见,人类理性思维中的逻辑性,就是控制变量方法的理论依据。

所谓思维中的逻辑性,指人们将影响事物运动与变化的那些因果关系的主要因素环环相扣地辨析论证,最终得出合乎科学结论的理性思维的特性。

简而言之,逻辑性是人类思维的一种特性。

2. 压力是何种性质的力?

在物理学中,把物体在相互挤压时会发生形变,而形变的物体所产生出来的反抗形变的力,叫作弹力。压力的实质是弹力,指垂直作用在两个相互挤压物体的接触表面上的力。本教材虽然没有探究弹力,但教材中诸多地方都用到了弹力。因此,同学们要知道重力、摩擦力和弹力是我们在生活和生产中常见的三种不同类型的力,或者说是三种不同性质的力。

8.2　研究液体的压强

本节从有趣的帕斯卡裂桶实验活动开始,引出液体压强跟固体压强的不同点,又通过课本中图 8 - 15 所示的实验活动,再通过探究液体内部压强的实验活动,让学生知道液体不仅对容器底部和侧壁产生压强,而且在液体内部各个方向上都会产生压强,并在同一深度各个方向上的压强相等;液体内部的压强跟深度有关,深度增加,压强增大;不同液体内部的压强跟液体密度有关,同一深度下,密度越大,压强越大。

本节学习要点

- 认识液体压强的特点和规律性,并能用于解释生活和生产中一些简单的现象。
- 了解连通器和连通器原理,并能用于说明生活和生产中的一些简单现象。

本节学习支架

U 型压强计测量液体压强的原理是什么?

建议同学们回忆或重温前面提供的"首创机械计算机的帕斯卡"资料,从该资料中我们能认识到"帕斯卡定律",即加在密闭的液体或气体上的压强,能按照原来大小由液体或气体向各个方向传递。

图 8 - 1

请同学们仔细观察 U 型压强计,如图 8 - 1 所示,其中橡皮管的一头跟 U 型管开口的一端对接,另一头跟蒙有橡皮膜的金属盒相连。于是,U 型管一侧的玻璃管中与橡皮管内相通的空气,就被 U 型管内的水柱和金属盒蒙有的橡皮膜所密封。当我们对橡皮膜施压时,这样,就可以解释"被密封的空气大小不变地传递压强"的问题了。压强计中的 U 型管实际上就是一个连通器,因此,液面相平的问题也解决了。

于是,在压强计中的 U 型管内液面相平的条件下,当我们对橡皮膜施压时,通过 U 型管两边液柱的高度差,便可测量液体内部传递的压强。可见,U 型压强计的原理涉及"帕斯卡定律"和连通器原理。

8.3 大气压与人类生活

本节通过"体验大气压""估测大气压"和"探究水的沸腾与气压的关系"三个活动,让同学们确认大气压的存在;了解科学家托里拆利是怎样测量大气压的,认识汞气压表和无液气压表;知道标准大气压值;知道大气压与人类生活、生产密切相关。

本节学习要点

- 知道大气压的成因。
- 了解科学家托里拆利是怎样测量大气压的,知道标准大气压值。
- 能举出一些事例说明大气压与人类生活和生产息息相关,并能解释因气压变化而产生的一些自然现象。

本节学习支架

1. 大气压是怎样产生的?

地球是我们的家园,它被厚达 80—100 公里的大气层包围着。大气与其他物质一样具有质量,因此会受到地球的引力。由此,我们可以推断大气压是由地球引力而造成的。

2. 大气压跟哪些因素有关?

大气压常跟空气中所含的水蒸气的多少有关,因水蒸气比空气轻,因此,含水蒸气多的大气,气压低;含水蒸气少的大气,气压高。大气压跟高度有关,它随高度变化而变化,在海拔 2 000 米内,每升高 10 米,大气压约降 111 Pa。

3. 课外阅读资料。

首先发现并证明有大气压存在的科学家是谁?

为了弄清这个问题,建议同学们阅读"托里拆利——市长为他打抱不平"的资料。同学们通过该资料的阅读,不仅知道托里拆利是伽利略的学生,同时还知道他是一个懂得感恩的人,在伽利略被监禁的时候,虽然无法为老师申冤,但他勇敢地站出来给老师生活上一些帮助。同学们通过该资料的阅读,还能了解到托里拆利是怎样想到用水银测量大气压的过程。知道在当时人们不信有大气压存在,并讥讽和嘲笑托里拆利的时候,为什么德国马德堡市的市长奥托·居里克站出来为托里拆利打抱不平,进而认识到真理往往掌握在少数人的手中,不会在众人的讥讽和嘲笑中而被淹没的道理。

课外阅读资料

托里拆利——市长为他打抱不平

托里拆利(1608—1647)出生在贵族家庭,17、18 岁就显示出他的数学才能。20 岁由伯父带到罗马受教于当地闻名的数学家和水利工程师卡斯德利。恰好卡斯德利又是伽利略的学生。因托里拆利聪慧好学,很快就成了卡斯德利的私人秘书和得力助手。在卡斯德利的指导下研究伽利略的"两个世界的对话",从而也成了伽利略的学生和"伽利略学说"的忠实捍卫者。在伽利略被监禁在家里且双目失明而无助的情况下,只有他和维维安尼两个人不断地给老师在生活上一些帮助。

托里拆利(1608—1647)

伽利略逝世后,托里拆利接任伽利略在佛罗伦萨大学做数学与物理教授,并被任命为宫廷首席数学家。从此,他开始有了点钱用于购置一些器材做实验,从事实验科学研究。在那个时代,大学里并没有实验室,教授们都是自费购买或自己加工制作仪器在家里进行实验研究,因此,家庭工作室也是他们的实验室。这说明那时的科学家、教授们都在自觉地追求自然的真谛。

　　当时,在佛罗伦萨托卡纳大公属下的水泵制造商,试图要将水压到至少12米的高度。但是,历经多次试验都失败了,后来才发现10米是水被压高的极限。由此,托里拆利想到用水银来代替水(水银密度是水的13.6倍)。他把水银装进1米左右的玻璃管中,然后将装满水银的玻璃管倒置插入装有水银的盆里,发现水银下降到760毫米位置就不再下降了。

　　于是,760毫米水银柱高,便成了人们规定的"一个标准大气压值"。后人把用这套实验装置进行的实验叫作"托里拆利实验",而把管内留下的真空部分称作"托里拆利真空"。

　　但是,当时有许多人都不相信有大气压,并讥讽和嘲笑托里拆利。然而远在德国的奥托·冯·居里克听到这件事之后,便重新将托里拆利实验再做一遍,认为托里拆利是完全正确的,跟着他又做了一个实验,将一只木桶内的空气抽空,结果"砰"的一声,桶被压碎了。于是,他决定要为托里拆利打抱不平。

　　奥托·冯·居里克从小喜欢读书,热爱科学,他曾读过三所大学,知识面十分宽广,当地人都说他无所不通,无所不晓。他曾在军旅中从事机械研究,又在政界立足,成为德国马德堡市的市长。无论是在军旅,还是在政界,他都没有放弃对科学的探索。

　　为了证明有大气压存在并为托里拆利打抱不平,他设计出著名的"马德堡半球实验",将两个铜制的半球合在一起,抽去其内部的空气,在1654年5月8日那天,他以市长名义发出公告,要在马德堡市的市中心进行实验,引来了许多市民到场观看。先是用8匹大马,一边4匹对拉,4个马夫用鞭子使劲抽马,可怎么也拉不开铜球,接着又换成16匹大马,一边8匹对拉,8个马夫同样用鞭子使劲抽马,马和马夫均大汗淋漓,总算将两个铜制的半球拉开,这时全场沸腾起来。奥托·冯·居里克对在场的观众大声说:

　　"女士们,先生们,市民们,你们现在该相信有大气压了吧,大气压大得惊人啊!"

本图是纪念著名的"马德堡半球实验"的邮票。

本章值得思考与探究的问题

1. 少林寺中有练出"一指禅"功夫的大师,假设练功大师的体重为 600 牛,请估算一下他在表演"一指禅"时,对地面产生的压强有多大?

2. 观察图 8‒2 所示的皮沙发形状与结构,它可以自由旋转和伸长,通电能产生振动。请用学过的知识说明研制这样形状和结构、通电产生振动的沙发,给人们带来的方便和舒适。

图 8‒2

3. 前面你已阅读了关于帕斯卡的资料,请分析在课本本章第二节"活动 2"中,为什么能用简易 U 型压强计探究液体内部的压强?

4. 请尝试应用建立模型的方法分析论证连通器装入同种液体,当液体静止时液面相平的道理。

5. 我们已经通过实验的方法探究到了液体内部压强的特点,请分别举例说明,人们在生活、生产和科学技术三个方面对液体内部压强的特点的应用。

6. 你能设计一个实验证明大气压存在吗? 请把你验证大气压存在的实验方案写在下面的方框中。

7. 请从科学与文学两个的角度,分析唐代诗人许晖诗句"溪云初起日沉阁,山雨欲来风满楼"的意义。

8. 请从生活、生产和科学技术三个方面举例说明,人类对大气压知识的应用。

9. 某同学在登山运动中携带了一只气压表,在登山前测得山脚下大气压为 760 mm 汞柱高,当他登到山顶时测得大气压为 620 mm 汞柱高,那么,此山的高度大约是海拔多少米?

第九章

浮力与升力

9.1 认识浮力

本节通过"比较金属块在空气和水中称量时弹簧测力计的示数""讨论浮力产生的原因"和"探究浮力大小与哪些因素有关"三个活动,让同学们认识浮力,知道浮力产生的原因和浮力大小与哪些因素有关。

本节学习要点

- 通过测量比较,认识浮力概念。
- 通过理性分析,知道浮力产生的原因。
- 通过实验探究,知道浮力大小与哪些因素有关。

本节学习支架

1. 何谓建立物理模型的方法? 它的理论依据是什么?

在科学探究中,建立物理模型的方法经常用到。

建立物理模型方法的实质,或者说理论依据就是理性思维中科学抽象。

科学家们常常将物理现象中的某些本质因素抽取出来,并在头脑中形成某种物理图景,进而提出某种假设模型或假想模型。

于是,人们把通过科学抽象在头脑中建立的物理图景,并提出假设模型或假想模型的方法,叫作建立物理模型的方法。

这种在头脑中假设或假想的物理模型,有的可能存在,有的可能不存在。

例如,课本本节中假设的水杯中有一个长方体作为研究对象,如图9-1所示。尽管这个假设的长方体在水杯中并不存在,但是,它作为头脑中假想出来的模型,却能形象、直观地帮助

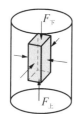

图 9-1 探究浮力产生的原因

我们揭示浮力产生的本质原因。可见,这种理性思维的科学方法的重要性。

2. 浮力在实质上是属于什么性质的力?

浮力的实质是弹力。

由于将物体置入液体中,势必对液体所占据的空间产生挤压作用,于是,挤压的双方均要发生形变,只不过液体形变的程度比置入液体中的物体要大得多。

因此,双方产生反抗形变的力均属于弹力,可见,浮力的实质就是弹力。

又因为液体内部的压强随着深度的增加而增加,于是,液体下方产生的挤压力要比上方大。这就是我们在液体中假想长方体或圆柱体作为模型,可用来分析浮力产生的原因,如上图 9 - 1 所示,物体在左右与前后的压力相互抵消,上下的压力差便是浮力的大小,也是浮力产生的原因。

3. 课外阅读资料。

建议同学们回忆或重温"用生命捍卫自己祖国的阿基米德"资料,进而了解阿基米德到底是怎样发现浮力定律的史料。同时,要思考为什么我们说数学是精雕细刻大自然的最佳工具。

9.2 阿基米德原理

本节通过一个较为完整的"科学探究浮力大小"的活动,让同学们知道阿基米德原理,即浮力的方向竖直向上和浮力的大小等于被物体排开的液体的重力。

本节学习要点

- 熟悉科学探究中的一些基本要素。
- 认识阿基米德原理,并能用该原理处理简单的问题。

本节学习支架

1. 课本上常常出现某某原理、某某定理和某某定律,到底怎样区分原理、定理和定律呢?

通常情况下,原理的适用范围比较广,定理的适用范围相对原理窄一些,而定律相对定理又窄一些。其实,它们都是自然规律。

我们无需对它们做严格界定,例如,课本说"阿基米德原理",但也有别的课本却说"阿基米德定律"。

2. 为什么课本上不出现浮力公式？

尽管初中物理不希望因浮力计算公式的出现而引发一些不必要的复杂计算问题。但是，这不等于初中物理中不需要简单的计算。

例如，课本 91 页中的例题就是一道计算题，如图 9 - 2 所示：

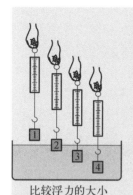

图 9 - 2

该例题只要依据阿基米德原理进行简单的逻辑推理就能解决。

因此，像这类计算题同学们还是要练习的，其目的就是用来训练同学们在理性思维中逻辑推理的能力。

9.3　研究物体的浮沉条件

本节通过"让鸡蛋像潜艇一样浮沉"的活动，让学生知道物体的浮沉条件。接着就是介绍浮沉条件在技术上的应用。

本节学习要点

- 学习探究物体浮沉条件。
- 知道浮沉条件在技术上的一些应用。

本节学习支架

1. 我们在本节"让鸡蛋像潜艇一样浮沉"的实验中，发现各小组鸡蛋在盐水中悬浮的位置不一样，这是为什么？

从理论上讲，若盐水均匀，即处处密度相等，那么，鸡蛋可以在盐水中的任意位置悬浮。但是，现实盐水的密度并非均匀，因此，实验中就会出现鸡蛋只能悬浮在盐水某一深度的位置上的情况。各小组调制的盐水密度不同，且盐水的密度并非均匀，所以鸡蛋悬浮的位置不同，如图9-3所示。可见，只有在液体密度处处相等的条件下，跟液体密度相同的物体，才能在液体中的任意位置悬浮。因此，同学们在应用规律时，其条件不可忽视。

图9-3 两位同学实验中鸡蛋悬浮在不同的位置

2. 技术指的是什么？它的作用在哪里？

技术通常指操作技法与技巧，关键机关的设计与制作以及应用等。任何理论若没有技术的介入，它将成为空中楼阁上的东西。

例如，课本本节介绍的潜艇，利用水舱进出水量来改变潜艇自身重力，进而达到它在水中自由升降的目的，水从水舱中自由进出的控制，就涉及技术。又例如，在探测气球内装氢气，又在它顶部安装放气阀门，进而控制探测气球在空中升降，放气阀门的控制就涉及技术。上述两例说明，尽管我们已经知道物体的浮沉条件，但要想让这一条件应用到实际中，就必须要有技术的介入。因此，我们说技术是理论、原理、定理、定律等通向实际应用的桥梁。

3. 从"兴登堡号"飞艇的空难中，说说技术的重要作用在哪里？

1931年，德国耗时5年研制出的世界上最大、设备最先进也是最豪华的"兴登堡号"飞艇，不幸于1937年5月6日下午7时30分，在美国新泽西州上空发生了震惊世界的空难，而在新泽西州至今还保留着曾用来停放该飞艇的巨型建筑，也就成了后人永恒的"纪念碑"。

事件经过是：1937年5月3日，"兴登堡号"飞艇喜载皇家权贵、成功商人和社会名流从德国起飞，穿越大西洋于5月6日下午到达美国新泽西州的上空，1 000多名迎候贵宾的要人、记者和亲友，亲眼看到了飞艇在降落时产生的巨大火球中，瞬间化为乌有。飞艇上36人的"生命时钟"就此定格，与此同时，飞艇的"航行历史"也因此而宣告终结！

后来，科学家们组成科研小组，通过猜想、假设、模拟实验等多种途径和方法，历经长达半个多世纪的探究，终于找到了事故的原因。

设计者们为了能让飞艇产生巨大的浮力，在其内部装有16个充有20万立方米氢气的密封气囊。由于整个飞艇长达240米，为了结构的牢固，设计者们将其骨架用轻质而坚实的铝材、木材和钢缆构成，尽管身躯庞大，但在多次飞行中却十分稳定。遗憾的是事发当日，飞艇在降落时遇到了强大的气流突变，迫使它不得不进行两次急转弯，而钢缆承受不了飞艇突如其来的急转弯而产生的巨大扭转力,致使钢缆崩裂刺破气囊漏气,加上飞艇在大西洋上空穿越雷雨区的外壳,带上了大量的静电。飞艇降落时,又必须要从艇上投下用于地面固定飞艇,却曾被雨水打湿过的系泊绳索。恰恰就是这根潮湿的系泊绳索成了地面与飞艇外壳上静电的通道,进产生静电火花引起飞艇气囊泄漏的氢气燃烧。这就是这次震惊世界空难的主要原因。这个历史悲剧,被永远载入了人类航空的史册,并为后来各种飞行器研制技术的改进,起到了极其重要的作用。

例如,在飞机上安装如同避雷针那样的放电刷,这个小小的技术,就避免了飞机表面因与气流摩擦而产生静电危害的大问题。(关于静电知识我们将在后面学习)

9.4 神奇的升力

本节通过"奇妙的实验"和"认识升力"两个活动,让同学们认识升力,知道升力产生的原因。

本节学习要点

- 认识升力,并知道升力产生的原因以及升力的应用。

本节学习支架

1. 为什么流体在流速大的地方压强小,在流速小的地方压强大,进而产生飞机的升力?

因为流体在流速大的地方密度小,而在流速小的地方密度大。于是,大自然用其与生俱来的"要让自己的系统结构趋向均衡,以达到稳定与和谐"的这一本性,驱使密度大的物质向密度小的物质一方流动,以尽可能地让流体的质量分布均匀,进而达到其系统结构的稳定与和谐。因此,密度不同的同种流体,就会在其流动的垂直方向上产生压力,如图9-4以及图中的文字说明所示。

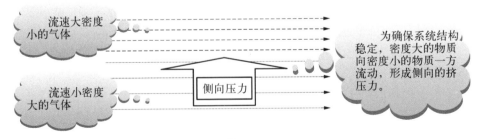

图9-4

这就是流体在流速大的地方压强小,在流速小的地方压强大,进而产生飞机升力的本质原因,同时也是大自然趋向均衡与稳定美的本性表现!

2. 课本本节"活动2"中(如图9-5所示)在机翼的上下方显示带箭头的线条是什么意思?

这是人们假想的物理模型——流线。它客观上并不存在,只是人们用来形象地描述流体的运动状况的。流线的箭头方向表示流体的流动方向,流线密的地方表示流速大,流线疏的地方表示流速小。

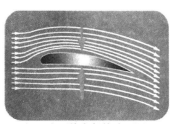

机翼上下的空气流速不同,压强也不同

图9-5

3. 课外阅读资料。

建议同学们阅读"了不起的伯努力家族与丹尼尔·伯努力"资料。

通过该资料的阅读,同学们会认识到家族优良文化的传承作用,并知道是伯努力首先发现流速大压强小,流速小压强大的原理的和气体压强的本因。

课外阅读资料

了不起的伯努力家族与丹尼尔·伯努力

丹尼尔·伯努力
(1700—1782)

丹尼尔·伯努力(1700—1782)是瑞典物理学家、数学家和医学家。说到丹尼尔·伯努力,我们不得不先说说伯努力这个家族。在科学史上,父子是科学家,兄弟是科学家并不鲜见,但在一个家族中,有众多父子和兄弟都是科学家的实为罕见。而在瑞士的伯努力家族,就是这样的一个非常了不起的家族。在这个家族的祖孙三代中,就产出了8位科学家,出类拔萃的至少有3位。丹尼尔·伯努力就是其中最杰出的代表。

后人曾做过统计,在17、18世纪这200年中,他们这个家族一代一代的子孙中,至少有半数以上相继成了杰出的名人。这说明家族优良文化传承的重要作用。奇怪的是他们中间很多人都是数学家,但却有很多人又都在数学以外的学科上做出了突出的贡献,并取得了巨大的成就。这个事实说明,数学这门科学的应用意义和价值非常广泛。

丹尼尔·伯努力是著名数学家 J·伯努力的次子。他跟父辈一样,也违背了家长要他经商的愿望,坚持学医。他先是学习医学,后来在海得尔贝格、斯脱里堡和巴塞尔等大学学习哲学、伦理学、数学。25 岁就应聘为圣彼得堡学院的数学教授,8 年后回到瑞士的巴塞尔,先任解剖学教授,后执教动力学,1750 年成为物理学教授。1734 年当选柏林科学院院士,1748 年当选巴黎科学院院士,1750 年当选英国皇家学会会员。自 1725 年至 1749 年,他曾 10 次荣获德国科学院年度奖,一生中获得多项荣誉称号。

丹尼尔·伯努力的主要贡献:

1726 年,伯努力通过无数次实验发现了流体(气体和液体)速度加快时,物体与流体接触的界面上压力会减小,反之就增大。这就是我们初中物理中学习的流速大压强小,流速小压强大的原理。后人把他发现的这一自然规律称作"伯努力效应"。1738 年他出版了《流体动力学》一书。

是他首先提出要把气体压强看成大量分子对器壁的撞击效应,又是他首先提出气体压强与分子运动剧烈程度有关,因此,他为分子动理论的建立和热学的发展做出了奠基性的贡献。

他在天文测量、地球引力、潮汐、磁学、洋流、船体航行的稳定和土星、木星的不规则运动以及振动理论研究上均有建树,在数学上,如微积分、微分方程和概率论等方面也均做了大量卓有成效的工作,并在多个项目上获奖。

本章值得思考与探究的问题

1. 有同学在游泳池中发现,当闭气潜入水中静止不动时,人体不会下沉而悬浮在水中。从这位同学的发现中,你知道人体的密度大约是多少?

2. 课本本章第二节自我评价与作业中介绍"曹冲称象"的故事,其中引出等效变换的理性思维方法。这种方法在我们物理学中常用到,上题就用到了这种方法,你还能列举哪些用到这种方法的例子?

3. 用大自然造化的鱼类和人类研制的潜艇类比,它们在哪些地方相似? 由此,谈谈你的感想。

4. 假设有一木块漂浮在水面上,该木块的密度为 $0.4 \times 10^3 \, \text{kg/m}^3$,请用你所学的知识推算该木块露出水面的体积是总体积的几分之几？如果将该木块截去一半，该木块露出水面的体积又是总体积的几分之几？

5. 有同学曾做了一个小实验，即在装有水的玻璃杯中放入一些细沙，待细沙沉底之后，再用小棒顺时针或逆时针搅拌数秒，当杯中水平静下来之后，发现杯底的细沙形成了一个小沙丘。请你动手做一做，并解释这个现象。

6. "竹蜻蜓"（如图 9 - 6 所示）是我国古代的发明，美国莱特兄弟发明飞机的起因，就是他们的父亲曾到中国看到小朋友们在玩"竹蜻蜓"很有趣。于是，在市场上也买了"竹蜻蜓"带回美国让自己孩子玩。莱特兄弟就是童年时代在玩乐中得到启发，萌生研制飞机的念头，进而成功地研制出世界上第一架飞机。请用学过的知识分析"竹蜻蜓"腾飞的原因，再说说自己读了上面内容的感想。

图 9 - 6

7. 农民常用盐水来选种，当把种子放入盐水时，所有种子都未浮起，为使不饱满的种子浮起来，应当怎样做？为什么？

8. 在探究物体浮沉条件的实验中，某同学将鸡蛋放入装有密度为 $1.1 \times 10^3 \text{ kg/m}^3$ 盐水的量筒中，鸡蛋恰好处于悬浮状态。那么，在没有测量质量工具的情况下，怎样即刻就知道该鸡蛋的质量是多少？

9. 阅读下面一个真实的故事，回答问题。

19 世纪，在沙皇俄国曾发生一起铁路惨案，惨案的经过如下：

沙皇政府一位将军要乘火车前往西伯利亚视察，事先通知沿途要做好安全保卫工作。沿途一个小镇的驻军司令得知这个消息后，想借此机会巴结一下这位将军，于是，这天便早早集合他的士兵列队在通过小镇的铁路两旁，准备用注目礼的方式，表示他和他的部队对这位将军的忠诚和崇敬。可等了几个小时也不见火车的踪影，士兵们站得又累又饿，都快站不住了。突然，远处传来汽笛声，只听司令向列队的士兵们高喊"立正"，由于将军并不知道沿途有士兵列队欢迎，因此火车毫无减速的趋势，风驰电掣地从铁路两旁列队的士兵之间驶过，这时，就好像有一双无形的大手依次猛力将士兵们一个个推向铁轨，瞬间在铁轨上躺下长长一串血肉模糊的士兵尸体。司令惊呆了，即刻要寻找真凶，并将官司打到沙俄时代的最高法院，法官们一筹莫展，最终请来彼得堡科学院的科学家们分析案情……

想一想，科学家们通过案情分析，认定这一惨案的直接真凶是谁？为什么？如果你是当时的法官，那么，判定这一惨案的间接真凶又是谁？为什么？

第十章

从粒子到宇宙

10.1　认识分子

本节通过想象和猜想，认识分子和分子的大小。

本节学习要点

- 学会科学想象与科学猜想，认识分子并知道分子的尺寸。

本节学习支架

1. 什么是科学想象？

科学想象，指人们根据某些事实和数据，在头脑中勾勒出未知图景或图像的一种理性思维方法。这是大自然赋予人类思维的一种本领。但这种本领要不断训练，否则，会自然减退甚至消失。科学想象往往能激发科学猜想和科学推断。本节在"想象分子大小"的活动中，提供一些事实和数据让同学们发挥科学想象，进而推断分子的尺寸。

例如，一滴油酸的体积约 $0.02\ \text{cm}^3$，把它滴在水面上散开后，可形成厚度为 $10^{-10}\ \text{m}$ 的薄油层，由此推断油酸分子的直径约为多少。

2. 什么是科学猜想？

科学猜想，指人们在大量事实、素材以及经验的基础上，思维跳跃到某个结论，或某种物理模型创立上的一种理性思维方法。它往往建立在科学想象的基础上。

例如，古人对物质内部微观结构的科学猜想，就是建立在大量的观察事实、素材以及经验基础上，在头脑中构建的物理模型，如图 10-1 所示。

科学猜想能力也需要不断训练。因此，同学们在进入微观和宇观世界时，要积极训练并发挥自己的"科学猜想"能力。

中国古代浑天说（浑天如鸡子，天体圆如弹丸，地如鸡子中黄，孤居于内……）

古埃及人的宇宙观（星星像悬挂的油灯吊在上空）

图 10 - 1

3. 课本本节中出现数量级概念，什么是数量级？

数量级是古希腊哲学家、数学家阿基米德，为了方便计算一些大数而发明的一种计数方法。即用 10^0、10^1、10^2、10^3……分别表示 1、10、100、1 000……以 10^0 为基准，依次用 0、1、2、3……个数量级来表示。后来又出现用 10^{-1}、10^{-2}、10^{-3}……分别表示 0.1、0.01、0.001……依次用 -1、-2、-3……个数量级来表示。数量级常常被迁移到其他地方应用。例如，我们在观看"星光大道"节目时，在有专业歌唱演员与民间歌手混在一起比较时，评委与观众都认为他们不在一个数量级上，很难区分优劣。这里说的数量级，指他们不是同一范围或同一类别的比较。

4. 课外阅读资料。

建议阅读"在法庭上为自己辩护无罪并获奖的德谟克里特"资料。

同学们通过该资料的阅读，不仅知道德谟克里特是怎样在法庭上为自己辩护无罪并获奖的故事，同时还了解到在德谟克里特那个时代，没有任何观察仪器，他完全凭借自己丰富的想象，提出了令今人也不得不佩服的关于原子论的一些基本观点，是多么的了不起。因此，后人称德谟克里特是原子论的鼻祖。

他是在两千多年前发挥想象，将人类带进了看不见的原子世界的引路人。通过对该资料的阅读，同学们要思考在远古时代，没有任何观察仪器，德谟克里特为什么能有如此丰富的想象力？

课外阅读资料

在法庭上为自己辩护无罪并获奖的德谟克里特

德谟克里特（前 460—前 370）出身在古希腊北方一个工业城市的富商家庭。他从小对学习与研究就非常专心，常常把自己关在自家花园中

德谟克里特(前460—前370)

的房子里埋头读书。一次,父亲从该房子里牵走了一头牛他都没有觉察。德谟克里特常常漫步在荒郊野外,甚至是墓地这样安静的地方沉思默想,目的是不受干扰,进而尽情地发挥自己的想象。德谟克里特在哲学、逻辑学、修辞学、天文学、数学、动植物学、医学、心理学、军事和艺术等方面均有建树,后人称他是"古希腊杰出的全才"。德诺克里特是古代原子论的创始人之一,他的原子论的基本观点是:宇宙万物都是原子构成的;原子是不可分割的;原子是物质中不可破灭的极小而又结实的单元;没有一种东西从无中来,也没有一种东西在毁灭之后归于无;原子在数量上是无限的,形式上又是多样的,它们在一个无限的虚空中永远处于旋涡运动之中;原子在虚空中只有通过接触才能相互作用,超距离作用是不可能的;任何事物都不是偶然发生的,一切都是按照必然性而产生的,也都是按照某种原因和规律而进行的。在远古的那个时代,没有任何观察仪器,能有如此丰富的想象,并提出令今人也不得不佩服的极其深刻的思想与观点,是多么的了不起。他的这一学说,不但在哲学上,而且在自然科学上,对后来的发展均有着不可估量的影响。我们在初中物理中学习的有关原子论的知识,其"老祖宗"就是德谟克里特,是他在两千多年前发挥科学想象,将人类带进了看不见的原子世界。

当德谟克里特的学问越钻越深的时候,他越发觉得把自己关在小房子里读书已经无法满足了,于是决定外出游学。他跟兄弟划分了财产之后,便拿出分给自己其中的一小部分,即100塔仑特的现金,漫游了古希腊各地,渡过了地中海到达埃及,往东到达印度。他在游学中无所不问,无所不学,因此,积累了丰富的知识,充实了自己。然而,当他回到家乡阿布德拉时,却被控告挥霍财产罪而遭到一场审判。原因是他外出游荡,浪费祖产,荒废祖上留下的园地,对族中的事情不加理会。其实,这是家族中有人企图侵占他个人的财产。若这个罪名一旦成立,那么,按照当时古希腊的法律规定,就意味着德谟克里特要被剥夺一切财产权利,并被驱逐到城外。但德谟克里特毫不畏惧和胆怯,在法庭上为自己辩护,慷慨陈词:"在我同龄人中,我漫游了地球的绝大部分,探索了最遥远的东西;在我同龄人中,我看见了最多的土地和国家,听到了最多有学问的人演讲;在我的同龄人中,勾画几何图并加以证明,没有人能超过我,就是埃及测量土地的人(指当时埃及有学问的人)也未必能超过我。"他在法庭上还朗读了他的名著《宇宙大系统》……

他的学识和他的雄辩,赢得了全场喝彩,征服了阿布德拉法庭上的法官和在场的听众。最后,法庭不仅没有判他有罪,反而决定用5倍于他"挥霍"财产的数额500塔仑特,作为他《宇宙大系统》这部著作的奖赏。与此同时,还决定把他树为阿布德拉城的伟人,在世就为他建立铜像弘扬。他死后,又以国家名义为他隆重举行葬礼。

古希腊人生前为德谟克里特建铜像,死后为他进行国葬

德谟克里特的名言和部分名言的注释参考

- 有教养的遗产,比无知者的财富更可贵。
  (这里说的有教养的遗产,指思想、智慧、精神和品质)
- 忘记了自己的缺点,就会产生骄傲自满。
- 让自己完全受财富支配的人,是永远不能合乎公正的。
  (指在视物质利益至高无上的人的面前,永远找不到公正)
- 身体的美若不与聪明才智相结合,是某种动物的东西。
  (指只有外表美,而没有内在美,就如同那些外表美的动物一样)
- 单单一个有智慧的友谊,要比所有愚人的友谊更有价值。
- 一切都靠一张嘴来做而丝毫不实干的人,是虚伪和假仁假义的。
- 人们若不互相倾轧,则法律不必禁止任何人随心所欲的生活了,嫉妒实在是纷扰的源泉。
  (指人们相互倾轧的源头是嫉妒,即嫉生仇,妒生恨)

10.2 分子动理论的初步知识

本节通过"体会分子的运动""感受分子运动对温度的影响""分子间有空隙吗""探究分子间的相互作用力"四个活动,让同学们认识分子动理论的初步知识以及用分子动理论的初步知识,说明固体、液体和气体三种形态的一些特征。

本节学习要点

● 认识分子动理论的三个基本观点。
● 能用分子动理论的三个基本观点,说明物质三态的某些特征以及物质三态变化所表现出来的一些简单现象。

本节学习支架

1. 分子运动与温度之间有怎样的关系?

大量分子运动的激烈程度,是物体温度高低内在的决定因素。

冷水　　　　　热水

图 10 - 2

我们虽然看不见物体内部大量分子的激烈运动,但可以通过布朗运动现象,即将红墨水滴在不同温度的清水中,观察它们扩散快慢的现象,如图 10 - 2 所示。再通过理性思维中逻辑推理的方法推断:物体内部看不见的分子激烈运动是物体温度的微观实质,而被我们感触到的物体的温度,只不过是物体内部大量分子激烈运动的一种宏观表现。这就是我们在前面介绍的,辩证唯物思想观点中所说的"原因是现象,结果也是现象,原因是内在现象,结果是外在表现"的实证。即,物体内部大量分子激烈运动是看不见的内在现象,而物体的温度则是大量分子运动被我们感触到的外在表现。由于分子之间既存在引力,又存在斥力,而分子通常都是在引力与斥力相等的平衡位置附近,以振动的形式出现。因此,我们说大量分子振动的频率决定了温度的高低。

2. 首先为分子之间有空隙提供实证的科学家是谁?

请同学们重温"重新制定温标的摄尔修斯"的资料,便知道摄尔修斯是首先为分子之间有空隙提供实证的科学家。他首先探究到不同液体混合后的体积会变小的现象,并用 40 个单位的水与 10 个单位的硫酸混合,混合后的液体体积变成了 48 个单位。这个实验结果对建立分子动理论提供了实证依据。

3. 怎样认识分子间既有引力,又有斥力?

让我们用"矛盾的双方是可以相互转化的,事物往往是矛盾的对立统一体"这一观点,结合图 10-3 类比说明,同学们就会茅塞顿开,豁然开朗。

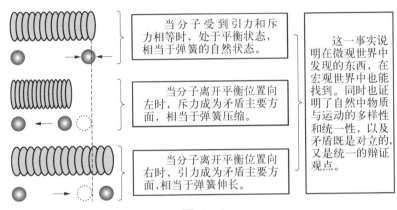

图 10-3

4. 大气压强和气体压强有区别吗?

大气压强跟气体压强有区别,它们分别描述的是两个物理现象。

大气压强描述的是地球周围的空气受到地球引力而产生的压强。

气体压强描述的是容器内的气体由于大量分子运动碰撞容器壁所产生的压强。同学们在前面阅读"了不起的伯努力家族与丹尼尔·伯努力"资料中,知道首先提出把气体压强看成大量分子对器壁的撞击效应的,就是丹尼尔·伯努力。因此,当容器内的气体质量不变,其温度越高,则表明其内部大量分子运动的越激烈,碰撞容器壁的压强就越大。同样,被压缩的质量不变的气体,其内部分子的密度增大,碰撞容器壁的次数增多,故压强也随之增大。

这就是容器内气体温度升高或体积缩小压强增大的原因。

5. 课外阅读资料。

建议阅读下面关于科学家们对热的本质争论的史料。

通过阅读,同学们不仅能了解历史上科学家们是怎样争论的,进而明白科学争论是科学自身发展的内在驱动力,以及事物总是在否定之否定中前进的道理,还会学到科学家们珍重事实,坚持真理的科学思想、科学态度和科学品质。

热是什么？早在 16 世纪就有不少科学家提出各种观点。

例如，哲学家弗兰西斯·培根，从摩擦生热的现象中，得出热是较小粒子的运动；物理学家波义耳，从钉子被敲打之后变热的现象中，得出热是物质内部微粒运动被阻碍而产生的；物理科学家胡克用显微镜观察火花，认为热是物体各部分非常活跃，极其猛烈的运动；化学家罗蒙诺索夫指出，热的充分根源在于运动的观点。但是，在 17 世纪又有一些学者提出热是一种无重的物质，即热质或燃素的观点。认为物质之间流动的热质多少，就会改变物体冷热的程度。因此，学者拉瓦锡把热质看成是一种化学元素并列入元素表内。

由于热质说当时能通俗地解释许多热的现象，如物体温度变化是物体吸、放热质的多少造成的；热传导是热质的流动而形成的；摩擦和碰撞生热，是因为物质内部热质被挤压出来。这些似乎合理的解释，使得当时的人们相信热质说是正确的。直到 18 世纪末，英籍物理学家伦福德发现钻头钻炮膛时，会产生大量的热，钻头越钝产生的热越多，进而得出结论：热是物质运动的一种形式，是看不见的粒子振动的宏观表现。同时指出热质说和燃素说都是错误的。1799 年，英国化学家戴维做了"真空中两块冰摩擦熔解为水"的实验。由于实验系统与外界隔绝，若用热质说的观点，那么，摩擦的热来自摩擦挤压出来的热质，进而要使系统的比热容变小，但水的比热容比冰更大，于是，系统热质守恒关系就不成立了。因此，戴维断言热质不存在。上述两位科学家的实验事实给热质说以致命的打击，但热质说并未因此而罢休。直到 19 世纪中叶，物理学家焦耳历经近 40 年，用 400 多次实验的数据精确找出功与热之间的关系，证明热是一种能量。这时的热质说才终于被否定。

关于热的分子运动说和热质说，科学家们历经了 300 多年的争论，热质说一次又一次被否定的事实，说明了科学家们珍重事实，坚持真理的科学态度；证明了"科学争论是科学自身发展的内在驱动力"和"事物总是在否定之否定中前进"的道理。因此，同学们在学习物理的过程中要积极参与交流讨论，当在交流讨论的过程中出现分歧时，要勇于辩论甚至争论，但又要像科学家那样珍重事实，坚持真理！

10.3 "解剖"原子

本节除了演示阴极射线实验和 α 粒子散射实验的图示外，基本上都是文字表述。但在文字表述中渗透了人类的认识是无穷的思想。

就拿物质结构的微观世界而言,从分子到原子,又从原子到原子核和核外电子,再到原子核内的质子和中子,以及质子和中子内的夸克等,这一个比一个小的粒子的探究是无穷的。

本节学习要点

- 认识原子(单原子分子和多原子分子)。
- 认识电子和原子的核式结构模型。
- 认识原子核中的质子和中子以及质子和中子内的夸克。

本节学习支架

1. 自然结构的稳定性与和谐性之美表现在哪里?

例如,原子不显电性是因为原子核内所带的正电荷数与核外所带的负电荷数相等,这就是大自然守恒美的表现。

又例如,质子由两个上夸克和一个下夸克组成,而中子由两个下夸克和一个上夸克组成,这就是大自然对称美的表现,如图 10 - 4 所示。

(a) 质子由两个上夸克和一个下夸克组成　(b) 中子由两个下夸克和一个上夸克组成

图 10 - 4　质子与中子的组成

再例如,原子结构与太阳系结构十分相似,这说明在宏观世界中存在的结构,在微观世界中也能找到。

可见,圆运动和球状,均是大自然中稳定性与和谐性在结构上美的表现。

正如爱因斯坦所说的:"世界赋予的秩序和谐,我们只能以谦卑的方式不完全地把握其逻辑的质朴性的美。"

2. 课本本节出现电子云概念,什么是电子云?

电子云是一种形象的比喻。由于电子在纳米即 10^{-9} m 尺度的原子空间内,做接近光速且没有确定方向和轨道的运动。因此,电子在任意位置均有可能出现,只是出现的几率(概率)不同而已。

于是,人们用疏密不同的点表示电子出现次数的多少,并用云笼罩原子周围来比喻,故称电子云。

3. 课外阅读资料。

建议阅读"大胆改革招生制度的汤姆逊""杰出的学科带头人——卢瑟福"和"会做,就必须做对的查德威克"三个资料。

从这三个资料中了解他们曾想些了什么,说了些什么,又做了些什么;知道他们是怎样揭开原子内部的一些奥秘的;同时从他们教学改革的史实中,认识改革与创新的重大意义。这对我们今天的教学改革与创新,仍然具有重要的启迪作用。

课外阅读资料

大胆改革招生制度的汤姆逊

汤姆逊(1856—1940)

汤姆逊(1856—1940)的父亲原本是一个摆摊卖书报的小贩,但凭自己的努力和奋斗,成了专门为大学印刷书本的著名书商。因此,他跟大学交往较多,结识了许多著名学者和教授。因此,汤姆逊从小受到著名学者与教授的影响较多,并在学习上非常刻苦认真,14 岁就进入曼切斯特大学学习,并且学业和能力提高得很快。

汤姆逊 27 岁就被选为英国皇家学会的会员,28 岁又担任卡文迪许实验室主任这一崇高的职位。

卡文迪许实验室世界著名,相当于英国剑桥大学的物理、数学两个门类的科学院或物理、数学系。剑桥大学也因著名的卡文迪许实验室而变得更加出名。该实验室是剑桥大学校长威廉·卡文迪许私人捐款建造的。

英国是 19 世纪发达的资本主义国家之一,社会的快速进步,驱使科学技术的迅速发展。在此之前,没有专门的实验室,实验室通常都是科学家们的家庭工作室。从卡文迪许实验室之后,实验室便从科学家的私人住宅演变并扩展成为社会和大学中的重要机构,进而适应了 19 世纪后半叶英国科学技术发展的需求。

可见,学校的实验室就是从那个时候开始的。

卡文迪许实验室建设在一个山谷中,由著名科学家麦克斯韦负责筹建,于 1874 年建成,同时麦克斯韦也被任命为该实验室的第一任主任。该实验室当时主要是研究数学和科学两个门类。

建在山谷中,因培养世界顶级科学家而著名的卡文迪许实验室

麦克斯韦在该实验室首创"物理要在系统讲授中辅之以实验教学"的思想，并要求学生动手制作仪器进行实验。他说："……实验的价值往往跟实验仪器的复杂性成反比，学生用自制的仪器虽然经常出毛病，但他们却比用仔细调整好的仪器能学到更多的东西。学生用调整好的仪器容易产生依赖而不敢拆成碎片。"

从此，自制仪器便成了卡文迪许实验室的光荣传统。

麦克斯韦去世后，卡文迪许实验室由著名科学家瑞利接任，在他的主持下又有革新，即，系统地开设了学生实验这门新的课程。

1884 年，因瑞利被选为英皇家学会会长又担任剑桥大学校长而辞去实验室主任。于是，28 岁的汤姆逊被任命为该实验室主任。

汤姆逊 1895 年又大胆地改革该实验室的招生制度，提出向国内外招收研究生的设想，将国内外许多有抱负的年轻学者吸引到该实验室学习与研究，并建立了一整套关于研究生的培养与管理制度，进而训练出一批又一批世界顶级的科学家。

19 世纪末真空管问世，许多科学家都投身到真空放电现象的研究之中，进而导致一连串的科学发现。

例如，首先是伦琴发现了 x 射线；接着，科学家贝克勒尔又从 x 射线中发现了铀的天然放射现象，居里夫人发现了放射性新元素"钋"和"镭"；跟着，1897 年汤姆逊又从真空放电管中发现了电子。

在电子未发现之前，科学界都认为原子是不可分的最小微粒。但汤姆逊发现电子后，指出在原子内部是由许多部分组成的。后人称汤姆逊是最先打开通向基本粒子物理学大门的科学家。因此，1906 年他获得了诺贝尔物理奖。

学物理的人，不能不了解卡文迪许实验室对人类的贡献。

卡文迪许实验室 1871 年由著名科学家麦克斯韦负责筹建，至今已将近 1 个半世纪。卡文迪许实验室的历任主任，都是由世界顶级科学家担任的，该实验室已经成为剑桥大学的重要组成部分，研究的内容也在不断地更新拓展，有天体物理、粒子物理、固体物理、生物物理等，是近代科学史上第一个社会化、专业化、高规格的科学技术研究机构，催生了大量足以影响人类进步的重大科学研究成果，如发现电子、中子、原子结构和DNA 双螺旋结构等，为人类科学技术发展做出了举足轻重的贡献。

自 1901 年到 1989 年,在这 88 年间卡文迪许实验室共产出 29 位诺贝尔奖得主,平均每 3 年就产出一个。

可见,其科学研究效率之惊人,成果之丰硕,举世无双。

这也是麦克斯韦、瑞利和汤姆逊三位主任,相继大胆进行教学改革成果的最佳佐证。

课外阅读资料

卢瑟福(1871—1937)

杰出的学科带头人——卢瑟福

卢瑟福(1871—1937)出生在新西兰纳尔逊一个手工业工人且家境贫寒的家庭。由于兄弟姊妹较多,因此,他从小就在家里帮助父亲干活,并在干活的过程中积累经验,使他养成了好动手的习惯,因此,他从小动手能力就很强。

少年时代的卢瑟福爱动脑筋,喜欢动手搞一些小制作。很小的时候就发明了远程炮弹玩具火炮,并巧妙设计出增加火炮射程的方法。

有一次,家里大钟坏了,他大胆地动手把大钟拆开了,在场的兄弟姐妹们都认为他的这一举动肯定要受到父母的重罚。但是,卢瑟福却不声不响地把大钟又组装起来并修好了大钟,且走得很准,这让兄弟姐妹们不得不佩服。

他还自制了一台照相机,自己拍摄,自己冲洗,成了当地的一个小摄影迷。

1889 年,18 岁的卢瑟福凭自己刻苦努力考上了新西兰大学,在大学期间就动手制作一种灵敏的检波器,在新西兰大地上第一次试验了电报,并发表了电磁学方面的几篇论文。大学毕业后,凭着几篇颇有质量的论文,于 1895 年,24 岁的卢瑟福获得了英国剑桥大学的奖学金,进入卡文迪许实验室进行深造,并成了著名科学家汤姆逊的研究生和得力的助手,从此,开始了他科学研究的生涯。

1898 年在老师汤姆逊的推荐下,汤姆逊担任加拿大麦吉尔大学物理系教授,执教 9 年,于 1907 年返回英国曼彻斯特大学担任物理系主任,

1908 年因在放射性研究中做出了突出的贡献,发现放射半衰期,荣获当年的诺贝尔化学奖。

1919 年,他接替退休的老师汤姆逊职位,担任卡文迪许实验室主任。1925 年当选为英国皇家学会会长,1931 年受英王室封赐为纳尔逊男爵。

1937 年汤姆逊因病在剑桥逝世,后人将他与牛顿、法拉第两位著名科学家并排安葬,以表示人们像敬慕牛顿和法拉第一样的敬慕他。

卢瑟福的主要贡献:

确定放射性是发自原子内部的变化,放射性能使一种原子变成另一种原子。打破了长期以来元素不变的观念,冲开了原子物理学的大门,将人们的认识带进了原子内部的世界。

通过 α 粒子被物质所散射的实验(如图 10-5 所示),科学地建立起原子的核式结构模型,发现了质子,发现了放射性半衰期,自从发现元素放射性衰变后,人们就试图实现人工衰变。因此,后人称他为"原子物理之父"。

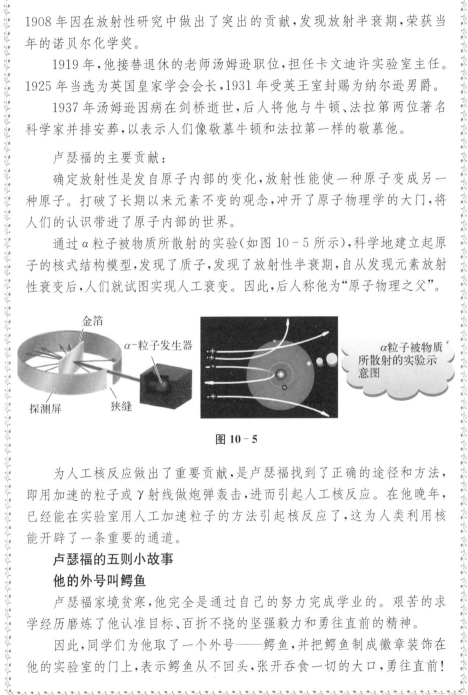

金箔　　　α-粒子发生器　　　α粒子被物质所散射的实验示意图

探测屏　　　狭缝

图 10-5

为人工核反应做出了重要贡献,是卢瑟福找到了正确的途径和方法,即用加速的粒子或 γ 射线做炮弹轰击,进而引起人工核反应。在他晚年,已经能在实验室用人工加速粒子的方法引起核反应了,这为人类利用核能开辟了一条重要的通道。

卢瑟福的五则小故事
他的外号叫鳄鱼

卢瑟福家境贫寒,他完全是通过自己的努力完成学业的。艰苦的求学经历磨炼了他认准目标、百折不挠的坚强毅力和勇往直前的精神。

因此,同学们为他取了一个外号——鳄鱼,并把鳄鱼制成徽章装饰在他的实验室的门上,表示鳄鱼从不回头,张开吞食一切的大口,勇往直前!

只用一个实验就解释了世纪之交的三大发现

卢瑟福得益于卡文迪许实验室招生制度的改革,同时也靠自己努力获得奖学金进入卡文迪许实验室。进入卡文迪许实验室后,卢瑟福接受老师汤姆逊的建议开始对原子进行探究,这就相当于研究生在导师的指导下所选的课题。

课题探究的第一步就是抓住放射性物质镭所放出的射线,看看它到底是什么东西。然后就可以顺藤摸瓜地追踪原子内部的秘密了。

前面我们已经介绍了卢瑟福的动手能力非常强,因此他很快就设计并制作出一个实验装置,即在一个铅块上钻一个小孔,将放射性物质镭放在小孔内,这样,射线就只能从小孔里放出,然后让镭放出的射线进入一个磁场中,奇妙的现象出现了,该射线分成了三股,一股朝着磁 N 极靠拢,一股朝着磁 S 极靠拢,还有一股不偏不倚地直线前行。于是,卢瑟福将这三股射线分别命名为 α、β、γ 射线。经过测定,原来 β 射线就是老师汤姆逊发现电子的电子流;γ 射线就是伦琴发现的 x 射线;而贝克勒尔和居里夫妇发现的放射性现象就是 α、β、γ 三种射线。好一个卢瑟福,用一个实验就解释了 19 世纪末 20 世纪初堪称世纪之交的三大发现,即电子、x 射线和放射性现象。

由物理学家摇身一变成了化学家

1898 年,卢瑟福的老师汤姆逊告诉他一个消息:"加拿大麦吉尔大学物理系派人来剑桥聘请教授,我认为你是最合适的人选,因此,推荐了你。"

这年,卢瑟福在老师的推荐下横渡大西洋到了加拿大,并担任加拿大麦吉尔大学物理系教授,他在这里遇到了一个比他小十七岁、化学知识非常丰富的年轻助手索迪,恰好弥补了他在化学上的知识不足,并由此想到他在剑桥大学卡文迪许实验室研究中,曾遇到的一个尚未解决的问题,即 α 射线中的 α 粒子,若从它所具备的电量和质量看,很像元素氦,但是否是氦却不能肯定。

现在有了化学知识非常丰富的索迪做助手,卢瑟福便能胸有成竹地设计实验进行验证了,实验的结果证明了 α 射线中的 α 粒子的确是氦原子核。这时的卢瑟福并没有就此作罢,接着进一步思索:镭放出射线后,剩下来的物质又是什么呢?于是,他又设计实验进行探究,终于发现剩下来的物质是一种新的元素,与此同时还发现了放射性物质的半衰期。1907 年,卢瑟福回到英国后公开宣布:放射性现象既是原子内部的运动现象，又是产生新物质的化学变化的伴随物，同时指出放射性物质的放射具有半衰期特性。我们今天考古学推算古化石的年代以及侦破远久的重大人命案件，在技术上就要用到放射性物质的半衰期。这就是 1908 年为什么诺贝尔评审委员授予他诺贝尔化学奖的原因。当卢瑟福得知自己获得诺贝尔化学奖时，幽默地说："这真太奇妙了！我一生中研究了许多变化，但最大的变化就是这一次，我从一个物理学家变成了化学家。"

杰出的学科带头人

卢瑟福被后人赞誉为是从来没有树立过一个敌人，也从来没有失去过一个朋友的人。在学生和同事中，他是一位亲和力非常强的老师。

在他的助手和学生中，先后获得诺贝尔奖的就多达 12 人。1912 年获得诺贝尔物理奖的波尔，就曾深情地称卢瑟福是"我的第二个父亲"。可见，卢瑟福在教学与科研上的亲和力是多么的强大。

是我制造的波浪

卢瑟福性格外向，凡是见过他的人都会留下深刻印象。他个子高，声音洪亮，精力充沛，信心十足。他从不在科学面前"谦虚"，直来直去。当同事评论他有不可思议的能力，并总是处在科学研究的风口浪尖上时，他却毫不客气地回答："说得很对！为什么不这样？不管怎样说，波浪是我制造的，我不在风口浪尖上，谁在？"

课外阅读资料

会做，就必须做对的查德威克

查德威克(1891—1976)是英国著名物理学家。

他出生在英国柴郡，中学时代的查德威克并未显示出过人的天赋。他沉默寡言，成绩平平。但他始终坚持一个信念："会做，就必须做对，一丝不苟，不会做，又没有弄懂，绝不下笔。"因此，他在中学时代的学习中，甚至因坚持没有弄懂的问题绝不下笔，而不能按时完成作业。正是他的这种不图虚荣，驽马十驾，功在不舍的精神，使他在后来科学研究中受益匪浅。

查德威克(1891—1976)

由于查德威克在中学阶段的物理基础知识打得非常扎实，因此，中学毕业后进入曼彻斯特维多利亚大学学习，并在物理研究方面崭露头角而被著名科学家卢瑟福看中，大学毕业后就直接进入卡文迪许实验室工作，在卢瑟福的指导下从事放射性研究。

两年后，因他的 α 射线穿过金属箔时发生偏离的成功实验，查德威克获得了英国授予的国家奖金。

1923 年查德威克又因在原子核带电量测量方面的研究取得了出色的成果，被提升为卡文迪许实验室副主任，并与他的老师卢瑟福共同从事粒子物理学的研究。

查德威克是在老师卢瑟福发现质子的基础上发现中子的。因此，要想知道查德威克发现中子的过程，得首先从卢瑟福发现质子的过程说起。

1910 年，卢瑟福用 α 粒子轰击原子，进而发现原子有核，因为原子是中性的，于是，卢瑟福推测原子核带正电，并与核外电子所带负电的电量相等，并提出了原子的核式结构模型。

1914 年，卢瑟福又用阴极射线轰击氢原子，结果将氢原子中的电子被打出，变成了带正电的阳离子，因为氢原子核外只有一个电子，故这个阳离子实际上就是氢原子核，并与电子的电量相等。于是，卢瑟福将氢原子核命名为质子，这就是卢瑟福发现质子的过程。

1919 年，卢瑟福又用加速的高能 α 粒子轰击氮原子核，发现氮原子核中的质子被打出后变成了氧原子。这是人类首次真正意义上实现了几千年来"炼金术"的梦想，即将一种元素变成另一种元素，也就是将一种物质变成另一种物质。

1924 年，卢瑟福已经能从各种元素的原子核中打出质子了。

自从汤姆逊发现电子和卢瑟福发现质子后，人们便认为原子内只有质子和电子。但卢瑟福的学生莫塞莱注意到原子核所带的正电数与原子序数相等，但原子量却比原子序数大，这说明原子内若只有电子和质子，而电子的质量又非常小，且可忽略不计，那么，整个原子的质量就不够了。基于这样的事实，卢瑟福曾于 1920 年就猜测到原子核内部可能还有中性粒子存在，但没有继续研究下去。

查德威克沿着老师的猜想，开始在卡文迪许实验室寻找这种中性粒子。与此同时，德国物理学家波特及其学生贝克尔，在对铍原子核轰击的实验中发现了中性射线,他们以为是 γ 射线,而法国居里夫人的女婿、女儿约里奥·居里夫妇也进行了此类实验,证实了波特实验中发现的中性射线,他们也以为是 γ 射线。就是这种"以为"的疏忽,导致他们与诺贝尔奖失之交臂。

查德威克意识到这种中性射线不可能是 γ 射线,而是某种中性粒子流,因为 γ 射线没有质量,根本不可能从原子核中被撞击出来,只有这种中性粒子的质量与质子的质量相当,才有可能被撞击出来,于是,他采用云室方法测量这种中性粒子的质量,通过近 1 个月时间的反复测量,终于发现这种中性粒子的质量果然与质子的质量相当,进而确认了原子核内有中性粒子的存在,并将其命名为中子。

因此,"会做,就必须做对"的查德威克,终于获得了 1935 年的诺贝尔物理奖。

这就是查德威克发现中子的大致过程,此过程可视为汤姆逊、卢瑟福、查德威克三代师生科学接力的过程,如图 10 - 6 所示。

图 10 - 6　汤姆逊、卢瑟福都担任过卡文迪许实验室主任,而查德威克也担任过副主任,三代师生又因发现电子、质子和中子而获得诺贝尔物理奖

10.4　飞出地球　10.5　宇宙深处

这两节内容相当于简单的科普知识介绍。目的是让学生了解东、西方古人通过观察和想象,在心目中建立起来的宇宙图景是怎样的。认识古代天文学家

托勒密的"地心说"和哥白尼的"日心说"。又在牛顿发现万有引力的基础上，认识包括地球在内的行星为什么总是绕着太阳运转；知道古人早就有飞出地球的梦想，而今人已通过热机、火箭和飞船等技术，实现了遨游太空的愿望，正在着手进行深空探究，试图在地球以外的天体上创建新的家园，设法找到跟人类相同，甚至比人类更高级的生命体，并与他们做邻舍好友。

两节学习要点

- 为什么"地心说"能流行一千多年？
- 为什么"日心说"吹响了科学革命的号角？
- 知道三个宇宙速度值，知道物体若达到或超过这三个宇宙速度值，其运动情况将会是怎样的。
- 知道今天人们借助射电望远镜能观测到 1.37×10^5 l. y.（光年），大致了解地月系、太阳系和银河系的尺寸。

两节学习支架

1. 怎样认识托勒密的"地心说"？

托勒密是古希腊天文学家，集当时天文学之大成，进而提出了"地心说"。

由于在那个年代没有任何观察仪器，数学也不发达，托勒密仅凭肉眼观察和思辨，提出"地心说"并能解释日食、月食等许多天文现象。因为"地心说"符合当时人们普遍认同的地球不动的观念，因此很容易被人们接受，加上"地心说"又被当时封建教会所利用并用来证明"上帝存在"。因此，"地心说"流行了一千多年。

这一史实说明，阻碍科学进步的主要原因不是"地心说"，而是人们的传统观念和封建教会势力。

从辩证的历史观出发，我们完全可以说没有"地心说"的出现，就没有"日心说"的诞生。

这就是"事物总是在否定之否定中演变和发展"的辩证道理。

2. 恒星是怎样演化的？

事物总是在否定之否定中演变和发展的。例如，恒星的演化过程就是在"吸引"与"排斥"相互否定中演变和发展的。

例如，恒星的幼年期，是弥漫的星云物质在引力作用下靠拢，体积变小，这时的引力是矛盾主要方面。

由于收缩形成的恒星内部温度升高，热排斥逐渐加强，当温度上升到几百万度时，恒星内部产生热核反应，驱使热膨胀的排斥力增大到跟其内部收缩的吸引力平衡时,就是恒星的壮年期。

接着,热核反应的温度继续升高,巨大的热排斥成为矛盾主要方面,造成恒星外圈物质膨胀,当温度达到最高点时,就会导致恒星爆炸,这就是恒星的老年期。

3. 课外阅读资料。

建议阅读"书写'自然科学的独立宣言'的哥白尼"资料。

同学们通过该资料的阅读,就会了解哥白尼,并知道他当时处在天文学家托勒密的"地心说"被中世纪教会所神化,用来证明"上帝存在"这一封建思想占统治地位的时代,却能大胆怀疑"地心说",并勇敢地站出来创立"日心说",是何等的了不起。

因此,恩格斯看了哥白尼的《天体运行论》之后,给予高度评价说《天体运行论》是"自然科学的独立宣言"。

课外阅读资料

书写"自然科学的独立宣言"的哥白尼

哥白尼(1473—1543)是波兰天文学家,他出生在一个商人家庭。哥白尼 10 岁丧父,靠舅舅抚养长大。在学识渊博、思想开明的舅舅影响下,自幼酷爱自然科学。

1491 年,18 岁的哥白尼以优异的成绩进入了当时以数学和天文学著称于欧洲的克拉科夫大学。

1496 年,23 岁的哥白尼又在文艺复兴的中心意大利获得博士学位,结识了著名的天文学家诺瓦拉并成为好朋友,于是,他们经常在一起观察天象并交流讨论天文学问题。

哥白尼(1473—1543)

哥白尼当时处在天文学家托勒密的"地心说"被中世纪教会所神化并用来证明上帝存在这一封建教会思想占统治地位的时代。然而,哥白尼却在那样的时代背景下大胆怀疑"地心说",并勇敢地站出来创立"日心说",后人分析其中的原因有三条:

一是他对科学执着追求的勇气和胆识。

二是他受到了当时欧洲文艺复兴运动思想的影响。

三是他受到天文学家诺瓦拉的观点和古希腊西赛罗著作的启发,再加上他手中又有许多精准的观察数据。

例如,他精确地计算出恒星年的时间为 365 天 6 小时 9 分 40 秒,比现在的精确值只多 30 秒,误差仅为 0.001%;计算出地、月之间的平均距离为地球半径的 60.30 倍,跟现代值 60.27 相比,误差只有 0.05%。如此精确的数据,可想而知,在没有任何计算工具的那个时代,他要付出多么艰辛的劳动。

哥白尼"日心说"的诞生,在自然科学史上具有划时代的意义。

因此,恩格斯对哥白尼的《天体运行论》给予了高度的评价,说它是"自然科学的独立宣言","从此自然科学便开始从神学中解放出来……科学的发展,便大踏步地前进"。(这里的神学指被封建教会歪曲利用和控制的神学)

4. 怎样认识物理学中的习题和试题?

物理学中的习题和试题,是用来巩固和检测我们对物理知识的认识、理解和应用程度或水平的一种评价手段。

通常有填空、选择、问答、作图、实验和综合计算等类型题。物理习题和试题通通都是人编制出来的。这里重点说说怎样编制综合计算题。因为只要会编制物理综合计算题,那么,编制其他类型物理问题也就不会有太大的困难了。

编制物理综合计算题通常要遵循以下一些原则:

(1) 从物理现象与事实出发,要尊重物理现象与事实。

(2) 知道影响物理现象与事实的一些关键因素。

(3) 了解影响物理现象与事实关键因素之间的依存关系。

（4）知道影响物理现象与事实中的关键因素，它们所涉及的物理量的量值由来，切不可随意虚构，甚至伪造这些量值的数据。

根据上述原则，我们便可尝试编制物理问题：

（1）将影响物理现象与事实的一些关键因素部分地显露出来，作为物理问题的已知条件；

（2）将其中一个或两个关键因素隐蔽起来，作为物理问题要求解的未知答案；

（3）根据影响物理现象与事实的一些关键因素的依存关系，应用主要矛盾在事物运动与发展中起决定性作用的观点，采用忽略次要因素的方法合理构建物理问题。

（4）问题的文字组织越简洁、越清楚越好。可见，物理学中的习题和试题并不神秘。你能在前面学习的章节中抽取一块知识内容，尝试编制一些用来巩固这块知识的习题吗？试试看！如果你能编制一套合理的用来检测某章知识的学习水平的习题或试题，那么，你对这章知识的理解就可以说进入了相当高的认识水平。

本章值得思考与探究的问题

1. 回忆一下自己小时候曾有过哪些想象（幻想）？这些想象（幻想）是建立在什么基础上的？由此，你对科学想象的认识是什么？

2. 阅读了"在法庭上为自己辩护无罪并获奖的德谟克里特"的资料后，你认为德谟克里特的丰富想象是从哪里来的？

3. 请用分子动理论知识解释固体和液体很难被压缩，而气体比较容易被压缩的现象。

4. 假设宇航员将密封在容器的1个标准大气压强的空气带入太空，这个密封的空气就像宇航员一样处于失重状态，那么，密封在容器内1个标准大气压强的空气是否还有压强？如果有压强，请猜想一下，这个压强产生的原因可能是什么？

5. 你对科学家汤姆生说的"……实验的价值往往跟实验仪器的复杂性成反比，学生用自制的仪器虽然经常出毛病，但他们却比用仔细调整好的仪器能学到更多的东西。学生用调整好的仪器容易产生依赖而不敢拆成碎片"这句话怎样理解？

6. 你从科学家汤姆生、卢瑟福和查德威克这三代师生的身上学到了些什么？

7. 读了"书写'自然科学的独立宣言'的哥白尼"的资料后，你认为阻碍科学进步的主要原因是托勒密的"地心说"吗？为什么？

8. 为什么恩格斯对哥白尼的《天体运行论》评价说它是"自然科学的独立宣言"？

9. 某同学十分小心地将一枚硬币水平置于满杯水的表面上，该硬币静止漂浮在水面上。

请你尝试一下，看看这样做能否成功，再大胆地猜想一下，产生这种现象的原因可能是什么？你能设计实验来证明自己的猜想吗？试试看！

第十一章
机械功与机械能

11.1 怎样才叫做功

本节通过"找共同点""力对物体做了功吗"和"怎样正确地计算功"三个活动,让同学们认识功的概念和知道做功的两个必要因素;怎样正确计算功和如何对功的单位感性化(具体化);认识机械功原理。

本节学习要点

- 认识功的概念,知道做功的两个必要因素。
- 认识功的定义公式,知道量度功的单位,并能感性化,能用该公式正确计算功。
- 认识机械功的原理。

本节学习支架

1. 功这个概念是怎样产生的? 功的公式又是怎样建立的?

历史上,机械师们为了比较机械的工作量,引出了功这个概念。又在寻找比较机械的工作量的方法中发现,省力的机械费距离,省距离的机械费力。即,机械功原理。

后来,进一步研究得知,机械对物体的作用力,跟物体在该力方向上移动距离的乘积和机械受到的外力跟外力方向上移动距离的乘积相等。如图 11 - 1 实验所示。

于是,机械师们便找了用力跟物体在力的方向上移动距离的乘积作为量度机械做功的方法或标尺。用这种方法或标尺来量度外力对机械所做的功跟机械对物体所做的功,其结果在忽略次要因素(滑轮自重和摩擦)下,是完全一致的,即 $Fh_2 = Gh_1$。

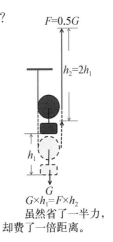

$F=0.5G$

$h_2=2h_1$

h_1

G

$G \times h_1 = F \times h_2$

虽然省了一半力,
却费了一倍距离。

图 11 - 1

这就是历史上功的概念的由来和功的公式建立的大致过程。

2. 为什么人们将机械功原理美其名曰"金科玉律"?

机械功原理揭示了任何机械都不能省功的自然规律,即,要想省力就得费距离;要想省距离就得费力。

同时,它又折射出了人类社会的"鱼和熊掌不可兼而得之"的社会哲理。

因此,人们将它比喻为黄金镶嵌在玉器中那样的珍贵和美丽的"金科玉律"!

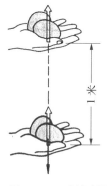

3. 本节课本所示的手托两个鸡蛋,升高 1 m 做的功大约是 1 焦耳(如图 11 - 2 所示)的意图是什么?

这样做的目的就是为了帮助同学们对功的单位焦耳感性化,进而对 1 焦耳的功大概是多少,做到心里有数。

通过这样的训练,可以提高同学们对机械做功或人做功多少估测的能力,如图 11 - 2 所示。

4. 怎样认识功,才算是进入了理解与应用的水平?

中国有一句古训:"人贵有自知之明。"

图 11 - 2　手托鸡蛋上升做功

这句话用在学习评价上,意在希望同学们要学会评价自己的学习效果。

所谓理解,指知道知识的来龙去脉。其中来龙,指了解知识从哪里来的,去脉,指知道知识用在什么地方。

所谓应用,指会使用,甚至会灵活使用所理解的知识,去解释自然中的一些现象,解决生活和生产中的一些实际问题。

这就是同学们评价自己的学习,是否进入了理解和应用两个级别或层次的两把标尺。

例如,当同学们了解了上述的功的概念的由来之后,还必须要知道怎样才叫做功,明确是谁对谁在做功,以及做功的两个必要因素力和力的方向上通过的距离,两者缺一不可的条件。

只有这样,同学们才能在当多个力作用在同一个物体上时,正确地判断出哪些力对物体做了功,哪些力对物体没有做功。

如果同学们既能知道功的概念的由来,又能在多个力作用在同一个物体上识别哪些力对物体做了功,哪些力对物体没有做功,那么,就可以说同学们对功的概念进入了理解级别或层次。

接着,要知道功的公式的建立过程,知道功的公式是大自然的数学结构本性的一种表现形式；要对功的概念能具体化，也就是能识别机械功中的总功、有用功和额外功；知道做功是能量转化的重要方式，并能通过该方式说明或解释生活、生产以及自然中能量转化的一些现象；知道功的测量单位，并会使用功的定义公式正确测算人或机械对物体所做的功，进而解决在生活和生产中做功的一些实际问题。

如果同学们对上述内容做到了知道、能和会，那么，就可以说同学们对功的概念进入了应用的级别或层次。

5. 课外阅读资料。

建议阅读"从无数次实验测量中逼出真理的焦耳"的资料。

同学们通过阅读该资料，不仅能知道焦耳在童年时代的几个有趣的小故事，还知道焦耳是一位非常了不起的自学成才的"业余科学家"。在焦耳那个时代，人们还没有认识到"热"的本质到底是什么，因此，对热量、功和能量之间的关系并不清楚，故在那个时代人们用不同的单位来量度它们。

例如，功的单位用的是千克·米，热量的单位用的是卡路里，简称卡。1 卡指 1 克水在 1 个标准大气压下升高 1 摄氏度所需要的热。

卡路里这个单位，今天仍被广泛使用在营养计量和健身手册上。

到了 18 世纪末，人们已经认识到了热跟运动有关。这为焦耳研究热与功之间的关系开辟了道路。焦耳在"事物之间总是有联系的"这一辩证唯物思想的指导下，坚信热量和功之间一定有当量关系，于是，他从 1840 年开始，到 1878 年，用了将近 40 年的时间，历经了 400 多次实验，终于精准地找到了功与热之间的数量转换关系，即 1 千卡的热量相当于 427 千克·米的功，或者说 1 卡的热量相当于 4.18 焦耳的功。

为了记住 4.18，有人说焦耳的焦字下面有 4 点，而焦耳两个字的笔画数正好是 18 画，于是，这样就把 4.18 这个数值牢牢地记在脑海里了。

焦耳的贡献为人们发现能量守恒原理奠定了实验基础，同时也结束了科学家们长达 300 多年的"分子运动说"与"热质说"的争论。可见，焦耳多么伟大，用他的名字命名功的单位，对焦耳来说是当之无愧的。

课外阅读资料

从无数次实验测量中逼出真理的焦耳

焦耳(1818—1889)是英国物理学家，出生在曼彻斯特一个富有的酿酒商家，或许是受到酿酒生产中配方计量的影响，从小他就很喜欢测量和动手做实验。

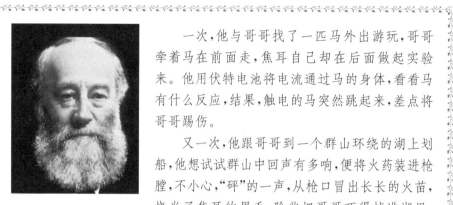

焦耳(1818—1889)

一次,他与哥哥找了一匹马外出游玩,哥哥牵着马在前面走,焦耳自己却在后面做起实验来。他用伏特电池将电流通过马的身体,看看马有什么反应,结果,触电的马突然跳起来,差点将哥哥踢伤。

又一次,他跟哥哥到一个群山环绕的湖上划船,他想试试群山中回声有多响,便将火药装进枪膛,不小心,"砰"的一声,从枪口冒出长长的火苗,烧光了焦耳的眉毛,险些把哥哥吓得掉进湖里。

这时,突然天空乌云密布,雷鸣电闪,焦耳本想跟哥哥去避避雨,可突然又想到要测量一下闪电与雷声相隔的时间,于是,硬把哥哥拉到一个小山头上进行测量。次日,他把测量结果报告老师并问为什么,老师告诉他原因之后表扬了他,从此,他对自然科学的研究越发感兴趣。

青年时代的焦耳,经他人介绍认识了著名的化学家道尔顿。他虚心向这位著名化学家学习化学、数学和哲学,不仅学到了许多知识,更重要的是学到了理论与实践相结合的重要思想与方法。于是,年轻的焦耳很快就成了当时曼彻斯特很有名气的酿酒师和自学成才的业余科学家。

有一次,他发现自家酿酒厂一台电磁机(电动机)的发热现象严重,效率很低。于是,他开始用实验方法研究电热对电动机效率的影响,并得出了结论。

1843 年 8 月,焦耳将这个结论以"电热效应与热的机械值"为题,在考尔克举行的一次学术会上向与会成员报告,指出热量和机械功之间存在着恒定的比例关系,即 1 千卡的热量相当于 460 千克·米的功。

他的报告当时就遭到了许多与会科学家的反对。由于当时人们还不知道热量就是被传递的内能,因此,热量的单位普遍用卡,功的单位也普遍采用千克·米。

焦耳为了证明自己观点是正确的,回来后又采用各种方法进行实验。

他通过摩擦作用,测得数据为 424.9 千克·

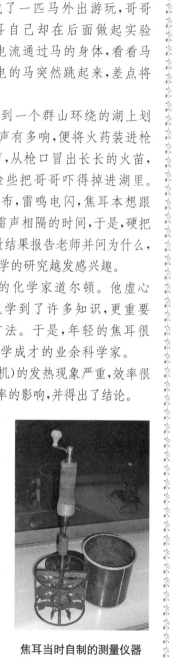

焦耳当时自制的测量仪器

米/千卡;1844 年他又用压缩空气做功和空气温度升高关系的实验,测得数据为 443.8 千克·米/千卡;1847 年,他精心设计实验,用下降的重物带动叶浆转动,搅拌水和鲸鱼油,分别测得数据并求平均值为 427 千克·米/千卡。

从 1840 年到 1878 年,焦耳用了整整 38 年的时间,历经 400 多次实验,所测得的数据与今天的公认值相比,仅有 0.7% 的误差,这是多么了不起的精确。

因此,后来发现电子并获诺贝尔奖的科学家汤姆逊说:

"焦耳具有从观察极细微的效应中做出重大结论的胆识,具有从实验中逼出精确高度的技巧,非常值得人们的赏识和敬佩。"

为了纪念焦耳的突出贡献,人们将功的单位命名为焦耳,符号为 J。
1 焦耳＝1 牛·米。

11.2　怎样比较做功的快慢

本节通过"怎样比较做功的快慢"和"比一比谁的功率大"两个活动,引出功率概念、公式以及单位。让同学们知道怎样比较做功的快慢。

本节学习要点

- 熟悉功率概念的建立方法或定义方法。
- 认识功率的定义公式,并会用它测算功率。
- 认识平均功率,知道利用功率的定义公式测算的通常都是平均功率。

本节学习支架

1. "用比值的方法来定义物理概念,并量度物理概念所反映的物理量的量值"这句话的意思是什么?

因为每个物理量都有它的物理名称,这个物理名称通常指的就是我们所说的物理概念。

例如,本节探究的功率以及前面探究的密度、速度和压强等概念,就是这些物理量的物理名称,即物理概念。

上述的各种物理量或物理概念,均是科学家们把影响这些物理量或物理概念的几个关键的因素抽取出来,采用比值的方法来定义和量度的。

例如,科学家们把影响功率的两个关键因素功与做功所用的时间抽取出来,把影响密度的两个关键因素,物体的质量与物体的体积抽取出来,然后再采用比值的方法,既能定义这些物理量的物理名称,即物理概念,又能量度这些物理量的大小或多少。

这就是我们常说的"用比值的方法来定义物理概念,并量度物理概念所反映的物理量的量值"这句话的意思。

2. 是否所有的物理概念都是物理量?

物理概念通常指物理学家们采用理性思维中科学抽象的方法,从一些物理现象中抽取某些本质的因素,再通过归纳、概括以及数学的方法,进而给出的一些物理名称。

例如,人们把影响功率的两个本质的因素,即功与做功所用的时间抽取出来,采用比值的方法,将功与做功所用的时间之比,叫作功率。

但是,在物理学中有些物理概念,如分子、原子、电子、质子、中子、场等,它们并不涉及量值,因此,它们是物理概念却不是物理量,而质量、密度、速度、温度、功率等,这些物理概念均涉及量值,因此,它们既是物理概念,又是物理量。

可见,是物理量就一定有物理名称,因此,物理量一定是物理概念,而物理概念却并非一定都是物理量。

3. 怎样认识物理概念?

在物理学中,有的物理概念是用来总体概括某些物理现象或物理事实本质特征的,我们统称它们为总概念,而有的物理概念则是用来具体描述某些物理现象或物理事实在特定条件下,其本质特征的表现的,我们将它们称作总概念名下的分概念。可见,分概念是建立在总概念基础上的。

例如,功率这个概念,就是用来总体概括所有物体做功均有快、慢这个物理事实的本质特征的总概念。而平均功率这个概念,则是用来具体描述某个物体在做功的过程中大致快慢程度的分概念。

今后我们还会遇到额定功率、实际功率等概念,它们分别是用来描述某个物体在特定条件下做功快慢的具体表现的分概念。

因此,同学们在认识物理概念时,不仅要了解物理概念的由来,还要对物理概念能具体化,也就是要知道它具体用在什么地方。

因为不同概念具体用在不同的地方时的条件不同,于是,就有不同的具体描述或针对性的表述。这就是在功率这个总概念名下,又出现平均功率、额定功率、实际功率等分概念的原因。

很多同学常常说："在课堂上老师讲的我都听懂了,可一到考试或做习题时为什么就是不会呢。"其中的原因之一就是对物理概念不能具体化,学生们只是记住了总概念的含义,或者说总概念的定义,却不知道对总概念具体化,也就是不知道总概念名下分概念的含义。

这就是我们前面所说的需要同学们既要了解概念从哪里来,又要知道概念具体用在什么地方,才算对概念理解的原因。

4. 课外阅读资料。

建议阅读"在妻子的鼓励下发明蒸汽机的瓦特"资料。

同学们通过该资料的阅读,不仅了解到瓦特家庭贫穷读不起书,靠勤奋自学积累经验而获取知识的过程,知道他是靠自主学习成就自己的科学家,还会认识到当一个人在极度困难的关键时刻,不仅需要有亲人和朋友的帮助,同时还要有锲而不舍的精神,才能走向成功的殿堂。

瓦特并非是第一个发明蒸汽机的人,但前人发明的蒸汽机均没有实用意义和价值,唯有他在工作间成功地完成世界上第一台蒸汽机的改造,使改造后的蒸汽机效率提高了3倍,用煤量减少为原来的1/4,让蒸汽机真正步入实用阶段,并在欧洲广泛地使用起来,进而吹响了欧洲工业革命的号角,这是一个多么了不起的贡献。

因此,后人把蒸汽机的发明归功于他,这显然是无可厚非的,并用他的名字作为功率的单位,对瓦特来说也是当之无愧的。

课外阅读资料

在妻子的鼓励下发明蒸汽机的瓦特

瓦特(1736—1819)

瓦特(1736—1819)出生在一个贫穷的家庭,儿时失去了上学的机会,看到同龄人背着书包上学十分羡慕。因此,母亲只得用空余时间教他读书写字,鼓励他动手制作各种小玩具,培养他的思考与动手能力。

11岁那年,父母看瓦特实在想上学,便同意他进格林诺克学校学习文法。他在学习期间十分刻苦,在班上的成绩也一直名列前茅,因家庭贫穷,营养不足,瓦特体质非常差,经常生病,故只好休学在家里自学。瓦特的自学能力很强,他不仅

瓦特在他的工作间成功地完成了世界上第一台实用的蒸汽机的改造，进而吹响了欧洲工业革命的号角！

自学了天文、物理、化学，还自学了几门外语。

因家庭经济实在困难，童年的瓦特只好到一家钟表店里当学徒。由于他勤奋钻研，瓦特学到了不少机械修理方面的技能，后来成了格林斯哥大学一名出色的机械仪器修理技师。

由于瓦特好学，他在大学里一边做修理工作，一边旁听教授们讲课，因此，他不仅积累了许多经验，

同时也增长了不少学识。

1764年，学校将一台教学用的蒸汽机修理的任务交给了他，瓦特看这台蒸汽机到处漏气，大量的热被损失了，效率很低，于是，他下决心要对蒸汽机进行改进，但历经多次修改，效果仍然不佳，这时的瓦特快要灰心了，可聪明的妻子在一旁鼓励他，采用激将法驱使瓦特继续努力下去，终于在1782年成功了。

瓦特所改进的蒸汽机不仅效率提高了3倍，还在用煤量上减少为原来的1/4。从此，世界上第一台真正实用的蒸汽机诞生了，并被社会生产广泛采用，为当时欧洲的工业革命吹响了进军的号角，使人们从繁重的手工劳作年代，走进了大规模机器生产的时代。

说完了瓦特发明（改进）蒸汽机的过程，让我们再说一下瓦特童年时观察水壶烧水的小故事。

一次，瓦特到奶奶家去玩，看到火炉上水壶中的水烧开时壶盖被顶了起来，并不停地跳动，进而发出"啪啪"的响声。于是，他便问奶奶其中的原因，奶奶自然回答不了。为了弄清这个问题，他就在炉子旁连续观察思考了好几天，终于想通了，原来是水蒸气的力量。

蒸汽不停地顶开壶盖的过程，实际上就是最简单的蒸汽机的工作过程。可见，从烧水壶中冒出水蒸气的力量，进而想到要发明蒸汽机，也许这就是瓦特执着追求童年梦想的起因。

11.3 如何提高机械效率

本节通过"分析有用功、额外功"和"测算滑轮组的机械效率"两个活动,让同学们认识机械在做功过程中的总功、有用功和额外功,它们都是用具体表述功的概念的,进而认识机械效率并知道怎样测算机械效率。

本节学习要点

- 会识别机械在做功过程中的总功、有用功和额外功。
- 认识机械效率,会测算机械效率,并知道机械效率的表达方式。
- 知道如何提高机械效率。

本节学习支架

1. 机械效率是否是物理量? 若是物理量为什么没有单位?

关于机械效率以及后面要学习的燃料的燃烧效率和热机效率等,这些均是物理量,但它们是物理学中唯一没有单位的物理量。

这是因为它们都是由两个相同的物理量通过比值的方法来量度的,而两个相同的物理量在比的过程中单位相互抵消,因此,这些物理量通常用百分率表示。

2. 机械效率与机械功原理是否矛盾?

机械功原理指使用任何机械都不能省功,或者说动力对机械所做的功,等于机械克服阻力所做的功。

机械效率指机械所做的有用功与动力对机械所做的总功之比。因此,机械效率总是小于1。但是,在实际使用机械做功时,其总功总是等于有用功与额外功之和,这就是机械功原理。

可见机械效率和机械功原理,它们反映的是两个物理事实,一个是有用功与总功之比;一个是总功总是等于有用功与额外功之和或者是动力对机械所做的功,等于机械克服一切阻力所做的功。它们有关联并且并不矛盾。

11.4 认识动能和势能

本节首先从各种物体做功事例出发,引出能量概念和能量单位。接着通过

"探究动能的大小跟哪些因素有关""探究重力势能的大小跟哪些因素有关"和"研究动能与势能的转化"三个活动,让同学们认识动能、势能、机械能以及动能与势能之间的转化,并知道在转化过程中有摩擦等阻力时,机械能会减少。

本节学习要点

- 认识能量,认识动能和势能(重力势能、弹性势能)和机械能。
- 知道动能和势能分别跟哪些因素有关。
- 知道动能、势能之间可以相互转换,转换过程中,若有摩擦等阻力时,机械能会减少。
- 能用机械能转化说明一些简单的物理事实与现象。

本节学习支架

1. 为什么机械能的单位与功的单位是一样的?

在这里我们要认识物理量中的状态量与过程量。

例如,机械能这个物理量是状态量,而功这个物理量就是过程量。为了说明状态量与过程量之间的区别,只要采用下面的比喻,同学们立马就会理解。

比喻,某家银行在某个时刻的储备款反映的是这家银行在某个时刻的实力状态,储备款就是状态量。而老百姓到银行去存多少钱或取多少钱,反映的是老百姓在存钱、取钱的过程中,这家银行的储备款增加或减少了多少,我们将储备款的增减量称作是过程量。

可见,它们的单位虽然一样,但反映的却是两码事,一个指银行在某个时刻的储备款是多少,一个指老百姓在存钱、取钱的过程中银行的储备款的增减量。

同样,机械能和功的单位虽然是一样的,但它们反映的也是两个物理事实。一个指系统在某个时刻的总机械能是多少,一个指在做功的过程中系统的总机械能的增减量。

2. 什么是能量?

同学们将在高中物理阶段学习爱因斯坦质能关系式 $E = mC^2$(E 表示能量,m 表示质量,C 表示光速),这个关系式明确地告诉我们,能量可以转换成质量,质量也可以转换成能量。

于是,我们便完全可以说:能量是提供自然中所有物体运动动力的一种特殊物质。

自然中若没有能量,一切运动将停息,不仅人类无法生存,即使宇宙也不可能存在。这个事实证明了我们在前面"学习物理的八个理念"中说到的物质与能量是大自然与生俱来的并被人类自始至终都在探究和应用的本性。

3. 课外阅读资料。

能量概念在历史上是谁最先提出的？为了拓展知识面，建议同学们阅读"才华横溢的托马斯·杨"资料。

通过该资料的阅读，同学们不仅知道托马斯·杨在修正牛顿运动第二运动定律中首先提出能量这个概念，还会知道他是第一个测量七种色光波长的人，同时也是第一个建立光的三原色原理的人。

通过该资料的阅读，同学们还能了解到托马斯·杨坚持把自主学习当作自己学习的主要手段，进而知道他的知识面之所以宽广，才华横溢，得益的就是自学。可见，自主学习是何等重要。

课外阅读资料

才华横溢的托马斯·杨

托马斯·杨(1773—1829)被英国人称作是百科全书式的全能科学家。

他是一个早熟的孩子，当地人称他为神童。因为他在两岁时就能进行流利的阅读，9 岁时已经掌握了车工的一些基本技艺，16 岁已经通晓拉丁文和希腊文了。

托马斯·杨的叔父是英国有名的医生，受叔父影响，托马斯·杨 19 岁到伦敦学医，21 岁就研究出了眼睛调节的机理(也就是我们初中学习

托马斯·杨(1773—1829)

的凸透镜成像的规律)，1795 年，22 岁的托马斯·杨在德国取得医学博士学位，并成为英国皇家学会会员。

尽管父母将他送进过不少名校学习，但托马斯·杨仍然坚持把自学当作自己学习的主要手段。可见，自学是何等重要。

托马斯·杨的兴趣极其广泛，热爱物理、音乐、艺术和文学。在牛顿盛名的那个时代，自牛顿在光学研究中提出了"粒子说"之后，早期人们提出的"波动说"似乎沉闷了近百年，正是托马斯·杨举起了"波动说"的旗帜，又再次掀起了"粒子说"与"波动说"的争论风波。托马斯·杨还在其

公元前 2 世纪埃及罗塞达碑上的象形文字

"波动说"的论文中,勇敢地对大权威牛顿提出了批评,他说:"尽管我仰慕牛顿的大名,但我并不认为他是万无一失的。

我遗憾地看到他也会弄错,他的权威甚至可能阻碍科学的进步。"

托马斯·杨是第一个提出能量概念的人,也是第一个测量七种色光的波长的人,还是第一个建立光的三原色原理的人。

他爱好乐器,几乎能演奏当时所有的乐器。他善于联想,从演奏乐器中他把声波和光波联系起来。

1841 年,41 岁的托马斯·杨对象形文字产生兴趣,并着手研究。拿破仑东征埃及时,发现了公元前 2 世纪埃及人为国王祭祀所建造的罗塞达碑,但碑文却没有人能读懂,然而,托马斯·杨却破译了碑文中部第 86 行所写的王室 13 位成员中的 9 个人的名字。

托马斯·杨于 1829 年去世,去世后人们在他的碑上刻下"他最先破译了数千年无人解读的古埃及象形文字"。

后人说他是一位视科学、艺术、音乐、美术,甚至是杂技研究为快乐的人,是一位充分享受生命意义和价值的人。

本章值得思考与探究的问题

1. 建筑用的打桩机,假设其重锤质量为 120 kg,重锤从空中距离地面 9 m 处自由下落,并撞击在竖直放置的 3 m 高的桩柱上,那么,在忽略空气阻力的情况下,重锤对桩柱做的功是多少? 重锤自由下落过程中是什么能转化为什么能?(g 取 10 N/kg)

2. 有同学利用功的定义公式(力跟力的方向上通过的距离的乘积)和功率的定义公式(功与做功所用时间的比),采用数学演绎的方法推导出了功率的计

算公式 $P = FV$。请你将他数学演绎的过程写在下面方框中。

3. 通常情况下汽车发动机的功率是不变的,那么,请你利用上题中功率的计算公式,说明司机在开车上坡的时候为什么要降档,即减速?

4. 在课本本章第三节的文字表述中,为什么将起重机的机械效率用 40%～50% 表示,将滑轮组的机械效率用 50%～70% 来表示,一种机械的效率是否有固定的百分比?

5. 为什么机械效率总是小于1?

6. 提高机械效率的意义在哪里?

7. 课本本章第四节只探究动能和重力势能跟哪些因素有关,没有探究弹性势能跟哪些因素有关,那么,请猜想一下,弹性势能可能跟哪些因素有关,然后再设计实验证明猜想。请把猜想和验证实验的方案写在下面方框中。

8. 科学研究表明,物体的动能与势能在相互转化的过程中,若没有摩擦等阻力的影响,那么,总的机械能是不变的,这就是机械能守恒定律。

我们知道地球绕太阳不停地运转,且运转的轨道是椭圆形的,如图 11-3 所示。根据机械能守恒定律,请你说说地球在远日点和近日点的动能和势能变化情况。

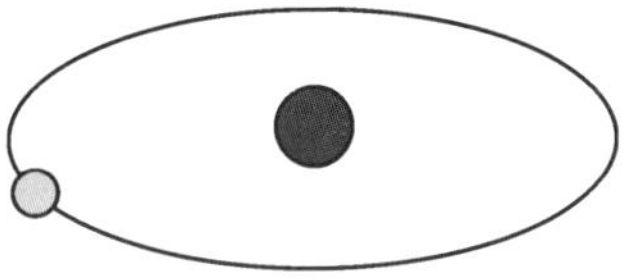

图 11-3

第十二章
内能与热机

12.1　认识内能

本节首先通过理性思维中类比方法，引出内能概念。接着通过"用做功的方式改变物体的内能"和"用热传递的方式改变物体的内能"两个活动，让同学们认识做功和热传递是改变内能的两种方式。

本节学习要点

- 认识内能。
- 知道改变内能的两种方式。
- 能用改变内能的两种方式，说明或解释内能在转移和转化的过程中，产生的简单问题或出现的简单现象。

本节学习支架

1. 理性思维中类比方法的理论依据是什么？

类比方法是将未知事物与已知事物作比较，根据它们的相同或相似点，推测未知事物也可能具有与已知事物相同或相似的性质。

该方法的理论依据是"自然中事物的多样性与统一性"这一自然辩证法则。

例如，科学家卢瑟福就是通过 α 粒子散射实验的现象，联想到太阳系的结构，并将未知的原子内部结构跟已知的太阳系结构类比，进而提出了原子核式结构模型。这说明在宇观世界中存在的东西，在微观世界中也能找到。

类比常常跟联想联系在一起。因此，培养联想能力往往能驱使人们用类比的方法作出某些判断或提出某种假设与猜想。

2. 能量转移和转化的意义在哪里？

能量的转移和转化这一自然特性或规律，是大自然给予人类的一种恩赐。人类之所以能使用各种能量，靠的就是大自然的这种恩赐。

例如，人类利用太阳能，就是因为太阳通过热辐射（热传递）的方式，将太阳能传递到地球表面为人类所用。

又如，火力发电，就是利用燃料燃烧（内能）转化为电能为人类所用。

再如，水力发电，就是利用水流能（机械能）转化为电能为人类所用。

总之，人类要想利用或使用的各种能量，只有通过转移或转化两条途径才能实现。

12.2　热量与热质

本节通过内能的改变，直接给出热量概念。接着通过"探究水的吸热与其温度变化、质量的关系"和"怎样选择燃料"两个活动，让同学们认识物体吸热、放热的多少与其温度变化和质量多少成正比关系；认识热质概念，知道不同的燃料的热质是不同的；同时还让同学们知道提高热效率的意义和价值。

本节学习要点

- 认识热量和热质概念。
- 知道物体吸热、放热跟物体温度的变化、质量的多少之间的关系。
- 会查燃料热质表，知道提高热效率的意义和价值。

本节学习支架

1. 怎样区分内能和热量两个概念？

在前面，我们已经认识了状态量和过程量两个概念。

物体的内能是状态量，指物体在质量和温度不变的条件下，其内部分子动能与分子势能的总和。而热量是过程量，指物体在热传递过程中，其内能增加或减少了多少。

它们虽然单位相同，但反映的是两个不同的物理事实。

2. 为什么说做功和热传递是等效的？

功和热量都是过程量，做功可以改变内能，热传递也可以改变内能，因此，做功和热传递是效果相同的两个过程。

这就是我们为什么说做功和热传递是等效的原因。

3. 本节出现的热效率是什么意思？

热效率指燃料燃烧所释放的总热量和实际被利用的热量，即有用的热量之比。它跟机械效率的表示方法相同，用百分率表示。

今天，人类在大量地应用煤、石油和天然气等石化燃料，因此，提高热效率意义重大，因为它不仅能节约燃料，还能减少污染，保护环境。

改进生活、生产中的各种燃烧器具、设备，改善燃烧条件，减少热量在传递过程中的损耗等，是提高热效率的基本途径。

12.3 研究物质的比热容

本节从天气预报引入，提出沿海地区和沙漠地区昼夜温差变化有什么不同、为什么它们的温差如此悬殊等问题让同学们思考。接着通过"探究水和沙石的吸、放热性能"和"比较吸热相同时沙石与水的温度变化"两个活动，让同学们认识物质的比热容概念，解决本节开头提出的问题。

本节学习要点

- 认识比热容概念，知道比热容的单位。
- 会利用实验中收集的数据，并用图像方法，直观形象地描述水与沙石吸热性能的不同。
- 能用比热容概念，解释物质吸、放热的简单现象。能根据比热容跟物体质量、温度变化和吸、放热的关系，进行简单计算，并会查比热容表。

本节学习支架

1. 怎样认识比热容概念？

由于比热容跟物体的质量、物体的温度变化以及物体吸、放热的多少三个因素密切相关。为了比较物质吸、放热的性能，人们采用控制变量的方法，用相同质量的不同种物体，使它们升高或降低相同温度，再去比较它们吸、放热的多少。于是，人们在比较的过程中发现，质量相等的同种物质，在升高或降低相同的温度时，吸、放热的多少是恒定不变的，而质量相等的不同种物质，在升高或降低相同的温度时，吸、放热的多少又是不同的。由此推断，比热容是物质的一种热学性质。

课本上说的"比热容在数值上等于单位质量的某种物质，温度升高（或降低）

1℃所吸收(或放出)的热量"这句话,实质上就是给出了量度比热容这个物理量的方法或标尺,同时也是对比热容这个概念的一种定义。

2. 为什么不像密度、速度、压强等那样给出比热容的表达式?

由于比热容这个物理量涉及三个因素,若给出表达式,可能会引出不必要的复杂计算。但是,通过比热容概念的定量表述,即比热容在数值上等于单位质量的某种物质,温度升高(或降低)1℃所吸收(或放出)的热量,结合查比热容表,再用简单的逻辑推理进行计算还是必要的。

例如,在本节课本"活动2"中安排的计算题,告诉沙石和水的质量均为2 kg,它们吸收的热量均为 7.36×10^4 J,请求出它们升高的温度各是多少?

课本先作出示范,从比热容表中查沙石的比热容,然后再列式计算。

课本上出现"由比热容概念可求沙石升高的温度"这句话,意在告诉我们根据比热容概念的定量表述,再应用简单的逻辑推理便可计算出沙石升高的温度。

3. 怎样解释沿海和沙漠两个地区昼夜温差变化的悬殊现象?

围绕沿海地区的是大面积海水,白天在强烈的阳光照射下,大面积海水吸收大量的热,而水的比热容较大,因此,大面积海水自身的温度上升的很小,几乎没有什么变化,但它吸收大量的热,却使得沿海地区的气温下降得较快而变得比较凉爽。到了夜晚气温下降时,大面积海水又释放出大量的热,而水的比热容较大,因此,大面积海水自身的温度并没有明显的下降,但它释放出的大量的热,又使得周边的气温上升得较快。

这就是沿海地区昼夜温差变化不大的原因。

包围沙漠地区的是大面积沙石,白天在强烈的阳光照射下,大面积沙石吸收大量的热,而沙的比热容很小,因此,大面积沙石的温度上升得很快,进而使得沙漠地区白天的气温显得特别高。到了夜晚气温下降时,尽管大面积沙石也释放大量的热量,但沙石的比热容很小,因此,大面积沙石在释放大量热的同时,自身温度下降得也非常快,这不仅不能使周边的气温上升,相反,又会导致周边的气温急速下降,使得沙漠地区的夜晚显得特别冷。

这就是沙漠地区昼夜温差变化很大的原因。

12.4　热机与社会发展

本节首先通过图文结合的方式,总体介绍热机的共同特点或者基本原理。

热机的发明,推动了人类的文明和进步。接着通过"研究汽油机的工作原理"活动,让同学们大致了解单缸和四缸汽油机的构造,进而知道汽油机的工作原理。最后讨论热机与环境之间关系的社会问题。

本节学习要点

- 认识热机的共同点,即基本原理。
- 了解汽油机的大致构造,知道它的工作原理。
- 能正确认识热机与社会之间的关系。

本节学习支架

1. 基本原理与工作原理区别在哪里?

基本原理指具有较普遍指导意义的自然规律,而工作原理是在基本原理的基础上具体应用,它往往涉及工作过程和工作过程中用到的关键技术。

例如,热机的基本原理是将燃料的化学能通过燃烧的方式,转化为内能,再通过做功的方式把内能转化为机械能。

但是,热机的工作原理则要在基本原理的基础上,按照吸气、压缩、做功、排气四个冲程一一作出说明。同时还要说明四个冲程的反复循环,主要靠的就是安装在曲轴上的飞轮这个关键技术的作用,即利用飞轮惯性来完成。可见,在说明热机的工作原理中,必然要涉及热机的工作过程和热机工作过程中用到的关键技术。其实,热机中涉及的机械方面的技术很多,但并非都要在工作原理中一一细说,只要说出其中连贯四个冲程中的关键技术即可。

2. 热机与社会之间的关系是什么?

自从热机的发明解决了机械的动力问题之后,人类便开始从沿袭几千年的手工劳作中走出来,大踏步地进入了大规模的机器生产时代。

热机的出现,驱使交通运输也跟着发生根本性的变革,它不仅为人们的出行提供了快速、便利的条件,同时还让人类实现了漫游太空的梦想。

因此,我们说热机的发明和使用,大大地推动了人类社会的进步和文明。

但是,所有热机的工作,均要向空气中排放温度高,并含有一氧化碳、二氧化碳、二氧化氮和微粒等有害人体健康的物质。

这些有害物质对人类生存环境又会造成严重的污染。

可见,事物总是具有两面性的,科学是一把双刃剑。

本章值得思考与探究的问题

1. 有同学说既然内能是分子动能与分子势能的总和，那么，机械能也应当是动能与势能的总和。这样的认识正确吗？为什么？

2. 有同学说自然中的一切物体都具有内能。请你说说这句话有道理吗？道理在哪里？

3. 某同学家里购买了一台燃气灶，他想测试这台燃气灶的热效率，请帮助他设计一个测试方案。（这是一道综合题，建议小组同学合作完成）

提示：天然气的热值和水的比热容均可通过查表获得。

将测试方案，包括用的器材、测试步骤以及测试中要收集的数据统统写在下面的方框中，最后再利用测试的数据编制一道物理计算题。

4. 请举例说明人类利用能量的基本途径或方式是什么？

5. 请用一分为二的观点分析热机与社会之间的关系。

6. 请列表比较汽油机和柴油机的共同点与不同点。

7. 假设某小汽车的汽油发动机的功率是 3 kW，该汽油发动机的热机效率为 25%，汽油的热值为 4.6×10^7 J/kg。如果该小汽车在高速公路上行驶 5 小时，那么，将消耗汽油多少升？（汽油密度为 0.71×10^3 kg/m³）

8. 小组合作尝试编制一套用来检测本章学习情况的检测题，跟相邻小组相互测试，看看哪个小组编制的最好。

第十三章

探究简单电路

13.1　从闪电谈起

　　本节通过"观察摩擦起电现象""探究电荷间的相互作用"和"用起电机模拟闪电现象"三个活动,以及对验电器的构造与作用的图文说明和静电现象的应用和防护的介绍。让同学们认识摩擦起电现象;认识自然中只存在正、负两种电荷以及它们之间相互作用的规律;认识尖端放电现象;知道闪电的成因;了解验电器的构造和用途;知道静电的应用和防护等静电知识。

本节学习要点

- 认识正、负电荷以及电荷间相互作用规律。
- 知道摩擦起电的原因。
- 认识尖端放电现象,知道闪电成因。
- 能用静电知识说明一些静电现象。
- 了解静电的应用和防护。

本节学习支架

　　1. 何谓静电现象?
　　所谓静电现象,指的是相对静止的电荷之间,相互作用所表现出来的并被我们所觉察到的一些现象。
　　例如,摩擦起电、静电火花、尖端放电、雷电、静电感应等,都是静电现象。前面介绍的兴登堡号飞艇空难的主要原因就是静电火花现象。

　　2. 电这个概念是从哪里来的?
　　早在公元前,古希腊人就发现琥珀(指呈现深黄色透明的树脂化石)受摩擦后能吸引轻小物体的现象,并把这一现象称之为电。

英国皇家御医吉尔伯特,根据希腊文首先把电这个概念引入到物理学中。也是他第一个把电荷之间的吸引与排斥现象,称作电力的作用。他还是第一个发明验电器并用来检测物体是否携带了电的人。

3. 电荷指的是什么?

荷的意思是携带。因此,我们将携带电的微粒称作电荷。

例如,空气中携带电的尘埃就是电荷。还有我们在前面曾介绍的原子结构中的电子,就是自然中携带负电的最小微粒,而原子核内的质子,就是携带正电的微粒,它们都称作电荷。

电是大自然与生俱来的本性,且自然中只有正、负两种电荷。我们的地球是一个大电球,它的表面携带着大量的负电荷。

雷鸣电闪现象,就是地球表面大量负电荷跟云层中所带大量正电荷之间强烈放电的一种表现。人体表面也携带有负电荷。这就是为什么在冬天,当皮肤比较干燥的人体跟金属体接触或靠近时,会有触电感觉的原因。静电电压简称静电压,通常都是比较高的,人体的静电压一般都在百伏、甚至千伏以上。静电压虽然比较高,但电荷量(电量)很小。因此,不足以对我们人体造成伤害。这就是人们通常说的静电的特征——“压高量小”。据说,历史上曾有一位名叫皮特马利翁的女人,家里经常闹火灾,她以为住地的风水不好,便搬家到别处,但是,多次搬家也没有逃脱着火的现象发生。这一现象引起了科学界的注意,一些科学家便到皮特马利翁多次失火的地方进行考察,并未发现异常。于是,科学家们便开始对皮特马利翁的人体进行研究,发现她身上的静电压竟然高达 7 000 多伏。在阴潮天气下,其身体上的静电很快流入大地,但在天气干燥的情况下,她与金属物接触就很容易产生较强的静电火花。这就是她家多次失火的原因。

4. 怎样用自然中事物总是具有两面性的辩证观点来认识静电现象?

静电现象对人类既有有利的一面,又有有害的一面。因此,我们要设法做到趋利避害。

在趋利方面,人们利用电荷间相互作用规律研制出静电喷涂、静电除尘、静电复印等器具为人类所用;人们将静电火花现象用在煤气灶和内燃机中,作为点燃煤气和汽油的火星。

在避害方面,人们知道雷电会造成建筑物的损坏和人畜的伤亡,因此,便利用尖端放电现象,采用避雷针尽量避免雷电的破坏;人们知道静电火花现象容易引起火灾,因此,便在容易产生静电火花的地方增加空气的湿度等。

5. 怎样解释课本本节"活动1"中摩擦后的塑料梳子能吸引小纸片的现象？

这里要用到静电感应知识。所谓静电感应,指内部正、负电荷不相等而显示电性的带电体,靠近内部正、负电荷数相等而不显电性的不带电体时,在带电体的静电力作用下,不带电体的内部两种电荷将重新分布,其中跟带电体所带电性相反的电荷,会聚集在靠近不带电体表面附近的现象。

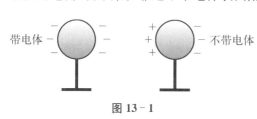

图 13-1

物理学中把这种现象叫作静电感应,如图 13-1 所示。

有了这个知识,我们就能解释摩擦后的塑料梳子为什么能吸引小纸片的现象了。摩擦后带电的塑料梳子靠近小纸片时,不显电性的小纸片内部电荷重新分布,其表面因静电感应而出现跟梳子所带电荷性质相反的电荷,因此被吸引。

6. 课外阅读资料。

建议阅读"写第一部《磁石论》的皇家御医吉尔伯特"和"为自己制定做人标准的富兰克林"两个资料。

阅读了这两个资料之后,同学们就会知道电、正电和负电、电荷守恒等概念或规律的由来,知道验电器和避雷针是谁发明的,以及天电和地电是同一性质的电。

课外阅读资料

写第一部《磁石论》的皇家御医吉尔伯特

吉尔伯特(1540—1605)于 1540 年 5 月 24 日出生在英国科尔切斯市一个大法官的家庭。年轻时就读于剑桥大学圣约翰学院攻读医学,并获得医学博士学位,毕业后成为英国著名的医生。由于他的医术高明,1601 年他担任英国女王伊丽莎白一世的御医。

吉尔伯特自幼对自然科学十分爱好,成了名医之后对自然科学研究的兴趣远远超出了他对医学研究的范围。因此,除了完成女皇御医的职

吉尔伯特(1540—1605)

责外,他把更多的时间和精力都用在科学研究上,这就是他为什么常在皇

宫里做一些有趣的科学实验给女王和她的随从们观看的原因。

吉尔伯特在化学和天文学方面的知识也是非常渊博的。

在那个时候他就开始用观察和实验的科学方法研究磁与电的现象,并总结出了历史上第一部《磁石论》。该书共有 6 卷,书中所有的结论都是在观察与

吉尔伯特在皇宫里做科学实验的场景

实验的基础上得出的。该书明确指出磁现象和电现象是两个本质不同的现象。由于当时他是用拉丁文书写《磁石论》的,因此,很长时间该书无法出版,直到 1600 年才问世。

科学家伽利略曾称赞他的《磁石论》伟大到令人嫉妒的程度。

吉尔伯特为了证明地磁的分布,将磁石磨制成球状,称之为小地球,利用小磁针在磁球作用下的分布状况,画出了地球的磁子午线。由于他创造了用实验和理论相结合的方法研究磁学问题,因此,他是实验研究方法的开拓者之一。

当时人们还无法区分电现象和磁现象,是他第一个将电现象与磁现象区分开来的。他曾用蓝宝石、硫黄、明矾等作为样品,采用实验的方法研究摩擦起电现象,并发明了世界上第一台验电器。

是他根据希腊文首先把电这个概念引入到物理学中,也是他把电荷之间的吸引与排斥现象称作电力作用的。

因此,我们今天在初中物理中所认识的电这个概念,所区分的电现象与磁现象,以及所使用的验电器,若追根求源,它们的老根子就是英国女王伊丽莎白一世的御医吉尔伯特。

课外阅读资料

为自己制定做人标准的富兰克林

富兰克林(1706—1790)是美国科学家、政治家、思想家、金融家和社会活动家。

他出生在波士顿一户蜡烛店主的家庭,仅受过 2～3 年的教育。虽然

富兰克林(1706—1790)

10岁就辍学了,但他从未荒废过学业。他有一个好伙伴在书店里当伙计,因此,他常常从伙伴那里借书看,以丰富和充实自己,为了及时还书,不给伙伴造成麻烦,他总是看到深夜,次日清晨即刻归还,从不拖延。

16岁的富兰克林给自己制定了13条做人的标准,即:节制、恬默、秩序、果断、俭朴、勤勉、诚恳、正直、稳健、整洁、宁静、坚贞、谦逊。他每天都对照这13条标准自省,一直坚持到老。

富兰克林的成长得益于他的父亲,父亲经常给他讲做人的道理,培养他对科学的兴趣。我国教育家陶行知先生在谈到家庭教育时,总喜欢举两位家长的例子,其中一个就是富兰克林的父亲,另一个是爱迪生的母亲(关于发生在爱迪生身上的一些趣事,我们在后面再叙)。总之,富兰克林和爱迪生,后来都成了人们尊敬的了不起的名人。

富兰克林40岁才开始研究电学,为了验证天电和地电是同一性质的电,1572年7月,他冒着生命的危险带着儿子小富兰克林一道在雷鸣电闪的风雨中,采用放风筝的方法捕捉天电。这是一个非常危险的实验,1753年,有一位俄国科学家在捕捉天电中被雷电击中而身亡。

富兰克林不仅发明了避雷针,还发现了雷电会导致铁器显示磁性。他在深入探究电荷运动的规律中,为后人建立了正电、负电、导电体、充电、放电等概念,提出了电荷既不能创造,也不能消灭的守恒观点。今天,我们初中物理课本上出现的正电、负电、导电体、充电、放电等物理概念(名词),若追根求源,

富兰克林带着儿子捕捉天电

创造这些概念(名词)的鼻祖就是富兰克林。

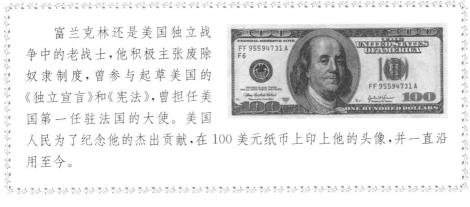

富兰克林还是美国独立战争中的老战士,他积极主张废除奴隶制度,曾参与起草美国的《独立宣言》和《宪法》,曾担任美国第一任驻法国的大使。美国人民为了纪念他的杰出贡献,在 100 美元纸币上印上他的头像,并一直沿用至今。

13.2 电路的组成和连接方式

本节首先将各种电路用图文结合的方式呈现在学生面前,接着通过"怎样使一个小灯泡发光"和"怎样使两个小灯泡发光"两个活动,让同学们认识电路的组成,电路的两种连接方式,进而认识通路、开路、短路、干路和支路等概念,了解电路中的几种电器元器与它们的符号,知道什么是电路图和怎样画电路图。

本节学习要点

- 认识串联电路和并联电路。
- 知道通路、开路、短路、干路和支路。
- 会画简单电路的电路图。

本节学习支架

怎样认识短路?

短路通常有两种形式。

一是电源短路。这是不允许的。因此,课本上用"请注意"特别强调,切不可直接把电池的两极连在一起,否则会烧坏电源。如图 13-2(a)所示。

二是电路的局部短路。这种短路往往是根据电路需要人为设计与安排的。如图 13-2(b)所示。

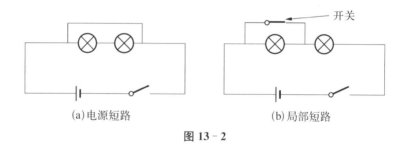

(a)电源短路　　　　　　　　　　　　(b)局部短路

图 13 - 2

13.3　怎样认识和测量电流

本节首先借助于人流、车流和水流的类比，引出电流概念。接着通过"比较电流强弱""认识电流表"和"用电流表测量电流"三个活动，让学生知道电流有强弱，进而认识测量电流的单位和测量电流的电流表以及学会正确使用电流表测量电路中的电流。

本节学习要点

● 认识电流，知道电流方向，知道电流单位和符号，会对电流中的大、小单位进行换算。

● 了解实验室常用电流表的符号，知道它有几个接线柱，电流应从哪个接线柱进入，有几个量程，每个量程的刻度盘上分度值是多少，电流表应当怎样接入电路，进而会测量电路中的电流。

本节学习支架

1. 怎样用科学想象来认识电流？

本节用车流、水流作类比，引出导体中大量电荷沿着一定的方向移动，就会形成电流这个概念。

希望同学们在这一类比的基础上进一步发挥科学想象。

例如，我们在前面学过的原子核外的电子绕核高速旋转这一知识的基础上发挥科学想象，推测可能有少数能量较大的电子会挣脱原子核的束缚变成自由电子，而这些自由电子在导体内的运动是杂乱无章的，即无序的。

然后，再依据前面学过的物体运动状态的改变必须有力作用的知识，进一步推断那些在导体内做无序运动的自由电子，可能受到某种定向的力作用改变它们的运动状态，进而朝着同一方向运动而形成电流。

上述看不见的某种定向力的推测是否正确呢？

我们将在后面学习的科学家法拉第在探究磁生电的现象中提出的电场概念以及电场传递电场力的事实中得到佐证。

可见,理性思维中的科学想象和逻辑推理是何等重要。

希望同学们一定学会理性思维中科学想象和逻辑推理的方法。

2. 课外阅读资料。

建议阅读"迅速转变思想观念的安培"资料。

同学们通过该资料的阅读,不仅可以知道安培在年轻时代的几个有趣的小故事,更重要的是了解他自从知道奥斯特发现电生磁现象之后,便即刻转变自己过去一直认为电与磁毫无联系的思想观念,迅速钻进实验室集中精力研究电磁现象,进而在电磁学上取得了许多重要成果的史实。

例如,世界上第一台测量电流大小的电流计就是安培发明的;世界上第一个通电螺旋管是他创造的;我们初中物理课本上介绍的"右手螺旋定则"和磁场对电流作用的规律也是他首先发现的。可见,转变观念是何等重要!

科学家麦克斯韦称安培是"电学中的牛顿"。因此,用安培的名字命名电流的单位,对安培来说是当之无愧的。

课外阅读资料

迅速转变思想观念的安培

安培(1775—1836)是法国著名物理学家。小时候,他的记忆力非常强,数学才能超群出众。其父亲受卢俊(西方著名的思想家、教育家)教育思想的影响,决定让安培在家里自学,并为他设立了藏书丰富的私人图书馆。

可见,安培的父亲也是一位颇有教育思想的人。

因此,安培从小博览群书,这些书不仅让他体会到了生命的崇高意义,更激发了他对自然科学、数学和哲学的浓厚兴趣。安培在电磁学研究上成绩卓著。

安培(1775—1836)

自从他知道奥斯特发现电能生磁现象之后,安培即刻转变自己过去一直认为电与磁毫无联系的思想观念,并迅速钻进实验室集中精力研究电磁现象,很快就发现电流方向与磁针偏转方向之间的关系,后人称之为"安培定则"(就是我们初中物理课本中说的"右手螺旋定则")。

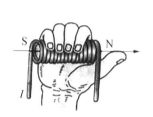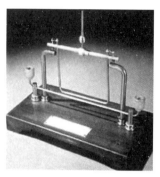

安培用过的探究电流方向与磁针偏转方向之间关系的实验器材

　　接着,他又发现电流相互作用规律,后人称之为"安培定律",这就是我们初中物理课本中说的磁场对电流的作用规律。是他创造出世界上第一个通电螺旋管,并在此基础上发明了世界上第一台测量电流的电流计。安培的这些发明与创造,为后来电动机的发明奠定了理论与实践基础。

　　安培还提出分子环形电流假设,并用此来解释一些物质的磁性。

　　由于当时电子还没有被发现,人们对原子内部的结构也不清楚,因此,这一假设并没有引起人们的注意。

　　安培从 1820 年到 1827 年,采用实验方法和高超的数学技巧,整整用了 7 年时间完成了著作《电动力学现象的数学理论》。科学家麦克斯韦称他是"电学中的牛顿"。

　　为了纪念安培在电学中做出的突出贡献,人们将他的名字命名为电流的单位——安培(A)。1 安培的电流,相当于每秒通过导体某横截面 1 库仑的电量。

　　1869 年法国皇家学院的科学家和大学师生一起在安培墓前默哀,院士们齐声诵道:

　　"法国的空想社会主义学家,历史会忘记他们,拿破仑的伟大帝国没有人知道它在哪里,但是,你工作的辛劳将永远随着你,并使人类文明更加灿烂……"

关于安培的三则小故事
怀表变卵石

　　安培喜欢思考,且专心致志。有一次,他漫步到学校上课,边走边思考一个电学问题,在经过塞纳河旁时,随手拾起一块鹅卵石放在口袋里,过一会儿又从口袋掏出来又扔到塞纳河里。当他漫步到学校时,习惯性地要掏出怀表看时间,结果掏出的却是一块鹅卵石,原来,他将怀表早已扔到塞纳河里去了。

马车变黑板

有一次,安培散步在街头,突然想到一个电学算式,可当时没有计算的地方,恰好看到前面似乎有一块黑板,其实是一辆马车车厢的背面。于是,他就在这块"黑板"上计算起来,马车起动了,安培就跟着马车边走边运算,马车越来越快,安培只好边跑边计算。他的这一举动,让满街人笑得前仰后合。

安培给妻子的一封短信

这封短信不仅表达了他对妻子的爱,也表达了他对妻子平时对他生活关照的发自内心的感谢,同时还说明了科学家也是平凡人,并非什么事情都能做好。

亲爱的朱丽:

昨天晚上六点,我削了萝卜的皮,又把南瓜洗干净,优雅地切成几片,再把南瓜、猪肉搅碎成一团,花了我很多力气。

正准备要下锅时,才想到炉子没有火。我把木炭摆好了点火,却没想到怎么都点不着木炭。

我蹲下去用力往炉口吹,结果弄得我一阵猛咳,等到咳嗽好了,炉火又灭了,只好再点火,一边咳嗽,一边吹火苗,火旺起来的时候,我闻到了焦味,原来是忘了放油,锅子里的菜已经焦糊了。

亲爱的朱丽,你的丈夫就是在吞嚼这难吃的食物时,特别地想到你。原来煮饭比物理难,让我筋疲力尽。现在你知道为什么我一天只吃两餐了吧!

13.4 探究串、并联电路中的电流

本节通过"探究串联电路中电流的规律"和"探究并联电路中电流的规律"两个活动,让同学们进一步熟悉科学探究过程,同时训练电流表使用方法,进而认识在串、并联电路中电流分别遵循怎样的规律。

本节学习要点

- 熟悉科学探究过程。
- 在科学探究串、并联电路中的电流所遵循的规律活动中,训练电流表的使用方法。
- 认识在串、并联电路中,电流分别遵循怎样的规律。

本节学习支架

1. 用电流表测量电路中电流的基本原理是什么?

我们知道能量是可以转化的。从科学家安培发明世界上第一台测量电流的电流计,到今天我们在实验室中所用的电流表的一系列事实证明,导体中大量自由电子做定向运动是具有动能的,而这种大量自由电子在导体中做定向运动的动能可视为电能。

于是,人们便利用能量转化原理将电能转化为机械能,就是我们后面要学习的通电导体在磁场中会受到力的作用的"安培定律",再采用等效变换的方法将要测量的电学量转换成力学量,通过电流表指针的转动来指示刻度,进而告诉我们电流的大小。

这就是用电流表测量电路中电流的基本原理。

2. 等效变换方法的理论依据是什么?

等效变换的方法不仅在科学探究中经常用到,在许多测量仪器中也常用到。

例如,我们在探究阿基米德原理的实验以及我国古代曹冲称象中均用到了等效变换方法。在量筒、弹簧测力计、托盘天平、电流表和电压表等许多测量工具中也都用到了等效变换方法。我们在后面阅读的"墙内开花墙外香的欧姆"资料中,还会了解到欧姆当年就是用等效变换的方法将电学量转换成力学量来测量的,进而探究到了用他自己名字命名的"欧姆定律"。

如此广泛应用的等效变换方法,它的理论依据是什么呢?

这一方法的理论依据就是"自然中的事物既是多样的,又是统一的"辩证法则以及人类在思维中的逻辑性。我们在前面介绍的一些科学方法,均对它们的理论支撑一一做出了说明。

可见,一切科学方法都是有理论依据的,没有科学理论支撑的方法,通常不能称作科学方法。

3. 怎样认识电路中的干路电流和支路电流?

电路中的电流通常有干路电流和支路电流的区别。

干路电流通常指从电源出发再回到电源这条电路中的总电流。

支路电流指从干路中分叉出来的各支路中分电流。

因此,在测算电路中的电流时,我们一定要明确测量的是哪条电路中的电流。

13.5 怎样认识和测量电压

本节首先通过水压形成水流的类比,引出电压的概念,进而导出电源概念。接着介绍电压单位。然后通过"认识电压表"和"用电压表测量电压"两个活动,认识电压表和学习使用电压表。

本节学习要点

- 认识电压和电源。
- 知道电压的单位,会对电压中大、小单位进行换算。
- 了解实验室常用电压表的符号,知道它有几个接线柱,电流应从哪个接线柱进入,有几个量程,每个量程的刻度盘上分度值是多少,电压表应当怎样接入电路,进而会测量电路中的电压。

本节学习支架

1. 电压是电荷受到的压力吗?

课本上虽然用水压作类比引出电压概念,但是,水压并非是水的压力。水压跟水位差和水的质量多少两个因素有关。

例如,高空中雨滴打到我们人体上,虽然雨滴落差很高,但质量很小,因此,高空下落的雨滴对人体并没有多大的伤害。但是,若高空中颗粒较大的冰雹打到我们人体上,就会对人体造成伤害了,因为较大冰雹的质量比雨滴的质量大得多。

电压跟水压相似,它跟我们今后要学习的电位差(电势差)和电荷所带的电量有关。因此,电压不是电荷受到的压力。

在初中物理的学习中,同学们不要误认为电压是电荷受到的压力。

2. 课外阅读资料。

建议阅读"获得稳定持续电流的第一人——伏特"的资料。

同学们通过该资料的阅读,不仅能了解在伏特的那个时代,即 18 世纪末,人们还停滞在对静电的研究上,然而,伏特捷足先登,勇开先河,于 1799 年首先发明伏打电堆这种可以提供持续稳定电流的电源,接着又发明伏特电池的过程。同时,还可以了解到 21 世纪初,在中东巴格达建筑工地上,发掘出一个特大石棺中的"千古之谜",即古人早在伏特生前的 2 000 年就发明了电池!

伏特的发明,不仅为后来奥斯特发现电流的磁效应、提供稳定持续的电流奠定了重要的物质基础,也为后来人们研究电荷在电路中运动的规律拉开了序幕,可见,用他的名字命名电压单位,对伏特而言是当之无愧的。

课外阅读资料

获得稳定持续电流的第一人——伏特

伏特(1720—1831)

伏特(1720—1831)是意大利物理学家,他是世界上获得持续稳定电流的第一人。

伏特 7 岁时父亲就去世了,由牧师叔叔(监护人)承担教养他的任务。年轻时的伏特才华出众,24 岁就公开发表《论电的吸引》,并引起科学界的关注。

1775 年伏特取得了实验物理学教授的资格,1777 年去瑞士和德国访问,结识了许多著名学者,从而拓展了自己的视野。

1786 年,生物学家伽伐尼在解剖青蛙时,偶然发现青蛙腿放在两块不同金属之间发生痉挛的现象,于是,伽伐尼把这种现象称作是生物电。

1791 年,伏特得知这一现象的发生觉得好奇,便在自己身上做实验,他用舌头同时舔着一块金币和一块银币,当用导线将它们连接起来时,瞬间感到舌头上产生发麻的感觉。这时,伏特意识到这并非是伽伐尼所说的生物电,而是在一定条件下,不同金属之间产生电位差(电压),进而在导线中形成的电流。

在伏特的那个时代,即 18 世纪末,人们还停滞在对静电的研究上,然而,伏特勇开先河,捷足先登,于 1799 年首先发明了可以持续提供稳定电流的电源,即伏打电堆,接着又发明了伏特电池。

1801 年 9 月 26 日,拿破仑召见伏特,在一次学术报告会上伏特当场演示他所发明的电堆实验,拿破仑也到场观看,并特制了一枚金质奖章授予他。伏特的这一发明,不仅为后来奥斯特发现电流的磁效应、提供稳定持续的电流奠定了重要的物质基础,也为后来人们研究电荷在电路中运动规律拉开了序幕。

在介绍发生在科学家伏特身上的一些事情之后,有一件事情不得不说,因为它跟伏特发明电池密切相关,且是至今尚未解开的"千古之谜"。

21 世纪初,中东巴格达建筑工地上发掘出一个特大的石棺,石棺内部都是一些铜管、铁棒和陶器之类的物品。科学家卡维尼仔细研究了这些物品,发现一根直径 2.6 cm 的铜管内有一根被沥青包裹着的铁棒,下端有 3 cm 高的沥青层将铜、铁完全隔开。于是,卡维尼将这根管子放入发掘出来的陶瓷瓶内,并注入葡萄酒,奇迹出现了,这只陶瓷瓶居然能发电,并持续产生了 18 天的电。

这与伏特发明的伏打电堆同出一辙,经研究推测这可能是古人用此(电解法)方法来为雕塑和装饰品镀金的,难道古人在伏特生前的 2 000 年就发明了电池? 这的确是一个"千古之谜"!

13.6　探究串、并联电路中的电压

本节跟本章第四节相似,通过"探究串联电路中电压的规律"和"探究并联电路中电压的规律"两个活动,让同学们进一步熟悉科学探究过程,同时训练电压表使用方法,进而认识在串、并联电路中电压分别遵循怎样的规律。

本节学习要点

- 熟悉科学探究过程。
- 在科学探究串、并联电路中的电压所遵循的规律中,训练电压表的使用方法。
- 认识在串、并联电路中,电压分别遵循怎样的规律。

本节学习支架

1. 用电压表测量电路中电压的基本原理是什么?

跟电流表的工作原理一样,电压表也利用能量转化原理将电能转化为机械能,采用等效变换的方法,将电学量转换成力学量,即通过让电压表的指针转动来指示刻度,进而告诉我们电压的大小。

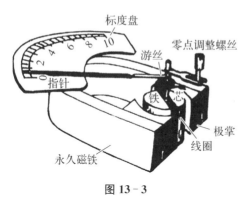

图 13 - 3

这就是用电压表测量电路中电压的基本原理。

为了弄清电表的原理,同学们只要拆开电流表或电压表,就能看见它们的内部都有磁铁和线圈,如图 13 - 3 中电压表所示。

希望同学们在学习初中物理的过程中,要像前面提供的阅读资料所介绍的科学家麦克斯韦在卡文迪许实验室中所倡导的要敢于并善于动手那样,尝试拆开电流表或电压表,看看它们的内部到底有些什么,同时,还要敢于并善于提出问题。

比如,在学习使用电流表和电压表时,要能提出"为什么电流表和电压表能测量电路中的电流和电压"这样的问题。

陶行知先生说过"学而不做,不算学"。我们在这里再补充一句"学而不问,也不算学"。

人们常说"学问学问,不学不问哪来的学问",又常说"提出问题是探究未知的开始"。

可见,在学习中敢于动手和善于提问是多么重要!

2. 怎样认识电路中的电压?

电路中的电压通常有干路两端的电压和支路两端的电压的区别。

干路两端的电压通常又称路端电压,它指的是整个电路接通后,用电压表测量电源两极之间的电压,即电源外的电路的总电压。

支路两端的电压,指从干路分叉出来的某条支路两端的分电压。

因此,在测算电路中的电压时,我们一定要明确测量的是路端电压还是电路中某条支路两端的分电压。如果整个电路都是并联的,那么,测量的其中一条支路两端的分电压值就是路端电压。

本章值得思考与探究的问题

1. 有同学说电是自然中物质与生俱来的本性。你认为这句话正确吗? 为什么?

2. 静电现象指电荷间相互作用所表现出来的那些被我们所觉察到的一些现象,请列举人们利用这一现象的实例 3 个,以及防护这一现象产生危害的一些措施。

3. 从我们将电灯开关闭合的刹那间电灯就亮了的事实中猜想一下,是什么原因导致电灯如此快的速度的反应? 你的猜想的依据是什么?

4. 请列表写出电流表和电压表的相同点和不同点。

5. 请根据下面分布的两组器材的符号,用线条将它们连接起来成为正确的电路。

6. 电流表和电压表均有两个量程,如果让你测量某电路的电压或电流,你将怎样选择它们的量程?

7. 给你一个电源、一只电压表、两只开关、两只小灯泡和导线若干,请设计一个电路,在不移动电压表的情况下,测出加在串联的两个小灯泡上的总

电压和分别加在两个灯泡上的电压。将设计的电路图画在右边的方框中,并说明操作步骤。

8. 某同学用电压表测量小灯泡的电压,如右图所示。发现电压表指针偏转并显示示数,但小灯泡不亮,请分析原因可能有哪些?

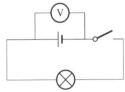

第十四章

探究欧姆定律

14.1　怎样认识电阻

本节通过"比较不同导体对电流的阻碍作用""探究导体的电阻跟哪些因素有关""认识滑动变阻器""用滑动变阻器改变通过小灯泡的电流"四个活动,让同学们认识电阻概念和电阻的单位;知道导体的电阻跟哪些因素有关;了解滑动变阻器的构造以及使用方法。

本节学习要点

- 认识电阻概念和电阻的符号。
- 知道导体的电阻跟哪些因素有关。
- 了解滑动变阻器的构造,并会用滑动变阻器改变电路中的电流或电压。

本节学习支架

1. 本节课本在几种导电材料的电阻的表格中,规格栏内为什么前三种材料的规格均相同,唯独汞柱给出"106.3 cm/mm²/0℃"的规格呢?

这是因为历史上科学家们就是将这一规格的汞柱,在0℃时的电阻规定为1欧姆(Ω)。

2. 滑动变阻器在电路中的作用是什么?
(1) 分流作用,即它将电路中的总电流分担了一部分,如图14-1(a)所示。
(2) 分压作用,它将电路中的总电压分担了一部分,如图14-1(b)所示。

3. 课外阅读资料。
建议阅读"墙内开花墙外香的欧姆"资料。

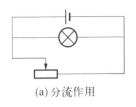
(a) 分流作用

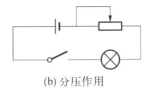
(b) 分压作用

图 14-1

同学们通过该资料的阅读,并不需要即刻认识并理解欧姆研究的成果,主要是要了解在欧姆那个时代,适用的电流计还正在探索之中,伏特电池也没有普遍使用,在那样艰难的条件下,欧姆发现"欧姆定律"的过程。同时还要了解欧姆当时的这一发现,不仅没有引起德国学术界的重视,反而遭到了一些科学家的非议和攻击,直到欧姆的研究成果在国外获得巨大声誉之后,才受到德国国内科学界的关注,进而认识到科学探究并非一帆风顺。可见,用欧姆的名字命名电阻的单位,对欧姆来说是当之无愧的。

课外阅读资料

墙内开花墙外香的欧姆

欧姆(1787—1854)是德国物理学家,他的父亲虽是一个锁匠,也没有接受过正规学校的教育,但却十分爱好数学和哲学,并通过自学成了当地一名颇有才气的工匠。

在父亲的影响下,欧姆对数学十分感兴趣,同时也跟着父亲掌握了一些金属加工的技能,这为他后来的学习与研究创造了良好的数学功底和金属加工技能方面的条件。

1811 年,欧姆毕业于德国埃朗根大学并获得了哲学博士学位,先后在埃朗根和班堡等地的中学任教。

欧姆(1787—1854)

1817—1826 年,他在科隆大学预科教数学和物理两门课程。此校有一间比较完备的物理实验工作间。1820 年,他得知奥斯特发现电流的磁效应,于是,便钻进这间物理实验工作间开始进行自己的电学实验,从此,他步入了物理实验科学的探究之路。

欧姆当时受到科学家傅立叶热传导理论的影响,即导热杆中的两点间热流量(当时没有热量概念)跟温度差成正比。于是,他应用联想并采用类比的方法猜想电流量是否也跟电势差(电压)成正比。

当时人们对电流、电压和电阻这些概念都不那么清楚,适用的电流计也正在探索之中,伏特电池还没有普遍使用,因此,欧姆受惠于父亲的精湛技艺,通过动手自制仪器测量不同金属的导电率(当时人们已经认识到不同导体的导电性能不同),同时,欧姆又受到英国学者巴劳发现的整个电路的电流量,在各部分都是相同的这个结论,即串联电路中电流处处相等的启发,利用图 14-2 所示的实验装置进行实验。图中下方所示的是温差电池,上方所示的是悬挂磁针的电流扭秤。温差电池回路中的电流所产生的磁场,就会引起电流扭秤所悬挂的磁针发生偏转。

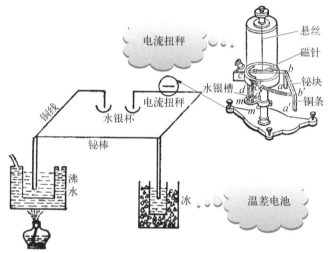

图 14-2 欧姆当时使用的实验装置示意图

欧姆当时假定磁针偏转角与导线中电流成正比,于是,采用等效变换的方法把电流这一电学量,转换成力学量并通过电流扭秤进行测量。

当时,欧姆用了 8 根粗细相同、长度不同的铜导线,编为 1~8 号,顺次将它们接入外电路进行实验,测出每一次磁针偏转角度 X,从而得出了一组数据(如图 14-3 所示)。(表中记录的数据,是欧姆当时通过实验测量不同的通电导体使磁针偏转的角度)

欧姆通过对这组数据进行数学分析与归纳,得出了一个关系式:

$$X = \frac{a}{B + y}$$

观察日期	每组实验次序	不同导体接入时的扭转X							
		1	2	3	4	5	6	7	8
1月8日	Ⅰ	$326\frac{3}{4}$	$300\frac{3}{4}$	$277\frac{3}{4}$	$238\frac{1}{4}$	$190\frac{3}{4}$	$133\frac{1}{4}$	$83\frac{1}{4}$	$48\frac{1}{2}$
1月11日	Ⅱ	$311\frac{1}{4}$	287	267	$230\frac{1}{4}$	$183\frac{1}{2}$	$129\frac{1}{4}$	80	46
	Ⅲ	307	284	$263\frac{3}{4}$	$226\frac{1}{4}$	181	$128\frac{3}{4}$	79	$44\frac{1}{2}$
1月15日	Ⅳ	$305\frac{1}{4}$	$281\frac{1}{2}$	259	224	$178\frac{1}{2}$	$124\frac{3}{4}$	79	$44\frac{1}{2}$
	Ⅴ	305	282	$258\frac{1}{4}$	$223\frac{1}{2}$	178	$124\frac{3}{4}$	78	44

图 14-3

式中的 X 就是电路中的电流,而 a 是电源的电动势(电压),B+y 是外电路中的电阻和电源内部的电阻之和。该表达式是全电路欧姆定律,即包括电源在内的整个电路,而我们初中学习的是部分电路欧姆定律。

欧姆继续用不同尺寸的黄铜线,并把温差电池两端的温度加以变化,多次重复实验,都得出了与上述公式一样的结果。此外,欧姆还得出了"电阻与导线长度成正比,与导线横截面成反比"的结论。

欧姆在极其艰难的条件下,自己动手制作实验装置进行实验,终于发现了用他自己名字命名的欧姆定律,并出版了《伽伏尼电路——数学研究》一书。

但是,欧姆定律的发表,不仅没有引起当时德国学术界的重视,反而遭到一些科学家的非议和攻击。首先是德国当时颇有名气的物理学家鲍耳,他撰文攻击《伽伏尼电路——数学研究》一书是"不可置信地欺骗",说"它的唯一目的是泄渎自然的尊严"。在强大的压力下,欧姆只好写信给国王路德维希一世,请求他出面解决事端,为此,巴伐利亚科学院组成一个专门委员会进行讨论,结果因为意见不统一而不了了之。后来欧姆在给朋友的信中写道:"《伽伏尼电路——数学研究》一书的诞生,已给我带来痛苦,我真抱怨它生不逢时,因为深居朝廷的人学识渊博,他们不理解他母亲的真实感情。"(这句话的意思是盘踞在高层的"学术权威"们,往往会忘记自己的过去,进而作出扼杀今天"新生婴儿"的背叛!)

欧姆的研究成果是在国外获得巨大声誉之后,才受到国内科学界关注的。

1841 年英国皇家学会授予他普科利奖章；1842 年又将他接纳为英国皇家学会的国外会员；1845 年成为巴伐利亚科学院的院士。为了纪念欧姆在电学上的突出贡献，人们将电阻的单位命名为欧姆，符号为"Ω"。

14.2　探究欧姆定律

本节从提出问题开始，通过"探究电流与电压、电阻关系"的活动，让同学们认识欧姆定律和欧姆定律的表达式以及变换式。接着通过例题，让同学们知道怎样应用欧姆定律公式分析、解答简单的电路问题。

本节学习要点

- 通过探究电流与电压、电阻三个物理量之间的关系，熟悉控制变量的方法。
- 认识定值电阻，了解实验探究电路中滑动变阻器的作用。
- 熟悉电流表和电压表的使用。
- 认识欧姆定律和欧姆定律公式，会应用欧姆定律公式解答简单的电路问题。

本节学习支架

1. 欧姆当年探究的欧姆定律公式，为什么跟我们初中物理课本中呈现的欧姆定律公式不一样？

欧姆发现并总结归纳出来的欧姆定律，指包含有电源在内的全电路欧姆定律（在高中物理中我们将会学到）。

我们初中物理课本中探究的是不含电源在内的电路，因此，通常称部分电路欧姆定律。

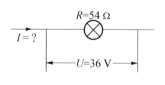

图 14 - 4　电路图

在应用部分电路欧姆定律时，公式中 I、U、R 必须是同一段导体上的电流、电压和电阻。

例如，本节例题就是通过图 14 - 4 电路图予以示范。图中的导体电阻指灯泡的电阻，电压指加在灯泡两端的电压，电流指通过灯泡的电流。

2. 怎样认识部分电路欧姆定律中三个量之间的关系？

在部分电路欧姆定律公式中，I、U、R 必须是同一段导体上的电流、电压和电阻。

这段"导体"指"灯泡"之类的用电器，如上图 14-4 所示，不含连接电器的导线，因为用来连接电器的导线的电阻非常小，通常忽略不计。

因此，当同一段导体被确定下来之后，那么，这段导体的电阻，就不会因加在这段导体上的电压和通过这段导体中的电流的变化而变化，因为电阻是导体自身的性质。

可见，在部分电路欧姆定律的公式 $R = \dfrac{U}{I}$ 中，不可说电阻 R 跟电压 U 成正比，跟电流 I 成反比。但是，我们可以说加在某段导体上的电压，跟通过这段导体中的电流成正比。

14.3 欧姆定律的应用

本节通过"测量小灯泡工作时的电阻"和"研究短路的危害"两个活动，让同学们知道欧姆定律的实际应用，同时认识伏安法以及短路的危害。

本节学习要点

● 落实部分电路欧姆定律的实际应用。

本节学习支架

1. 什么是伏安法？

伏安法指同时用电压表和电流表测量电阻、电功率等电学量的方法。

要想认识这种方法，测量电路的设计就显得格外重要。

因为一旦电路设计确定下来，那么，器材的选择、参照设计的电路画出电路图、按照电路图连接电路并进行测量等问题便接踵而来。因此，同学们一定要学会用伏安法测量电学量的电路设计。因为这个电路的设计不仅包含了器材的选择、参照设计的电路画出电路图，还涉及按照电路图连接电路并进行测量等诸多知识与技能。

2. 什么是伏伏法和安安法，它们跟伏安法的区别在哪里？

通常情况下，人们不太提起这两种方法，因为这两种方法均需要附加一个定值电阻，即已知电阻值的电阻。

这两种方法跟伏安法的区别在于只有两只电压表或只有两只电流表的情况

下才用到这两种方法。例如，下面图 14‐5 所示的就是伏伏法测量电阻的电路图，而图 14‐6 所示的则是安安法测量电阻的电路图。黑色的电阻为已知的定值电阻，灰色的是待测量的电阻。

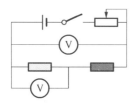
图 14‐5 伏伏法测量电阻

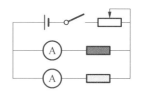
图 14‐6 安安法测量电阻

3. 为什么电流表必须串联在被测的电路中，而电压表必须并联在被测的电路两端？

电流表和电压表的内部均设计有电路，同学们只要拆开电流表和电压表就会看见其内部的电路。电路中总是有电阻的，通常把电表内部电路中的电阻，统称为电表内阻，如图 14‐7 中圆圈内的电阻所示。

图 14‐7

一般情况下，电流表内阻的设计都是非常小的，而电压表内阻的设计都是非常大的。这样设计的道理在哪里呢？

当电流表串联在被测电路中时，因为串联电路中的电流处处相等，因此，一方面确保电流表测量的电流跟被测电路中的电流一致；另一方面因电流表的内阻很小，在串联的电路中分担的电压就很小，对被测电路的影响也非常小，可视为次要因素而被忽略。

当电压表并联在被测电路的两端时，因为并联各支路两端的电压相等，因此，一方面确保电压表测量的电压跟被测电路两端的电压一致；另一方面因电压表的内阻很大，跟被测电路并联时，通过它的电流就非常小，对被测电路的影响也非常小，可视为次要因素而被忽略。

上述就是电流表必须串联在被测电路中，而电压表必须并联在被测电路两端的原因，也是"主要矛盾（因素）起决定性作用"这一辩证思想观点的应用。

本章值得思考与探究的问题

1. 某同学单独测量电源两极之间的电压和测量当电源在为电路供电时其两极之间的电压时,发现它们略有差异,单独测量电源两极之间的电压比供电时测量电源两极之间的电压要略大一些,这是为什么?

2. 请读下面一段内容,你认为欧姆成功的原因是什么?

> 欧姆当时受到科学家傅立叶热传导理论的影响,即导热杆中两点间热流量(当时没有热量概念)跟温度差成正比。于是,他应用联想并采用类比的方法猜想电流量是否也跟电势差(电压)成正比。
>
> 当时人们对电流、电压和电阻这些概念都不那么清楚,适用的电流计也正在探索之中,伏特电池还没有普遍使用,在这样艰难的条件下,欧姆受惠于父亲的精湛技艺,用当时的温差发电装置和电流扭秤设计并动手制作实验装置进行探究,收集数据,进而归纳总结出用自己名字命名的欧姆定律。

3. 在课本欧姆定律应用一节中用伏安法测量小灯泡的电阻实验中,发现灯泡在不亮、暗红、微弱发光和正常发光四种情况下测算出的电阻不同,似乎难以确定小灯泡的电阻。那么,这个实验给你的收获是什么呢?

4. 通过本章第一节提供的几种导电材料的电阻,想一想,为什么不用铜、铝丝绕制滑动变阻器? 若用 1 mm^2 的镍铬丝绕制 50 Ω 的滑动变阻器,那么,需要多少镍铬丝?

5. 在图 14-8 所示的伏伏法测量电阻的电路中,假设定值电阻(黑色)为 10 Ω,一只电压表的示数为 2.5 V,另一只电压表的示数为 1.5 V,那么,未知电阻的电阻值是多少?

6. 在图 14-9 所示的安安法测量电阻的电路中,假设定值电阻(黑色)为 5 Ω,一只电流表的示数为 1.2 A,另一只电流表的示数为 2.5 A,那么,未知电阻的电阻值是多少?

7. 有同学说只有在国际单位制中,才能应用部分电路欧姆定律的表达式,其中的原因是什么?

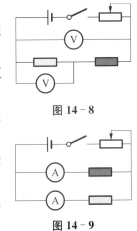

图 14-8

图 14-9

第十五章
电能与电功率

15.1 电能与电功

本节通过"了解电功"和"认识电能表"两个活动,让同学们认识电功概念,知道电能表盘面上字符的意义以及对电能表上所反映的数字进行记录,进而了解电路消耗的电能或电流做了多少功。

本节学习要点

- 能从与机械功的类比中认识电功。
- 知道电能表是测量电功、记录电路消耗电能的仪表,会读电能表。

本节学习支架

1. 怎样认识电功?

电功不像我们在前面探究的机械功。它看不见,也摸不着。

因此,同学们要借助类比和联想的方法,即用机械功可以使机械能转变成其他形式的能作类比,进而联想到电能在转化为其他形式的能的过程中,也可能就是电流在做功。这样,电功这个概念,就会在同学们的头脑中初步建立起来。

2. 怎样才能知道电能表的工作原理?

首先,让我们拆开家用电能表,就会发现其内部有 U 形磁铁,并看到铝质转盘镶嵌在 U 形磁铁之中。

这些,就是我们动手和动眼获得的信息。

通过前面对"迅速转变思想观念的安培"资料的阅读,我们又知道"磁场对通电导体具有力的作用"这一知识。

这就是我们倡导同学们要大量阅读的原因,因为阅读是自主学习的重要渠道，它会让我们知道更多更广的未知。

最后，再将上面介绍的动手和动眼获得的信息，以及通过阅读获取的知识结合起来，我们就能知道电能表的工作原理了。即：

"通电的铝质转盘在磁场力的作用下转动起来，同时电能表内部的计数装置也会随着转盘的转动自动记录转盘的转数（这里涉及计数装置的技术），进而告诉我们电流做了多少功或消耗了多少电能"。这就是我们对电能表测量电能或电功的工作原理的大致认识过程。

可见，在学习中动手、动眼、阅读等习惯的养成是多么重要！

15.2　认识电功率

本节通过"观察用电器的铭牌""认识电功率"和"探究灯泡的电功率跟哪些因素有关"三个活动，让同学们认识电功率概念、电功率公式和电功率单位；知道电功率跟哪些因素有关。

本节学习要点

● 认识电功率，进一步熟悉电功率的定义方法，进而知道电功率的表达式。

● 在探究电功率跟哪些因素有关的过程中，进一步熟悉控制变量的方法，同时知道电功率跟电流、电压有关，进而知道电功率的计算式。

本节学习支架

1. 课本是怎样引导我们认识电功率的？

本章安排 5 个活动来引导同学们认识电功率，可见电功率这个概念的重要。这 5 个活动层层递进，体现课本在用知识的理解和应用两把标尺来引导同学们理解和应用电功率，如图 15 - 1 到图 15 - 5 所示。

首先，引导同学们从观察用电器(灯泡和电熨斗)铭牌上的字符入手，引出"铭牌上字符的含义是什么"这个问题。

图 15 - 1　认识用电器的铭牌

接着，引导同学们用比较灯泡的亮度的方法来推测在相同时间内灯泡消耗电能的多少，再引出电功率概念和定义式 $P=\dfrac{W}{t}$，让同学们知道概念和定义式的由来。

活动2　认识电功率

将标有 "220 V　15 W" 和 "220 V　100 W" 的两个灯泡同时接入家庭电路中，观察哪一个灯泡比较亮。

想一想，在相同时间内，哪个灯泡消耗的电能比较多？

图 15-2

图 15-3

跟着，让同学们实验探究灯泡的电功率跟哪些因素有关，进而引出电功率的计算式 $P=UI$。让同学们知道计算式的由来。

之后引导同学们对电功率概念具体化，认识额定电压和额定功率以及实际电压和实际功率，同时认识电器铭牌上字符的意义。

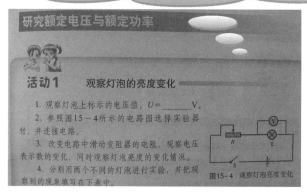

研究额定电压与额定功率

活动1　观察灯泡的亮度变化

1. 观察灯泡上标示的电压值，$U=$ _____ V。

2. 参照图15-4所示的电路图选择实验器材，并连接电路。

3. 改变电路中滑动变阻器的电阻，观察电压表数的变化，同时观察灯泡亮度的变化情况。

4. 分别用两个不同的灯泡进行实验，并把观察到的现象填写在下表中。

图15-4　观察灯泡亮度变化

图 15-4

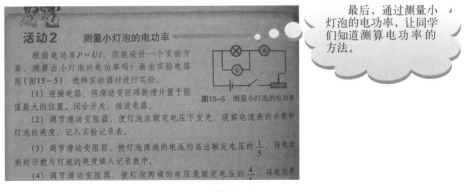

最后，通过测量小灯泡的电功率，让同学们知道测算电功率的方法。

图 15 - 5

通过以上层层递进的活动，同学们不仅弄清了电功率的概念、电功率的定义式和电功率的计算式的由来，同时还知道怎样对电功率概念进行具体化，即知道额定电功率和实际电功率的含义，以及知道测算电功率的方法。这样，有助于同学们尽快步入电功率概念的理解和应用轨道。

可见，同学们要克服不愿读物理课本的习惯，要学会阅读物理课本。

2. 我们常说定义式与计算式，那么，它们的区别在哪里？

通常情况下，我们把从物理量的概念出发所建立起来的式子，叫作定义式。

例如，把电流在某段时间内所做的电功，跟这段时间的比，叫作电功率。那么，根据电功率定义的表述所建立的式子 $P = \dfrac{W}{t}$ 就是电功率的定义式。

一般情况下，从定义式出发推演出来的式子，或者是通过实验探究找出某物理量跟另外某些物理量之间关系的式子，即表达某种规律的式子，就叫作计算式或规律表达式。

例如，通过实验探究找出电功率跟电压、电流之间的关系式 $P = UI$，就是电功率的计算式。

同学们只要能区别这两种公式的说法即可，到高中物理学习阶段，同学们自然就会通过数学演绎的方法从上述的定义式导出它的计算式。

3. 课外阅读资料。

建议阅读"好奇、好问、好动的爱迪生"资料。

同学们通过该资料的阅读，可以知道虽然爱迪生一生中只读了三个月的书，但他一生中仅专利局登记的发明专利就有 1 328 种，堪称空前绝后的大发明家。

同时又可以了解爱迪生发明电灯的艰难过程,认识我国教育家陶行知先生所赞赏的一位教育有方的家长——爱迪生的母亲。

爱迪生的母亲十分伟大,8 岁那年,母亲送他上学,由于爱迪生好问,只要有不明白的问题就抓住大人的衣角问个不停,课堂上经常把老师问得目瞪口呆,窘迫不堪。

于是,学校认为爱迪生总是故意跟老师捣蛋,扰乱教学秩序,便不分青红皂白地把进校才三个月的爱迪生赶出了校门。

但是,这位母亲并没有责怪爱迪生,母亲发现他好奇、好问、又好动手,知道他喜欢物理、化学,便经常从书店里购买这方面的书籍回家,让他在家里自学。

爱迪生的事例证明了自主学习的重要性。

课外阅读资料

好奇、好问、好动的爱迪生

爱迪生(1847—1931)

爱迪生(1847—1931)出生在美国俄亥俄州米兰市的一个商人家庭。他一生中虽然只读了三个月的书,但一生中仅专利局登记的发明专利就有 1 328 种,堪称空前绝后的大发明家。

童年失去上学机会的爱迪生在 17 岁那年,即 1864 年冒死救了克勒门斯山火车站站长兼报务员麦克基的爱子。为报答爱迪生,麦克基将电报技术传授于他,学会了无线电收发报技术的爱迪生,就在斯特拉得福铁路分局找到了一份夜班报务工作。这项工作要求不论有事无事,每天晚上 9 点钟之后每隔 1 小时必须要向车务主任发一次讯号。

这时的爱迪生已经爱上了发明,不仅有发明创造的强烈欲望,也养成了良好的发明创造习惯。他为了晚上能休息好,白天有充沛的精力搞自己的发明,便开始设计并研制一种能定时自动发讯号的发报机。历经多次试验和修改,终于成功了,这就是世界上第一台发报机问世的大致过程。接着他又在电话机上做试验,发现传话器的膜板随着声音而振动,通过反复观察、记录,并

爱迪生正在思考如何改进发报机

借助逆向思维,即倒过来让膜板振动发声,爱迪生便加工制作成了"会说话的机器",于是,世界上第一台留声机问世。今天我们使用的白炽灯泡,看起来似乎十分简单,但是爱迪生发明白炽灯泡的过程却十分艰辛。他首先制定一套计划,然后按照计划分类进行试验。一类是对多种耐热材料进行一一尝试;另一类是对抽空设备的设计与实验进行改进。仅就耐热材料试验的选材就达 1 600 多种。他耐心地一一尝试,终于发现白金材料的耐热性能最好,但这种材料实在太昂贵,无法推广使用。因此,他又去寻找其他材料替代,历经千辛万苦,最后终于发现用碳做灯丝,灯泡可连续使用 45 个小时。后来美国的柯进尔奇发现了钨丝的耐热性能最好,于是,白炽灯泡的灯丝便普遍采用了钨丝。今天我们所用的白炽灯泡灯丝,虽然采用的都是钨丝,但发明白炽灯泡的专利仍然属于爱迪生。

关于爱迪生的四则小故事
好奇的爱迪生

爱迪生很小的时候问母亲,鸡蛋中为什么能产出小鸡? 母亲告诉他是老母鸡在鸡窝中孵出来的,爱迪生把母亲的话记住了。有一次,家里人到处找不到爱迪生,原来他躲在鸡窝里正在孵小鸡呢。当母亲发现爱迪生在鸡窝里时,哭笑不得,只好把浑身是脏的爱迪生从鸡窝里拉出来,给他又擦又洗。还有一次,他看到小鸟在空中自由飞翔,便想到人是否也能在空中飞翔。于是,他试图用一种能产生气体的药粉让他的小伙伴吃,设想在小伙伴肚子里产生大量气体,看看自己的小伙伴能否飞起来,结果差点让小伙伴丧命。父亲为此狠狠地揍了他一顿。

教子有方的爱迪生母亲

8 岁那年,母亲送爱迪生上学,由于爱迪生好问,只要有不明白的问题就抓住大人的衣角问个不停。一次,数学老师在黑板上列出算式"2+2=4"。爱迪生即刻就问老师"为什么 2 加 2 一定要等于 4",就这样,他经常把老师问得目瞪口呆,窘迫不堪。于是,学校认为爱迪生总是故意跟老师捣蛋,扰乱学校教学秩序,便不分青红皂白地把进校才三个月的爱迪生赶出了校门。

爱迪生的母亲十分伟大,她并没有责怪爱迪生,母亲发现他好奇、好问、又好动手,知道他喜欢物理、化学,便经常从书店里购买这方面的书籍回家,让他在家里自学。爱迪生在家里一边看书,一边思考,一边做实验,久而久之,便养成了他终生的手、眼、脑并用的良好学习习惯。这大概就是陶行知先生赞赏爱迪生母亲教子有方的原因,即帮助爱迪生打下了良好的自学习惯这一重要基础。可见,教育在培养孩子们良好的自学习惯方面是多么重要,难怪有的教育家们说"教育就是培养习惯"。

爱迪生救了母亲

在爱迪生7岁的那年,有一天,母亲突然肚子痛得在床上直打滚。父亲急忙骑马到几十里外请医生。太阳快要下山时医生才赶到,即刻给母亲检查并确诊是急性阑尾炎。去医院已来不及了,必须马上在家里动手术。但是,家里的光线太暗,无法做手术,父亲急忙说:"那就多点几盏灯。"医生连连说不行。父亲急得团团转,这时小爱迪生一溜烟地奔出大门,过一会儿带来好几个小伙伴,人人都捧着一面明晃晃的大镜子。父亲见了,又急又气,责骂他:"都什么时候了你还在胡闹!"可爱迪生委屈地说:"我没有胡闹。"说着便让小伙伴们同时用镜子把灯光汇集到妈妈的床上,床上一下子变得亮堂起来。这时,父亲才恍然大悟,医生也露出了笑容。手术非常成功,母亲得救了。医生夸奖小爱迪生说:"今天多亏你这个小家伙,救了你母亲的性命,你真是一个聪明的好孩子!"

珍惜时间的爱迪生

爱迪生十分珍惜时间,他说:"人生太短暂了,要多想办法,用极少的时间做更多的事情。"他本人就是这样做的。有一次,他让助手把一只没有封口的玻璃灯泡容积测算一下,助手接到此项任务后便开始忙活起来,又是测量灯泡的周长,又是测量灯泡的斜度……然后伏案计算起来,算呀,算呀,案上放了一堆计算的草稿。过一会儿,爱迪生回来问助手灯泡的容积是多少时,却发现助手伏案在做复杂的计算。爱迪生觉得非常奇怪,便问助手为什么把这件小事弄得如此复杂。当助手还没有明白爱迪生问话的意思时,爱迪生便顺手取来一些水,将水注满这只没有封口的灯泡,然后再将灯泡中的水倒进量筒,很快就知道了灯泡的容积,既准确,又简便,更节省时间。这时的助手才恍然大悟,顿时面红耳赤。

爱迪生的名言

- 天才那就是百分之一的灵感加上百分之九十九的汗水。
- 失败者的一大弱点在于放弃,成功的必然之路是不断的重来一次。
- 要成功,首先必须确立目标,然后集中精神向目标迈进。
- 伟大人物的明显标志就是他坚强的意志。
- 失败也是我所需要的,它和成功对我一样有价值,只有我知道一切做不好的方法后,我才知道做好一件事情的方法。

- 好动与不满足是进步的第一必需品。
- 要重视由斗争得来的经验。
- 不懈奋斗的人在临终之际,若能把狂热的精神留给子孙,那就留下了无价之宝。
- 人生太短暂了,要多想办法,用极少的时间做更多的事情。

15.3　怎样使用电器正常工作

本节通过"观察灯泡的亮度变化"和"测量小灯泡的电功率"两个活动,让同学们认识额定电压、额定功率和实际电压、实际功率概念。让同学再次用伏安法测量用电器的电功率。

本节学习要点

- 在电压概念中,何谓额定电压,何谓实际电压。
- 在电功率中,何谓额定功率,何谓实际功率。
- 熟悉伏安法,会用伏安法测算用电器的电功率。

本节学习支架

1. 怎样才算是对电功率这个概念有了具体的认识并步入了理解的层次?

课本的开篇就说到物理概念是物理学的语言,是架构物理这门科学大厦的基石。因此,对物理概念的理解和应用十分重要。

前面说过,要做到对物理概念的理解首先要知道概念从哪里来的,用在哪些地方。所谓概念从哪里来的,指概念是怎样产生的;所谓概念用在哪些地方,就是对概念的具体化。只有这样,我们才能步入对物理概念的理解层次。

例如,对电功率这个概念的理解,首先我们要知道它是从电流做功的快慢,或是电能消耗的快慢这个物理事实中产生的。但是,仅仅知道这一点是不够的,因为在这个物理事实中,还有各种各样的具体情况。

例如,厂家在研制和生产各种电器时,通常总是要首先设定电器电功率的标准。这个设定的电功率标准,就是同学们通常在电器铭牌上看到的字符的意义,即额定电功率。它指电器在额定电压下工作所消耗的电功率。但是,电器在实际使用时并非都是在额定电压下工作的,因此,当电器不在额定电压下工作时所消耗的电功率,就是电器的实际电功率。

因此,同学们要能识别并区分电功率这个总概念名下的分概念,即额定电功率和实际电功率的含义。

请同学们将上述内容,跟前面介绍的"课本是怎样引导我们认识电功率的"做对比,你一定会对电功率这个概念的理解和应用更加深入。

2. 本节再次用到伏安法测算小灯泡的电功率。测量中安排了 3 次测量加在小灯泡上的电压和通过小灯泡的电流,而在记录表格中列出 3 次观察灯泡亮度(如图 15-6 所示)的意图是什么?

实验序号	灯泡两端的电压U/V	通过灯丝的电流I/A	灯泡的亮度	灯泡的电功率P/W
1				$P_1=$
2				$P_2=$
3				$P_3=$

由此可得出小灯泡的额定功率为_____W。

图 15-6

因为在不知道灯泡额定电压的情况下,判断灯泡是否正常发光是有主观性的。例如,观察者在灯泡的明暗程度跟正常发光的心里比较中,就存在判断的主观性。

因此,应当将 3 次测量的平均值作为测量小灯泡的额定电功率。

这就是记录表格中安排 3 次观察灯泡的亮度,取 3 次测量的平均值以减小测量中的误差,进而更加接近灯泡额定电功率真实值的意图。

3. 在用伏安法测算电阻时,我们曾介绍了伏伏法和安安法,那么,它们在测算电功率时是否也可用?

在测算用电器的电功率时,我们也可用伏伏法和安安法这两种方法。但是,用这两种方法,同样都要有定值电阻。

同学们可以尝试画出用这两种方法测算用电器电功率的电路图。

15.4　探究焦耳定律

　　本节首先从各种电热器发热现象说起,引出电流的热效应概念,接着提出通电导体产生的热量跟哪些因素有关的问题,引导学生猜想并展开"探究通电导体产生的热量跟哪些因素有关"的活动,让同学们知道通电导体产生的热量跟导体的电阻、导体中的电流以及通电时间的定性关系;然后介绍科学家焦耳通过大量实验,精确地确定通电导体产生的热量跟导体的电阻、导体中的电流以及通电时间的定量关系,让学生知道焦耳定律及其表达式;最后介绍电流的热效应的应用与控制,让同学知道虽然电流的热效应应用很广泛,但也有不利的一面。

本节学习要点

- 认识电流的热效应是自然中的一种普遍现象,所有导体通电都会发热。
- 知道通电导体产生的热量跟哪些因素有关,进而认识焦耳定律。
- 会用一分为二的观点分析电流的热效应。

本节学习支架

　　1. 本节课本的探究活动中值得注意的地方有哪些?

　　(1) 在探究导体产生的热量跟电阻的关系时,图 15 - 7 是实验装置,两个锥形瓶内分别装有等质量的煤油和不同的电阻丝。同学们要认真交流并讨论在图 15 - 8 的实验电路中,是通过怎样的电路连接方式,控制什么物理量,收集哪些数据,才能借助收集到的数据分析,进而得出合理的结论。

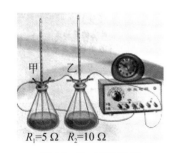

图 15 - 7　实验装置

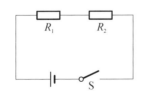

图 15 - 8　实验电路图

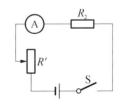

图 15 - 9　实验电路图

　　(2) 在探究导体产生的热量跟电流的关系时,同样,同学们也要认真交流并讨论在图 15 - 9 的实验中,控制了什么物理量,电路中滑动变阻器的作用是什么，收集哪些数据，才能通过收集到的数据分析，进而得出合理的结论。

上述两点之所以值得注意，不仅是因为要让同学们进一步弄清实验电路的设计原理，更重要的是为了培养与训练同学们在学习中交流讨论的习惯。

请同学们回忆前面介绍的科学家们在"热质说"与"分子运动说"中的交流讨论甚至是争论的资料，就会明白交流讨论甚至是争论的意义所在，进而认识交流讨论习惯养成的价值。

2. 怎样用"自然中的事物总是具有两面性"这一辩证的观点，来认识电流的热效应？

在前面，我们通过对摩擦现象、静电现象以及热机与社会之间关系的分析，知道"自然中的事物总是具有两面性"的特征。

电流的热效应也不例外，它对我们人类既有有利的一面，也有有害的一面。

例如，利用电流的热效应研制出的电熨斗、电吹风、电热壶和电饭煲等家用电器，正在为人类所用。

又例如，电视机、电脑、电冰箱、电动机和发电机等电器设备，它们在工作过程中不希望发热，因为在发热的情况下不利于它们工作，如果它们在长时间过热状态下工作，就会导致这些电器的损坏，甚至燃烧。

但电热现象又是不可避免的，因此，人们就不得不设法采取各种措施对它们进行散热。

3. 课外阅读资料。

建议重温前面阅读过的"从无数次实验测量中逼出真理的焦耳"的资料。

同学们要带着下面两个问题重温这个资料：

(1) 科学家焦耳有哪些品质值得我们学习？

(2) 科学家焦耳获得成功的原因有哪些？

本章值得思考与探究的问题

1. 同学们已经认识了机械能、内能、电能，于是，有同学认为能量是自然与生俱来的本性。你是赞同，还是反对他的观点？请说出赞同或反对的理由。

2. 你是怎样认识电功和电功率的，它们与机械功和机械功率的相同点和不同点在哪里？

3. 读了"从无数次实验测量中逼出真理的焦耳"的资料，你从科学家焦耳的身上学到了哪些东西？你认为焦耳获得成功的原因有哪些？

4. 用数学的方法，你能从焦耳定律的表达式中导出电功率的哪些计算式？请把导出的过程写在下面的方框中。

（此处为空白方框）

5. 一只标有"220 V　60 W"字样的白炽灯泡，用在家庭电路中。测得进户线上的电压为 210 V，不考虑温度对灯泡电阻的影响，那么，通过该灯泡的电流是多少？该灯泡发出的电功率是多少？

6. 电热现象是不可避免的，但有同学想到前面学习的超导材料，知道汞在 4.2 k（相当于 −268.95℃）时电阻会突然接近零，因此，他设想用 −268.95℃ 下的水银做导线，这样，就可以避免电热效应的影响了，请你对该同学的设想作出评价。

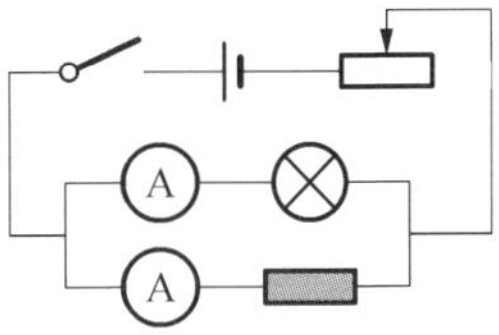

7. 如图 15‐10 所示，假设图中标灰色的定值电阻为 5 Ω，测得通过小灯泡的电流为 1.5 A，通过定值电阻的电流为 1.2 A，那么，小灯泡消耗的电功率是多少？

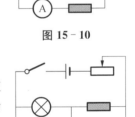

图 15‐10

8. 如图 15‐11 所示，假设图中标灰色的定值电阻为 10 Ω，测得加在小灯泡两端的电压为 1.5 V，加在定值电阻两端的电压为 1.2 V，那么，小灯泡消耗的电功率是多少？

图 15‐11

第十六章

电磁铁与自动控制

16.1 从永磁体谈起

本节从我国四大发明之一指南针以及磁体的广泛应用说起。接着通过"你对磁了解多少""探究磁化和去磁"和"用铁屑显示磁体周围的磁场分布"三个活动,让同学们认识磁体、磁性、磁极、磁化、磁场、磁感线等概念;认识磁体的指向性和磁极间相互作用规律;知道怎样对没有磁性的铁质物体进行磁化以及对被磁化后的铁质物体进行去磁;会用磁感线描述磁场的方向和强弱特征。知道地球是一个大磁球,进而知道指南针为什么会指示方向。

本节学习要点

- 认识磁性和磁体,知道磁体中有天然磁体和人造磁体。会对不具有磁性的铁质性物体进行磁化和去磁。

- 知道任何磁体都有不可分割的两个磁极,它们具有南、北的指向性,指南的一端为南极,又称 S 极,指北的一端为北极,又称 N 极。

- 知道磁极间相互作用规律。知道地球是一个天然的大磁球,它的磁北极在地球的地理位置的南极附近,而它的磁南极在地球的地理位置的北极附近,进而知道指南针指示方向的原因。

- 认识磁场和描述磁场的磁感线,会用磁感线描述磁场的方向和强弱。

本节学习支架

1. 怎样认识磁场?

场这个概念,是科学家法拉第首先提出的。

大量事实表明,自然中存在着两类物质。

一种是不连续的物质,如分子、原子以及由它们所组成的宏观物体和宇观中的各种星球,它们都是不连续的物质。

另一种是连续的物质,如磁场、电场、引力场以及科学家们用 a-磁谱仪发射到太空捕捉人类未知的暗物质,它们都是连续的物质。

建议同学们阅读下面关于场概念提出的简史。

关于场概念提出的简史

19世纪前半叶,科学家们多数都认为力无须中间介质(物质)传递。但是,科学家法拉第勇敢地冲破了这一观念。他坚持唯物的观点和自然中的事物之间总是有联系的思想,坚信电荷与电荷以及磁体与磁体之间的作用不可能没有中间介质从一个物体传递到另一个物体。

于是,他设想在电体、磁体以及电流的周围,可能存在着某种由电或磁产生的连续的东西,起着传递电力和磁力的媒介作用,并把它们叫作电场和磁场。这就是物理学中第一次提出场的概念。

场这个概念的出现,不仅否定了力无须中间介质传递的观念,更重要的是对电磁学乃至整个物理学的发展产生了深远的影响。

因此,爱因斯坦评价说:"在物理学中出现一个新的概念,这是牛顿时代以来最重要的发明——场。用来描述物理现象的不是带电体,也不是粒子,而是带电体之间和粒子之间的空间的场,这需要很大的想象力才能理解。"

这一史实证明,一个重要的物理概念的诞生,带来的是又一片崭新的物理探究的天地!

科学想象往往跟科学猜想联系在一起。但科学想象需要正确思想的指导和有用经验以及大量事实材料为基础,进而在思维上进行大胆的延伸与拓展。

法拉第就是坚持"自然中事物总是有联系"的辩证唯物思想,又有对电与磁长期实验探究的实践经验和大量事实材料,因此,才有如此丰富的想象,进而引发科学猜想并创造出场这个全新的物理概念。

同学们要向科学家法拉第学习,接受并坚持辩证唯物的科学思想,不断积累实践经验,学会收集证据,善于发挥科学想象,进而培养自己科学猜想的能力。

我们在前面学习怎样认识电流中,曾说到某种定向力在改变导体内大量自由电子无序运动的状态而做定向运动。这个某种定向力,就是科学家法拉第提出的通过电场传递的电场力。

2. 怎样区分物理模型中的假想模型、理想模型和假设模型?

物理模型是科学探究中一种重要的理性思维方法。

物理模型通常有理想模型、假想模型和假设模型等类型。

科学家们为了形象、直观地描述某些物理现象和物理事实的特征、特点,从头脑中想象出来如光线、力线、流线、磁感线、电场线、无摩擦的理想表面等物质。这类物理模型由于是假想的,客观上并不存在或可见,但它们能帮助我们揭示事物的本质,通常人们把它们说成假想模型或理想模型。

科学家们在大量有用经验以及大量的事实与材料的基础上,在思维上产生飞跃,在头脑中形成某种物理图景并构架起来一些物理模型。

这类物理模型是假设的,它们有的可能是正确的,也有的可能是错误的。通常把它们说成假设模型。

例如,我们在后面要学习的科学家卢瑟福假设的原子的核式结构模型,就是正确的,而他的老师汤姆生假设的原子的枣糕式模型就是错误的,如图 16-1 所示。

卢瑟福的原子　　汤姆生原子模型的
模型图　　　　　切面图

图 16-1

16.2 奥斯特的发现

本节通过"观察通电直导线周围的磁场"和"探究通电螺旋管外部磁场的方向"两个活动,让同学们知道科学家奥斯特发现的电流磁效应;知道通电导体跟磁体一样,周围也存在磁场;知道通电螺旋管外部的磁场跟条形磁铁相似,其磁场的极性(方向)跟螺旋管中的电流方向有关,并知道用右手螺旋定则判定螺旋管的极性或螺旋管中的电流方向。

本节学习要点

- 认识电流的磁效应。
- 会用右手螺旋定则,判定通电导体周围的磁场方向。

本节学习支架

课外阅读资料。

建议阅读"不喜欢没有实验枯燥讲课的奥斯特"资料。回忆前面阅读的"迅速转变思想观念的安培"资料。

同学们通过这些资料的阅读或回忆,不仅了解到奥斯特科学发现电流磁效应的艰难过程,课本上出现的通电螺旋管是安培首先创造的并在此基础上第一个发明了测量电流的电流计。同时,还能接受"自然中万事万物都是有联系的"和"偶然在必然之中"的辩证唯物的科学思想与观点的教育。

科学家奥斯特就是坚持"自然中万事万物都是有联系的"思想,又在科学家富兰克林发现放电会使钢针磁化的启发下,进而发现了自然中磁生电的奥秘,他的经历也证明了"偶然在必然之中"的辩证思想。

课外阅读资料

不喜欢没有实验枯燥讲课的奥斯特

汉斯·奥斯特(1777—1851)是丹麦物理学家,他出生在一个药剂师的家庭。12岁就帮助父亲在药房干活,实际上充当了药房里的一个小伙计。

奥斯特学习非常刻苦,17岁就以优异的成绩被著名的哥本哈根大学录取为免费生。他在学校学习时,一边做家庭教师,一边学习药物学、天文学、数学、物理学和化学。1799年,22岁的奥斯特就获得了博士学位。

奥斯特(1777—1851)

1806年,37岁的奥斯特就被聘为哥本哈根大学的物理与化学教授。他在大学就读时受到著名哲学家康德思想的影响,坚信"自然力来自同一根源,并可以相互转化",因为当时人们对能量和能量转化的认识并不清楚,因此,通常都用"力的转化"来描述自然现象的转换。

又由于当时人们普遍认为电与磁之间没有联系,因此,人们对电与磁之间的转化也不那么关注。但是,奥斯特却坚信电、磁、光、热之间一定有内在的联系,与此同时,他又受到富兰克林发现的放电会使钢针磁化的启发。

这些,就是他后来发现电流磁效应的最重要的思想与物质基础。

1819年,奥斯特在哥本哈根进行关于电磁学方面的专题讲座,他在备课中分析前人在电流方向上找不到磁效应的原因时,想到电流通过导线产生的热和光是向四周散射的,于是,他猜想:"电力转化为磁力,可能来自横向。"于是,他在讲座中大胆地提出"电是能转化为磁的,关键是要找到转化的条件"这样的思想观点。

奥斯特当时进行电流磁效应实验的情境

1820 年,奥斯特沿着这一猜想安排了一个实验,用他讲课常用的电池槽,让电流通过一根铂金属丝,并把带玻璃罩的指南针放在通电的铂丝下,看看小磁针是否转动。可能是磁针放置的方向不对,或者是其他原因,这次实验的效果不明显。但奥斯特并没有放弃自己的这一猜想,就在那年,即 1820 年 4 月的一个晚上,奥斯特在讲课时突然产生一个想法,即将小磁针与通电导线平行放置,于是,奥斯特在快要下课的时候,就用讲台上的器材做起实验来,小磁针果真转动起来了。当时听课的人并没有注意到这个细微的实验现象,但对奥斯特来说,这个现象就如同哥伦布发现新大陆一样的惊喜。

讲课回去后,奥斯特连续三个月都在自家的工作室里反复进行实验验证,终于找到了电生磁的条件,有力地证明了电与磁之间是有联系的。

可见,机遇总是在耐心等待着有准备头脑的人。

奥斯特是一位热情洋溢的老师,上课时总是喜欢做一些实验,他说:"我不喜欢没有实验枯燥讲课的老师,所有科学探究都是从实验开始的。"

16.3 探究电磁铁的磁性

本节从磁浮列车和电磁起重机利用电磁铁工作画面的介绍引入,接着通过"认识电磁铁和制作电磁铁""探究影响电磁铁磁性强弱的因素"两个活动,让同学们认识电磁铁;学会制作简易的电磁铁;知道电磁铁的磁性强弱跟哪些因素有关;了解电磁铁的应用。

本节学习要点

● 知道什么是电磁铁,了解它的构造,会制作简易的电磁铁。

- 知道电磁铁已经在哪些方面获得了应用。
- 知道电磁铁的磁性强弱跟哪些因素有关,进而能想到实践中在哪些方面还可以拓展它的应用范围。

本节学习支架

1. 通电螺旋管内插入铁芯磁性增强的原因是什么?

这是因为通电螺旋管内所产生的磁场对铁芯发生磁化作用,使铁芯又产生磁性,并对通电螺旋管内原本产生的磁场的磁性起到了强化作用。因此,通电螺旋管内插入铁芯,磁性会增强。我们还可以用安培曾提出的分子环形电流假设,来进一步解释铁芯的磁化现象。即铁芯内部原本的分子环形电流方向并不一致,因此,铁芯不显磁性,但在外磁场的作用下,铁芯内部分子环形电流的方向便一致起来,于是,铁芯显示出磁性。

这就是铁芯被磁化的原因,如图 15 - 2 所示。

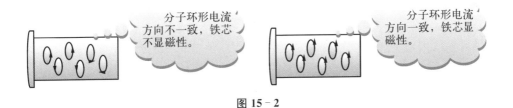

图 15 - 2

2. 通电螺旋管总是具有磁性的。由于某种需要不希望通电螺旋管显磁性应该怎么做?

人们采用导线双绕的方法,便可实现通电螺旋管不显磁性的目的。如图 15 - 3 所示。

由于导线双绕,每股导线中的电流方向相反,且电流相等,因此,它们产生的磁场强弱相同,方向相反,相互抵消。因此不显磁性,这和上面用分子环形电流假设来说明无磁性相似。

图 15 - 3

16.4 电磁继电器与自动控制

本节从一些机械、机器人之所以能为人类自动服务,其中就有电磁继电器的作用讲起,进而引出"什么是电磁继电器"这个问题。接着通过"观察电磁继电器"和"学习使用电磁继电器"两个活动,让同学们知道电磁继电器内部的结构和主要部件的作用,并学会利用电磁继电器进行简单的自动控制。

本节学习要点

- 认识电磁继电器,了解它的内部结构和主要部件的作用。
- 会利用电磁继电器设计简单的自动控制电路。

本节学习支架

1. 课本上本节"活动 1"中呈现的是教学用的闸开式电磁继电器,实用的电磁继电器是怎样的呢?

实用的电磁继电器是密封的,它的外面有四个接头,其中两个接头是从线圈引出的,通常接在控制电路上。另外两个接头是从两个静触点引出的,通常接在工作电路中。

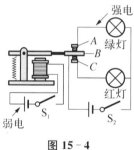

图 15‑4

2. 电磁继电器的作用是什么?

电磁继电器的控制电路都是低电压、小电流,以保证人在直接操作时的安全。而电磁继电器的工作电路都是高电压、大电流,采用自动控制,进而避免了人直接操作的危险,如图 15‑4 所示的就是用弱电来控制强电。

3. 本节内容比较简单,因此,除了了解电磁继电器的结构和应用要点外,应当把学习侧重点放在哪两个方面?

(1) 动手制作。

因为电磁继电器在市面上的电器商店里通常都能购买到,且价格不贵。因此,在条件允许的情况下,同学们可购买并尝试用电磁继电器来制作一些自动控制的玩具。

(2) 动脑设计。

同学们要像课本本节"自我评价与作用"中的第 3 题那样,设计出如温度报警那样的自动控制电路,如图 15‑5 所示。

手脑并用是促进学习发展的重要途径。

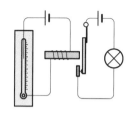

图 15‑5　温度报警电路装置

本章值得思考与探究的问题

1. 你现在是否确信有磁场这种看不见的物质存在？你的依据是什么？

2. 有同学在前面学习静电的知识时，知道地球是一个大电球，其表面携带着大量的负电荷，于是，通过想象这些负电荷随着地球由西向东转动便形成巨大的环形电流，又根据右手螺旋定则判断跟地球磁场方向一致，进而猜想地磁产生的原因是地球自转导致地球表面携带的大量负电荷形成巨大的环形电流进而产生磁场。请你对该同学的猜想作出评价。

3. 就目前所知，自然中只有铁、钴、镍三种物质能被磁体所吸引，因此，也只有这三种物质既能磁化，又能去磁。

我们阅读了关于科学家安培的资料，资料中介绍他曾在人们还没有发现电子的情况下，提出分子环形电流假设，即假设物质内部的分子周围存在环形电流。

请你用安培的分子环形电流假设来解释铁磁性物质具有磁性和铁、钴、镍三种物质能磁化和去磁的原因。

4. 下面是用磁感线描述的磁场，请在图中标示出怎样路径和方向的电流，才能同时形成这样的磁场。

5. 请仔细观察，在下图所示的电磁继电器的结构和电路中，用到了哪些物理知识？请将所用到的物理知识写在图右边的方框中。

6. 某同学的家庭生活富裕起来了，盖了一栋小二楼。晚上，他想进门先打开一楼的电灯，然后上楼，在不下楼的情况下将一楼的电灯关闭同时打开二楼的电灯。

请你利用电磁继电器帮助他设计一个电路，并将电路图画在下面的方框中，以实现他的想法。

7. 下面是一个水位报警装置的示意电路图,请说明它的工作原理。

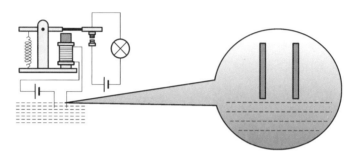

第十七章
电动机与发电机

17.1　关于电动机转动的猜想

　　本节通过"让电动机转起来"和"探究电动机的内部结构"两个活动,激发同学们对电动机转动原因的猜想。接着用"金钥匙"栏目介绍简化方法,结合电动机转子简化过程和镶嵌在定子槽内比较复杂的通电线圈(电磁铁)简化过程的图示,让同学们设计验证电动机猜想的实验方案。

本节学习要点

- 认识电动机的内部结构,激发学生对电动机转动原因的猜想。
- 认识简化方法以及它的意义和作用。
- 熟悉科学探究中"设计实验与制订计划"的环节,并对提出的猜想设计验证实验的方案。

本节学习支架

　　1. 本节在"让电动机转起来"的活动中,若有小组出现电动机通电后不转的情况怎么办?

　　如果出现这种情况,通常有四个方面的原因,一是电路某处接触不良;二是电动机转动处摩擦较大;三是电池的电量不足;四是电路某处出现开路或短路。

　　因此,同学们要认真从上述的四个方面逐一排查,如图 17 - 1 所示。

　　2. 简单化跟简化之间的区别在哪里?

　　简单化指把复杂的问题看得很简单,进而采用并不一定能解决问题的一些简单做法。因此,简单化的实质并非指方法,通常是指在解决问题的过程中思想认识上的错误。

同学们将图中的电动机、电池和开关用导线连接起来,若出现电动机不转的现象,就按照上述的四个方面查找。

模型电动机、电源和开关

图 17 - 1

简化则是科学探究中常用的一种方法。例如,本节将电动机内复杂的线圈组简化成单根导线,把电动机内复杂的电磁线圈简化成 U 形磁铁。这种简化的核心就是抓主要矛盾,忽略次要矛盾。因为"主要矛盾在事物运动与发展的过程中起决定性作用",这也是简化这种科学方法的理论依据。

17.2 探究电动机转动的原理

本节通过"探究磁场对电流的作用"和"探究换向器的作用"两个活动,让同学们知道磁场对电流的作用规律,了解换向器是怎样使通电线圈在磁场中持续转动的,进而知道电动机的工作原理。

本节学习要点

- 认识磁场对电流的作用规律,即电动机的基本原理。
- 知道换向器的作用。
- 知道电动机的工作原理。

本节学习支架

1. 怎样区分电动机的基本原理与工作原理?

电动机的基本原理是:通电导体在磁场中会受到力的作用,力的方向跟磁场方向和电流方向均有关。

电动机的工作原理是:通电线圈在磁场中受到力的作用会转动,借助线圈转动的惯性以及换向器及时地改变电流方向,进而保持了线圈的持续转动。

可见,电动机的工作原理是建立在电动机的基本原理的基础上的,并介入了换向器方面的技术作用,如图 17 - 2 所示。

电动机基本原理的应用十分广泛,例如,磁电式电流仪表、动圈式扬声器、电能表以及各种电动玩具和机器人等,都要用到这一原理。

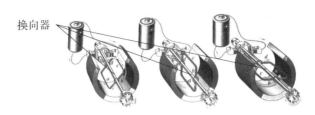

换向器

图 17 - 2

因此,基本原理通常指具有较普遍指导意义的原理,而工作原理则要包括普遍原理的具体应用过程以及应用过程中的关键环节和关键技术的作用。

这个事实再一次证明,理论若没有技术的介入,便是空中楼阁上的东西,可望而不可及。

2. 课外阅读资料。

建议再一次回忆或重温前面阅读过的"迅速转变思想观念的安培"资料。

让同学们再一次回忆或重温的目的,不仅是让同学们了解安培发现磁场对电流作用规律的历史,更重要的是让同学们认识安培正是因为迅速转变观念并即刻钻进实验室集中精力研究电磁现象,才能取得许多电磁学方面的研究成果。

可见,转变观念是何等重要。

17.3　发电机为什么能发电

本节首先用图文结合的方式将各种类型的发电机呈现出来,进而引出"发电机为什么能发电"的问题。接着通过"让我们自己来发电""拆开发电机"和"探究电磁感应现象"三个活动,让同学们了解发电机内部结构中的主要部件,认识发电机的基本原理和工作原理。

本节学习要点

- 了解发电机内部结构中的主要部件。
- 认识发电机的基本原理和工作原理。

本节学习支架

1. 发电机与电动机之间的对称美表现在哪里?

对称是自然中质朴美的一种表现形式。如光的反射对称、作用力与反作用力的对称、平衡的二力对称等。同学们在学习物理的过程中，要学会发现并寻找物理学中的美，进而将物理的学习视为一种美的享受。

例如，发电机与电动机之间的对称美表现在以下方面：

（1）基本原理的对称：电能生磁，磁能生电。

（2）能量转换的对称：机械能转变电能，电能转变机械能。

（3）主要结构的对称：转动线圈与磁体，磁体与通电线圈。

（4）电流、磁场、导体运动三者方向判定的方法对称。

用来判定电流方向的右手定则，又称发电机法则，用来判定导体运动方向的左手定则，又称电动机法则。

2. 什么是左手定则和右手定则？

虽然课本没有介绍，但同学们要知道它们是用来简便判定电流、磁场和导体运动三者方向的方法。其实，这个方法很简单，建议同学们在学习中尝试着用。养成发现了什么，再找找用什么简便的方法判断的习惯，总是有好处的。

首先将左、右手伸开，拇指跟四指垂直。

当伸开右手时，让磁感线穿过手心，拇指指向导体在磁场中做切割磁感线的运动方向，那么，四指的指向，便是感应电流的方向。这就是右手定则或发电机法则。

当伸开左手时，让磁感线穿过手心，四指指向导体中的电流方向，那么，拇指的指向，便是通电导体在磁场中的运动方向。这就是左手定则或电动机法则。

3. 发电机的基本原理和工作原理的区别在哪里？

发电机的基本原理是：电磁感应原理，即闭合电路中一部分导体在磁场中做切割磁感线运动时，导体中会产生电流，电流的方向跟导体运动方向和磁场方向均有关。

发电机的工作原理是：线圈在磁场中转动切割磁感线产生的电流，通过如同电动机中换向器那样的"小机关"（技术）将电流输送出来。

这里也再一次证明，任何理论若没有技术的介入，就可能是被束之高阁的东西，可望而不可即。因此，人们常说"技术是理论通向实际应用的桥梁"。

4. 课外阅读资料。

建议阅读"做过报童和书籍装订工的法拉第"资料。

同学们通过该资料的阅读，不仅了解到法拉第得知奥斯特发现电生磁的现象之后，便逆向思考"既然电能生磁，那么磁能否生电"这个问题，并把这个问题记录在自己的工作笔记上，作为他的奋斗目标，历经10年艰辛的实验探究，终于发现了磁生电的条件的这段史实,更重要的是认识到法拉第刻苦学习、执着追求的精神和意志品质。同时还认识到他是一个愿意从小事做起,在平凡中渐见伟大的人。

因此,著名的化学家戴维曾说:"我一生中最伟大的发现就是法拉第!"

课外阅读资料

做过报童和书籍装订工的法拉第

法拉第(1791—1867)是英国物理学家、化学家。

他出生在一个贫穷的铁匠家庭,从小做过报童和书籍装订工。他酷爱学习,常常边装订书边学习,几乎用他所有的空余时间拼命读书,还常常照着书上讲的,用他能花得起的钱购置器材做实验进行验证,看看书上讲的是否正确。

法拉第(1791—1867)

年轻的法拉第非常渴望能听到学识渊博的学者报告,在哥哥与店主的帮助下,从1810年2月到1811年9月,法拉第一共听了当时颇有名气的塔特姆先生12次演讲,并做了详细记录,还将记录装订成《塔特姆自然哲学演讲录》。店主将此书拿给到店里有事的英国皇家学会会员当斯先生看,书中详细的记录和精美的插图让当斯先生十分惊讶,于是,便将当时更有名气的戴维先生讲座的入场券,送了4张给法拉第。法拉第听了戴维先生的报告之后深受启发,又把他听讲的记录认真整理和补充并装订成册,还将书名"亨·戴维爵士演讲录"用烫金字印在书脊上,同时附信寄给戴维先生,请求戴维先生帮助他到皇家学院工作。

戴维看了此书觉得很是奇怪,因为他根本就没有写过这本书,发现在380多页的书中,他所讲的内容都记上了,他没有讲到的内容也作了补充。

戴维十分感动,欣然同意法拉第的请求。

法拉第进皇家学院开始只是做勤杂工,拖地板、洗瓶子,什

正在工作室里进行实验探究的法拉第

么事情都做,而且做得非常仔细认真,但他是一个有心人,很快就在做杂事的过程中掌握了许多实验技术,并成了戴维先生的得力助手,以致后来戴维在同事中说:"我一生中最伟大的发现就是法拉第!"

法拉第得知奥斯特发现电生磁的现象之后,便开始逆向思考"既然电能生磁,那么磁能否生电"?

他把这个问题记录在自己的工作笔记上作为他奋斗的目标,历经10年的实验探究,终于发现了磁生电的条件,为发电机的发明奠定了理论基础。

法拉第在电磁学方面的贡献是具有划时代意义的,正因为他发现了磁能生电的条件,才会有我们今天的光明。

法拉第留给我们后人一段值得深思的话:

"自然哲学家应当是这样的一种人,他愿意倾听每一种意见,却下决心要自己做出判断。他应当不被表面现象所迷惑,不对某种假设有偏爱,不属于任何学派,在学术上不盲从大师。他应当重事不重人,真理应当是他首要的目标。

如果有了这些品质,再加上勤勉,那么,他确实可以有希望走进自然的圣殿。"

本章值得思考与探究的问题

1. 通过本章电动机和发电机的基本原理探究,请举例说明你对"实验的实质是对自然现象的纯化和简化,进而达到再现和强化以及延缓或加速自然现象过程的一种手段"这句话有哪些认识。

2. 读了关于奥斯特和法拉第两位科学家的资料,你认为在他们身上值得学习的东西有哪些?

3. 某小组同学学习了发电机原理之后,便在班级展开交流与讨论。

其中有位同学提出问题:"为什么导体在磁场中做切割磁感线运动,导体内就会产生电流?"

大家沉默了一会儿,接着就有同学从能量转换的角度说:"导体在磁场中做切割磁感线运动属机械能,正是这一机械能转化了电能。"但提出问题的同学并非十分满意。

于是,又有一位同学提出猜想:"可能是导体在磁场中做切割磁感线运动,导致磁场变化,而变化的磁场可产生变化的电场,这样,在导体内变化的电场驱使导体内自由运动的电荷做定向运动,进而产生了电流。"

请你对该小组在交流讨论中某同学提出的问题和另外两位同学对问题的解答作出评价。

4. 观察电动机的换向器和发电机输出电流的装置,它们似乎相同。想一想,它们在功能上的相同点是什么?不同点又在哪里?

5. 为什么电动机超负荷使用时间长了,电动机会烧坏?

(提示:超负荷指在比电动机额定电功率大的情况下工作,通常情况下加在电动机上的电压是不变的,电动机内部的电阻是不变的。)

6. 电动机的额定电压为 380 V,额定电功率为 3 kW,正常工作时输出的电功率为 2.8 kW,假设不考虑电动机转动时摩擦损耗的电能,那么,电动机内部线圈的电阻是多少?

7. 尝试用发电厂发电机的电功率是额定的知识,再将电功率的计算式 $P = UI$ 和焦耳定律的表达式 $P = I^2Rt$ 结合起来分析,进而说明为什么远距离输电采用高压,即升高电压来输送电能?

8. 电流的机械效应指通电导体在磁场中会运动,电流的热效应指通电导体会发热,电流的磁效应指通电导体的周围会产生磁场,这三种自然现象说明了自然中的什么原理?

第十八章
家庭电路与安全用电

18.1　家庭电路

　　本节首先用图文结合的方式介绍家庭电路,接着通过"用测电笔辨别火线和零线"和"电流怎样通过灯泡"两个活动,让同学们了解家庭电路;知道怎样辨别火线和零线;知道电流是怎样通过灯泡的。

本节学习要点

- 认识家庭电路的结构与组成,知道电能是怎样进入家庭为百姓所用的。
- 了解测电笔的结构,会使用测电笔识别火线和零线。
- 知道电流是怎样从螺口与卡口两种灯泡中通过的。

本节学习支架

　　1. 课本本节中出现了地线,那么,已经有零线为什么还要配置地线?

　　首先,我们要知道地球是一个可以容纳大量电荷的电容器或大电球。因此,通常人们把地球的电压规定为零。

　　为什么将地球的电压规定为零呢?

　　这就好像地球上的大海一样,它是一个可以容纳大量水的水容器或大水球。地球上江河的水源源不断流向大海,但人们却不容易见到海平面的上升,因此,我国将黄海水平面作为零高度,并以黄海水平面为基准,进而比较地形高度,即海拔高度。可见,人们把地球的电压规定为零,也是为了量度电压提供基准的。这也是事物的多样性与统一性的表现。

　　电路中零线和地线的名称,就是从这里来的。

　　零线和地线都是跟地球是相通的,因此,地线与零线之间的电压为零。

　　地线是家庭电路中必须设置的一条线路,通常在城市小区的建设中,每一栋楼都有统一的地线设置,并跟每户安排的三孔插座中一个小孔相连,如图18-1圆圈中所示,以使带金属壳的电器在出现漏电时,电流很快从地线流进大地,进而避免人身触电的危险。

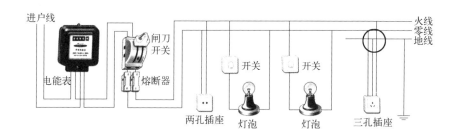

图 18-1　家庭电路示意图

2. 在家庭电路中,为什么火线必须首先进入开关?

我们可以通过调换开关的位置来思考这个问题。假设我们将零线首先进入开关,如图18-2所示。那么,当电路因某种原因出现电流过大的情况时,我们即刻断开开关,尽管电路被切断,但火线仍然连在用电器(灯泡)上,相当于火线搭在用电器上,如果不小心直接碰触到搭在用电器上的火线,就会造成触电的危险。因此,规定火线首先进入开关,目的是当开关断开时用电器上就不会有电,这样,可以确保人身的安全。

图 18-2

3. 家庭电路的电压和工业上用电的电压是怎样规定的?

关于民用电压,世界各国的规定并不统一。我国、俄罗斯等国家选用220 V,而美国、日本等国家选用110 V。工业上使用的电压通常都是380 V。

因此,我们国家生产的用于内销的家用电器的额定电压都是220 V,而出口到其他国家的家用电器,则根据各国选用的电压设定。国外进口的家用电器,有的已经按照我国选定电压设定,有的则需要转换变压。

4. 家庭电路的电源在哪里?

我们在家里很难看到一个完整的电路。这是因为家庭电路的电源是发电厂(站)内的发电机。同时,在家庭电路中,有许多电线均被安置在墙壁内部,俗称暗线。因此,如果同学们家购置新房子,在装潢时就要特别注意,必须在弄清家庭电路的线路布局和走向的位置后,才能在墙上装订悬挂物体,否则容易破损电线(暗线),如图 18-3 所示。

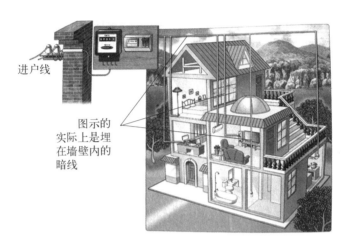

进户线

图示的
实际上是埋
在墙壁内的
暗线

图 18-3

5. 我们国家为什么决定将逐步淘汰白炽灯泡?

白炽灯泡的基本原理是电流的热效应,灯丝的温度高达 3 000℃而灼热发光,因此,灯丝更多的是发热。

这就是用时长了的灯泡,抓在手上感觉发烫的原因。

测试表明,白炽灯泡的发光效率只有百分之十几。可见,电能更多地消耗在我们不需要的灯丝发热上,因此,我国要逐步淘汰白炽灯泡,提倡节能灯泡。

18.2　怎样用电才安全

本节通过"测算用电器的工作电流""认识短路危害"和"怎样避免触电"三个活动,让同学们了解家庭用电的基本常识,即防止过载、切莫短路和避免触电。

本节学习要点

- 认识过载以及过载的危险。
- 认识短路以及短路的危害。

- 知道家庭电路电压 220 V、安全电压 36 V，知道怎样避免触电。
- 了解国家规定的家庭电器安装的技术要求。

本节学习支架

1. 课本上呈现的"过载是指电路中同时工作的用电器过多，导致线路总电流超过额定值的现象"这句话中"线路总电流超过额定值"是什么意思？

这句话的意思指在家庭电路中所用的电线都是有规格的，不同规格（直径不同）的电线，允许通过电流的大小不同，每种规格的电线都有允许通过电流的额定值。整个家庭电路要根据家庭用电需要设计线路总电流的额定值。

通常情况下，在城市家庭电路中都设置有一条电流额定值大一些的专用线路，用于空调、地暖之类的大功率电器与设备。

2. 在安全用电中，通常都有不靠近高压电的要求，因此，在有高压电处都有警示标志。这是为什么？

在高压电附近形成的电场非常强，容易产生危险的跨步电压现象，即两脚分别站在电场的两个点上形成跨步电压，人体就会有很强的电流通过，进而导致生命危险，如图 18-4 所示。

图 18-4

历史上曾有农夫在耕地时因高压线断裂落在田地中形成强电场产生跨步电压现象而致使人、畜双亡的事故。

3. 人体能承受的电压是多少？

实验表明，当 1 mA 左右的电流通过人体时，人会有发麻的感觉；超过 10 mA 的交变电流就会使人感到剧痛 1，甚至神经麻痹、呼吸困难，有生命危险；当电流达到 100 mA 时，只要 3 秒就可使人窒息，心脏停止跳动。触电对人的生命是一种极大的威胁。大量事实证明，不高于 36 V 的电压对人体才是安全的。

4. 为什么用测电笔接触火线不会对人体造成危险？

当测电笔与火线接触并形成通路时，可用图 18-5 示意。

5. 为什么闸刀总开关和空气总开关能起到自动保护电路的作用？

闸刀总开关配置有熔断器，当电路中电流过大时，熔断器中的熔丝由于温度

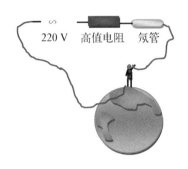

220 V的电压直接加在人体上非常危险，但是，使用测电笔时，电压被高值电阻、氖管和人体共同分担，且高值电阻和氖管分担了绝大部分电压，人体所分担的电压已经在安全电压36 V以下了。因此，使用测电笔是安全的。

图 18-5

过高就会被烧断，于是，自动切断电路。

空气开关的内部用到了电磁铁，如图 18-6 所示。空气开关在电路中除了能发挥开关的作用外，更重要的是当电路发生异常时，能起到自动保护电路的作用。即当开关的触头闭合时，锁扣将触头锁住，以保证电路正常工作。

图 18-6 中箭头表示正常工作时的电流路径，一旦电路中的电流过大，电磁铁将产生足够大的吸力将衔铁吸合并使锁扣脱开，于是，在弹簧拉力的作用下，触头便跟衔铁分开，电路便自动被切断。

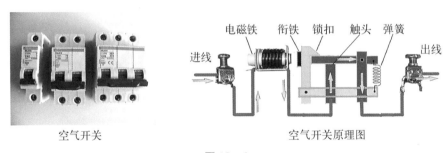

空气开关　　　　　　　　　　　空气开关原理图

图 18-6

6. 怎样合理设计家庭电路?

设计家庭电路时，必须考虑整个家庭的用电量，即消耗的总电能。因此，要估测家庭所有电器每天可能要消耗的电能。这不仅要涉及选用多粗的干路电线和选用多粗的支路电线，还涉及配置允许通过最大电流是多少的电能表和空气开关以及将来还可以新增功率是多少的电器才是安全的。

现代家庭的用电器比较多，为了用电安全，因此，设计家庭电路通常都采用多路供电。一般情况下，家庭电路中有照明供电支路、厨房供电支路、卫生间供电支路和空调器专用线路等，如图 18-7 所示。

图 18-7

18.3　电能与社会发展

本节内容不多，但意义重大。它不仅体现"从生活走向物理，从物理走向社会"的教学理念，更重要的是电能是人类使用最普遍、最广泛、最清洁的能源。但是，目前世界各国的电能主要是从煤炭、石油、天然气等资源转化而来的。过度开采，不仅造成这些资源的溃败，同时带来的是环境污染，破坏自然生态循环系统，不利于人类的生存和社会的发展。

本节学习要点

● 了解我国电力发展现状和前景。

● 通过图示，认识节约 1 度电的意义，进而意识到节约用电必须从每个人、每个家庭做起！

本节学习支架

什么是电网？

无论是农村、山区、平原或城市，我们总能看到在高空中被铁塔和水泥杆支撑起来的许多电线，还有我们看不见的许多地下电缆，正是这些纵横交错的空架电线和地下电缆包括地球在内，把相邻的发电厂以及变电站(所)联系了起来，进而构成了大面积的供配电系统。

这种具有对电能统一管理、统一调配功能的供电系统，就叫作电网。

如图 18-8 所示。

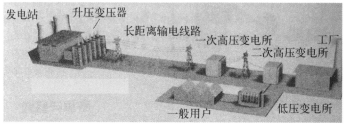

从发电厂到工厂、用户输电线路示意图

图 18 - 8   电网示意图

本章值得思考与探究的问题

1. 请按照用户对电灯数量的要求设计电路,并在下图所示的进户线上画出电路图。

用户要求:在客厅、卧室、厨房、书房和卫生间各安装 1 盏电灯。

火线 ────────────────────────────
零线 ────────────────────────────

2. 给你两只单刀双掷开关、一只灯泡和若干电线,请利用两条进户线设计楼梯灯电路,使上楼时闭合楼下开关的一个触点,楼梯灯亮;到楼上时闭合楼上开关的另一个触点,楼梯灯灭。下楼时操作开关的程序跟上楼时相反,使下楼时楼梯灯亮。不用楼梯灯时,只要使单刀离开触点即可。请用线条将下面图中两只单刀双掷开关的四个触点与两条进户线连接起来。

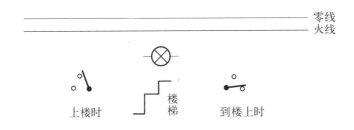

3. 哪些家用电器必须使用三孔插座? 为什么?

4. 下面是某同学学习了安全用电知识后,为了方便记忆,编了一个顺口溜,但没有编完,请你继续完成。

家庭用电要安全,别碰火线记心间。

电火切莫用水浇,先断电源最重要。

安全用电有规则,用电千万别过载。

金属外壳用电器,使用切莫忘接地。

……

5. 请同学们仔细看看下面的图示,了解节约 1 度电能产生哪些效果。假设家家户户都来节约用电,且每户每天节约 1 度电,全国按照 3.5 亿个家庭测算,全年按照 365 天计算,那么,我们国家 1 年节约出来的电,相当于节约多少吨煤? 相当于节约多少吨水? 相当于少排放多少二氧化碳?

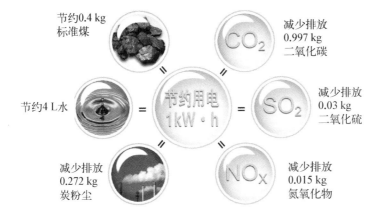

6. 假设电饭锅的功率为 800 W,电冰箱的功率为 700 W,微波炉的功率为 1 200 W,洗衣机的功率为 700 W,电热壶的功率是 500 W,电熨斗的功率是

1 200 W,电热水淋浴器的功率为 1 500 W,那么,如果这些电器同时使用,请你核算一下,线路上的总电流是多少?

7. 假设某远距离输电电线的电阻 5 000 Ω,不采用高压输电方式,通过输电线中的电流为 20 A,那么,这条线路 1 天内损耗多少电能,相当于消耗多少公斤的无烟煤?若采用高压输电方式输电,通过输电线中电流为 5 A,那么,仅这一条线每天节约多少无烟煤?(无烟煤的热值为 3.4×10^7 J/kg)

8. 某同学喜爱小制作,常常要用电烙铁焊接东西,而在焊接过程中通常又不能使电烙铁断电,为了节约电能,该同学将一把 220 V 40 W 的电烙铁进行了改装,如下图所示。当接通电源,闭合 S 时,电烙铁正常工作,暂时不用将 S 断开,消耗的电能就会大幅度降低,但焊头仍然保持一定的温度。(图中 L 是一只 220 V 40 W 的灯泡)

请通过计算的方法说明这样的改装为什么能节约电能?

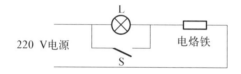

9. 从物理学中找出自然中事物的多样与统一性的案例,看谁找出的最多。

第十九章
电磁波与信息时代

19.1　最快的"信使"

　　本节首先用图文结合的方式,将自古到今的各种传递信息的方式呈现在学生面前。接着通过"体验电磁波"和"观察收音机的表盘"两个活动,让同学们认识电磁波和电磁波的一些特性;了解电磁波的广泛应用。

本节学习要点

- 认识电磁波和电磁波的一些特性。
- 了解电磁波的家族成员——电磁波谱以及家族成员的各自本领,进而知道电磁波的应用十分广泛。

本节学习支架

　　怎样认识电磁波? 它跟声波的相同点在哪里? 不同点在何处?

　　电磁波和声波都是波动。波动是自然中物质运动的一种非常重要的形式。物质运动通过波动的方式,不仅能传递振动形式,更重要的是可以运载能量和信息并由近及远地传播。

　　波动的实质就是周期性重复某种运动形式,并由近及远地传播。

　　例如,声波就是通过介质中微粒疏与密相间,交替变换周期性地重复运动而由近及远地传播;电磁波就是通过变化的电场和变化的磁场相间,交替变换周期性地重复运动而由近及远地传播。因此,波动的共同特征是有周期性,并具有频率、振幅、波长,以及运载能量和信息等传播的特性。我们常常说"社会发展如同长江后浪推前浪式的滚滚向前"。可见,事物的发展,不论是自然,还是社会,常常都是波动的,并通过波动的形式前进的!

　　电磁波跟声波的不同点是它无须中间介质,即使我们将图 19 - 1 所示的"体

图 19 - 1

验电磁波"的活动带到太空中进行,也会收到同样的效果。因为,当我们在太空中快速断续接触电池的电极时,电路中同样会产生变化的电流,由于"自然中的事物总是有联系的",因此,变化的电流会产生变化的磁场,而变化的磁场同样也会产生变化的电场,就这样周而复始地在真空中由近及远地传播。光波的实质就是电磁波,而可见光波只不过是电磁波家族中一个最小的成员而已,因此,电磁波传播的速度就是光波传播的速度,这也人们是利用电磁波传递信息如同光速一样快的原因。

19.2　广播电视与通信

本节通过图文结合的方式,将电磁波在广播电视与通信方面的应用呈现出来。

本节学习要点

- 了解电磁波在无线电广播中传递声音信号的大致过程。
- 了解电磁波在电视转播中传递声音和图像信号的大致过程。
- 了解电磁波在卫星和光纤通信中的大致过程,知道利用卫星和光纤通信的优点。
- 认识同步卫星,知道光纤是怎样传递光信号的。

本节学习支架

1. 广播、电视与通信的基本途径是什么? 共同点在哪里?

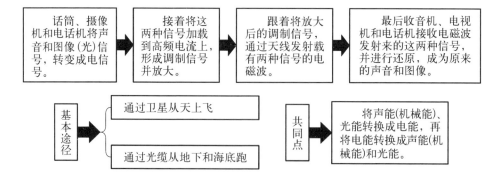

2. 广播、电视与通信中声、电、光是怎样相互转换的？

光、电相互转换的知识同学们是未知的，但声、电相互转换的知识，同学们可以通过电动机和发电机的基本原理，再结合基本原理必须通过技术处理才能进入实际应用的道理，自然就会明白声、电相互转换的原因。

例如，当我们对着动圈式话筒讲话时，借助声波携带的话音声能，导致话筒内通过技术设置的线圈，在磁铁的磁场中产生跟话音相似的振动，进而形成跟话音相似的音频电流。这就是发电机的基本原理，即在话筒设计技术的处理中产生的声音信号转换成电信号的原因。

反之，在动圈式扬声器中，如图 19 - 2 所示，利用电动机的基本原理并加以技术处理，也就是动圈式话筒中声音信号转换成电信号的逆过程，即再把音频电流还原成原来的声音信号。

图 19 - 2

只要同学们像科学家奥斯特和法拉第那样，确信自然中的事物总是有联系的，那么，今后学习了光、电转换知识之后，也采用相关技术介入，同样也一定会产生人们所需要的光、电相互转换的效果。其实，同学们在阅读赫兹的资料时，已经读到了赫兹发现的光与电之间的转换效应，即光电效应。

可见，自然中的力、热、电、光、声等现象都是有联系的，它们均能相互转换。

这就是"自然中的事物相互联系、相互转化"的科学思想在科学探究以及实际应用中，具有指路航标作用的表现。

3. 课外阅读资料。

建议阅读"爱好体育运动的麦克斯韦"和"用 X 光拍照的第一人——伦琴"资料，重温"可惜，英年早逝的赫兹"资料。

同学们通过上述三个资料的阅读与重温，不仅知道他们的一些有趣的故事，更重要的是了解"电磁波"与"X 射线"发现的意义，认识理论中预言的作用和价值，同时，还能从这三位科学家的身上学习到他们执着追求的精神和优良的品质。

课外阅读资料

爱好体育运动的麦克斯韦

麦克斯韦(1831—1879)

麦克斯韦(1831—1879)是英国物理学家、数学家。他的祖辈中有政治家、诗人、音乐家等。父亲是一个知识渊博、兴趣广泛的人。8 岁时,他的母亲去世,在父亲的教育下,对自然科学和数学产生浓烈的兴趣,并学会了制作小玩具的一些技能。

年轻时的麦克斯韦爱好体育运动,会骑马,是撑竿跳的能手。中学时的麦克斯韦在数学和诗歌方面开始显露超群的才华。14 岁就在爱丁堡皇家学会会刊上发表题为"二次曲线作图问题"的文章。

1850 年,19 岁的麦克斯韦考入剑桥大学,并成为著名数学家霍普金斯的研究生,在他的门下奠定了很深的数学功底。

1854 年开始进入电磁学研究,他首先被法拉第的《电学的实验研究》这本书所吸引,并很快就意识到法拉第力线思想和场模型的提出,具有深刻的内涵和重要的意义,同时也看出了法拉第采用的形象、定性方法来描述电场和磁场,是无法将电场与磁场这种看不见的东西的本质揭开的。

但是,他又非常赞赏法拉第的这种创造性的思维,坚信在法拉第的丰富思想中充满了数学的内涵,认为法拉第之所以没有用数学的方法进一步从理论上探究,是因为他童年和青年时代家境贫穷,没有接受严格的高等数学训练。于是,麦克斯韦下决心要把法拉第的天才思想,用清晰的数学形式表示出来。麦克斯韦的决心做到了,他用了整整 8 年的时间,终于实现了用数学形式表达法拉第天才思想的心愿,于 1862 完成了《论物理力线》论文,就在这篇论文中他预言了电磁波的存在,并被 25 年后赫兹的轰动整个科学界的实验所证实。

1871 年,40 岁的麦克斯韦接受剑桥大学校长威廉·卡文迪许的委托,负责筹建卡文迪许实验室,1874 年建成,麦克斯韦担任卡文迪许实验室第一任主任。

在他任职期间,首先提出"在系统的物理教学中要辅之实验教学"的思想,并倡导学生动手制作仪器进行实验。

这一重要教学改革思想,为卡文迪许实验室后来的辉煌,奠定了重要的思想与实践基础。

麦克斯韦童年时代的两则小故事
好思多问的小麦克斯韦

在麦克斯韦 6 岁那年的一天,父亲骑马带他到农田去兜风,农民都在忙着收割干草,小麦克斯韦看到农民收割干草的场景非常热闹,便请求父亲允许他也去试一试,在得到父亲的允许后,一位大叔将他从马上抱下来,并给了他一把木叉。由于他的个儿太小,使用木叉时常常戳到大人的小腿,弄得父亲很过意不去,因此,不断地责怪他,但小麦克斯韦认为这么多人挤在一起干活,怎么能怪他。过了一会,他大声喊:"请大家停下来听我说,先把草分成两边,让马车从中间通过,这样就不会人挤人了。"

大家觉得小麦克斯韦虽然人小,但话说得很有道理。于是,就照他说的那样去做,果然再也不是人挤人地干活了,因此效率也大大提高。大家都赞赏小麦克斯韦出的这个主意非常好。农活干完了,按照英格兰人的习俗,在劳动之后的休息时间里,总是喜欢载歌载舞地欢庆一下,他们随着优美的小提琴曲子跳起舞来。

这时的小麦克斯韦对大人跳舞并不感兴趣,而是把注意力集中在小提琴的琴弦和琴弦发出的声音上,他目不转睛地盯着小提琴,而拉小提琴的人恰好又是抱他下马的那位大叔。这位大叔看到小麦克斯韦老是盯着小提琴,便亲切地问:"小兄弟,你在看什么?"这时的小麦克斯韦急切地问:"大叔,琴上的钢丝为什么会发出不同的声音?"这下可把大叔难住了,因为大叔拉了这么长时间的小提琴,却从来还没有想过这样的问题。

想象力丰富的小麦克斯韦

一年暑假,比麦克斯韦大 8 岁并擅长画画的姐姐带他一起玩,姐姐在一个能转动的小盒子外环上贴一张透明的纸,并在透明纸上一连串地画出了动作变化的数个小猴子,当盒子转动起来时,小猴子便活动起来了(这就是小电影,其中应用了视觉暂留原理,即眼睛视网膜上所成的像可暂留 1/24 秒)。麦克斯韦觉得非常有趣,于是,提出跟姐姐合作,由他想象故事的情节,姐姐按照他所想象的故事情节作画,就这样,他们合作完成了两个动画作品。

一个是"神牛跳月",故事情节是月亮从半月变成圆月后,一头神牛跳进了圆月之中;另一个是"蝌蚪变青蛙",故事情节是带尾巴的小蝌蚪从卵中出来在水中游动,然后变成有腿的青蛙跳到荷叶上。

他们将这两个作品演示给大家看,得到了众人的称赞。小麦克斯韦觉得这次跟姐姐的合作非常成功,打心里感到非常愉快!

课外阅读资料

用 X 光拍照的第一人——伦琴

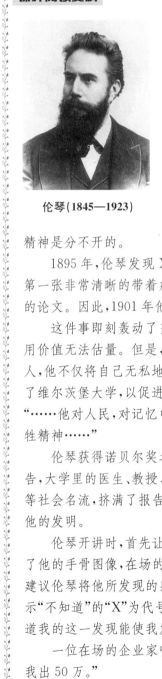

伦琴(1845—1923)

伦琴(1845—1923)出生在德国尼普镇,3 岁时全家迁居荷兰,1865 年又迁居瑞士,在瑞士他进入苏黎世联邦工业大学机械系学习,1868 年毕业,1869 年又获得苏黎世大学的哲学博士学位,并担任了物理系教授孔脱的助手。1870 年随同孔脱教授回到德国,1888 年被任命为维茨堡大学物理教授兼所长。1900 年担任慕尼黑大学物理教授和物理研究室主任。伦琴发现 X 射线与伦琴的细心、严谨的科学态度和执着追求的精神是分不开的。

1895 年,伦琴发现 X 射线,并首先用 X 射线为他夫人拍出了世界上第一张非常清晰的带着戒指的手指骨胶片,随后发表关于妻子手骨照片的论文。因此,1901 年他首先获得了诺贝尔奖。

这件事即刻轰动了当时的科学界,人们预测这项发明在医学上的应用价值无法估量。但是,伦琴历来就是一位对物质利益看得十分淡薄的人,他不仅将自己无私地奉献给了社会,同时也把诺贝尔奖奖金全部献给了维尔茨堡大学,以促进科学技术的发展。他的终身好友鲍维尔曾写道:"……他对人民,对记忆中的事情,以及对理想,具有一种少有的忠诚和牺牲精神……"

伦琴获得诺贝尔奖之后,维尔茨堡大学请他做报告,听说伦琴要做报告,大学里的医生、教授、学者和学生以及社会上的记者、艺术家、企业主等社会名流,挤满了报告厅和走廊过道,大家都想听听伦琴的报告,观赏他的发明。

伦琴开讲时,首先让一位解剖学家把手放在感光片上,跟着就显示出了他的手骨图像,在场的听众掌声不断,欢呼声不停。于是,有一位教授建议伦琴将他所发现的射线命名为"伦琴射线"。但伦琴反对,坚持用表示"不知道"的"X"为代号,叫作"X 射线"。伦琴报告中说:"先生们,我知道我的这一发现能使我发财致富,但我不准备拍卖这一发现……"

一位在场的企业家听了之后,不解地问:"为什么你不想以此赚钱呢?我出 50 万。"

伦琴回答说:"哪怕是 1 000 万,我也不!"接着说:"我的发现属于所有的人,但愿我的这一发现能被全世界科学家所利用,这样,它会更好地服务于人类……"

19.3 走进互联网

本节内容不多,比较简单。互联网已成为人们今天所熟悉的名词,也是人们比较普遍使用的平台或工具。

因此,本节通过"网上冲浪"和"发送电子邮件"两个活动,让同学们认识互联网;了解浏览网页和发送电子邮件的过程;认识网上学校。

本节学习要点

- 认识互联网。
- 会用"一分为二"的观点分析互联网的利弊。

本节学习支架

1. 通信网与互联网的区别在哪里?

通信网是由地下海底光缆、电话与电视传输线路、空间卫星与卫星地面站组成的庞大的通信系统。它主要是由卫星通信和光缆通信两个大的部分组成。

互联网是借助通信网络,将分布在世界各地的计算机连接起来的庞大网络系统。它的功能比通信网更多,核心是实现全球资源共享,但是。它的出现,正如美国这方面的专家说:"互联网的产生,可能比核武器更厉害。"

这里再一次说明"事物总是具有两面性"和"科技是一把双刃剑"的道理。

2. 我国正在建设并已使用的北斗卫星导航系统的功能是什么?

我国北斗卫星导航系统 BDS,在性能上与美国的导航系统 GPS 相当,它是我国自主建设,独立运行,与世界其他卫星导航系统兼容共用的卫星导航系统。

北斗卫星导航系统可在全球范围内全天候、全天时,为各类用户提供高精度、高可靠的定位、导航实时服务。

北斗卫星导航系通过各种遥感仪器,不论是白天还是夜晚,均可在地球的任何地方拍摄到我们用肉眼能分辨的物体照片。

因此,它在工农业生产,海、陆、空交通出行,地质勘探,气象预报以及军事等多方面均具有重要的作用。

可见,它的用途是多么的广泛!

我国现已发射了16颗导航卫星,到2020年,我国将建成由30余颗卫星组成的北斗全球卫星导航系统,图19-3是北斗卫星导航系统的示意图和标志图。

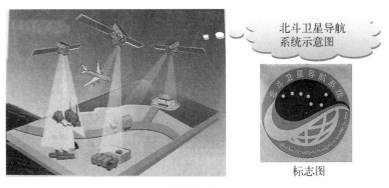

北斗卫星导航系统示意图

标志图

图 19 - 3

3. 怎样建网站和申请电子邮箱?

建网站和申请电子邮箱的程序有所不同。因此,同学们有必要了解建网站和申请电子邮箱的基本程序,以便创建班级网站甚至个人网站,申请个人邮箱。

建网站的基本程序:

(1) 购买空间:相当于租用一台联网的计算机,用于提供网络服务、存放网站内容。因此,首先要根据所建网站的规模选择一定容量的磁盘空间。

(2) 申请域名:要向空间服务系统提出申请,通常空间服务系统会提供域名,倘若不满意,也可以自己选择,但要在选择域名的注册商网站查询所选择的域名是否已被注册。

(3) 网站备案:建立网站的人要备案。备案是工业与信息化部对网站的一种管理措施,以防止利用网站进行非法活动,传播不良信息。

(4) 制作网站:请他人或自己进行编程,也可以用现成的建站工具定义网站的框架和内容。通常情况下,要将备案编号写在主页底部的中央位置,将备案电子验证标识放置在网站指定的目录下。这时,新建的网站就可以开通了。

(5) 管理网站:网站的内容(包括自己上传的和别人上传的)不能违反国家法律,也不能违反空间所在国的法律、宗教、习俗等。因此要有人及时审核上传的内容,及时删除不良信息。

总之,建网站的程序跟向工商管理部门申请开设店铺的程序相似。比如,要开设店铺,首先要购买一个门面或租用一个门面(购买或租用空间),接着要为店铺起一个有意义的店名(申请域名),跟着要到工商管理部门书面说明经营范围、门类,并申请营业执照(网站备案),最后还要有人来经营这个店铺(制作网站和管理网站)。

申请电子邮箱的基本程序:

各大门户网站一般都提供免费邮箱,如新浪、网易、雅虎、搜狐、腾讯等。但都要提出申请,申请邮箱的大致程序是:

(1)登录门户网站,打开邮箱页面。

(2)点击注册。

(3)按照提示填写申请人的有关信息,完成注册。

(4)登录后即可发件、收件、管理邮箱。

本章值得思考与探究的问题

1. 我们常常利用雷鸣电闪之间的时间差,来估测雷电的发生处到我们听到雷声的地点之间的距离。这里忽略了什么因素,为什么?

2. 请你谈谈电磁波发现的意义和价值是什么?

3. 我国"神十"飞天,右图所示的宇航员是利用什么波在太空给地面上中学生上物理实验课的? 深海潜水员又是利用什么波与陆地上通话的? 为什么宇航员在太空和深海潜水员在深海,他们利用不同的波?

4. 我们从在电视上经常看到,中央电视台的节目主持人在与中央电视台驻外记者对话直播时,他们对话似乎不那么畅通,总是有一个延时现象,即主持人

问话早已发出,可记者总是要停一会儿再回答。这是为什么?能否用电磁波远距离传递信号的延时现象,即两地对话的时间差来估测两地的直线距离?请说出具体测算方案。

5. 请采用列表比较的方法,呈现卫星通信和光纤通信的共同点和不同点,并分别说明它们各自的优点。

6. 比较下面在相同时间内呈现的两组电磁波波形,说说它们有哪些共同点和不同点。

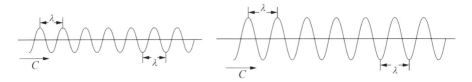

7. 将一束激光从地面向月球发射,经月球反射装置返回地面,用了 2.56 s,请估算地月之间的距离是多少?

8. 互联网上能工作、学习、娱乐、购物、通信等,内容丰富多彩,但是也有一些不健康的东西,你上网一般会做些什么?怎样才能让一个丰富多彩而又洁净、美丽的互联网,展现在我们中学生面前?

第二十章
能源与能量守恒

20.1 能源和能源危机

本节用回顾人类利用能源的历史和呈现世界以及我国在能源消耗结构上的一些数据两个方面的内容,让同学们在了解人类生存和社会发展均离不开能源的同时,知道世界各国在能源消耗结构上存在的不科学、不合理的现象,会给人类生存和社会发展带来严重的影响,进而想到能源危机就在眼前、我们应该如何应对的问题。

本节学习要点

- 了解人类利用能源的历史,知道能源是人类生存和社会发展不可缺失的重要资源。
- 了解世界各国消耗能源的结构,思考人类应该如何应对能源危机。

本节学习支架

1. 人们是怎样对能源进行分类的?

本节出现不可再生能源和可再生能源以及一次能源和二次能源等说法,其实,它们是用两种标准进行分类,进而引出的两种表述。

前者是根据能源在地球上的有限性和无限性标准来划分的。

例如,煤、石油和天然气等,它们在地球上的储存有限,因此,它们属于不可再生能源;而太阳能、风能和水能等,它们在自然中源源不断,因此,它们属于可再生能源。

后者是根据能源直接使用和加工转换使用标准来划分的。

例如,煤、石油、天然气等可直接使用,它们属于一次能源;而电能、汽油和酒精等,要通过加工转换才能使用,它们属于二次能源。

2. 能量这个概念是怎样产生的？能量概念产生的意义在哪里？

早在 1644 年,法国哲学家、数学家和力学家笛卡尔就明确地提出了运动不灭原理。他认为"自然界的物质总是有一定的量在运动。这个一定的量既不增加,也不减少",那么,这个运动的"一定的量"指的又是什么呢？

后来许多科学家通过实验证明,这个"一定的量"原来就是自然中有一种守恒的量,是它在支撑着物质运动的不灭性。于是,人们就把这种支撑物质运动不灭的守恒的量叫作能量。这就是能量概念的本质由来。

据物理学史料记载,能量这个概念最早是一位博学者托马斯·杨,在修正牛顿总结的第二定律中提出的(关于托马斯·杨,前面我们已有资料介绍)。

能量这个概念在物理学中占据了十分重要的位置。它不仅把机械运动、热运动、电磁运动、光运动以及原子的运动统统联系了起来,同时也让不同形式的运动统一了起来。自从有了能量概念之后,自然界中各种各样形式的运动,在人们的头脑中就不再是孤立的了。这个事实,再一次佐证了自然界中的物质运动既是多样的,又是统一的,它们是相互联系的。

可见,能量这个概念的产生是多么的重要。

20.2 开发新能源

本节首先采用图文结合的方式,让学生了解太阳能被地球吸收和利用的四种途径,进而知道太阳能是地球上万物的动力之源;接着通过"怎样直接利用太阳能"活动,让学生认识人类是怎样直接利用太阳能的;最后介绍科学家们发现原子核内蕴藏着巨大的能量以及怎样使巨大的核能释放出来造福于人类。

本节学习要点

- 认识太阳能。
- 认识核能。
- 知道开发和利用太阳能和核能等新型能源,在当前人类社会能源日趋危机形势下的意义。

本节学习支架

1. 什么是核裂变和核聚变？

核裂变和核聚变指的是两种核反应。

核裂变指把那些较重的原子核打碎。即,采用不带电势的高能量的中子,去撞击较重的原子核,使它破碎。结果,科学家们发现用中子撞击铀核时,会释放 2~3 个中子,这 2~3 个中子又去撞击其他铀核,被撞击的铀核,又会释放 2~3 个中子,就这样不停地持续进行,进而释放出巨大的能量。于是,科学家们把这种现象叫作链式反应。因此,链式反应是重核裂变的表现形式。

核聚变指把较轻的原子核聚集起来。这种聚集,需要非常高的温度。因此,常温下不可能发生核聚变。只有在太阳内部才能有几百万摄氏度以上的温度,因此,在太阳内部长年累月地进行着核聚变反应。在这里也回答了开篇图示的太阳中是什么在生生不息燃烧的问题。无论是打碎较重的原子核,还是聚集较轻的原子核,均不是一件容易的事情,它们均需要很高的能量,这说明原子内部的核力非常非常大。这就是原子核内为什么储藏着巨大能量的原因。

2. 建议阅读资料。

(1) 核裂变这个概念是怎样来的?

奥托·哈恩和莉泽·迈特纳是同事,也是好友。他们都在柏林威廉大帝研究所工作。哈恩是化学家,迈特纳是物理学家。由于迈特纳恐遭希特勒的迫害逃亡到瑞典,而当时的哈恩正在做中子轰击铀核的实验,得出了许多 β 放射性的核素,又通过化学实验分析,发现这些产物都是钡。他几乎不相信这个实验结果,于是写信给迈特纳请求帮助,迈特纳看到信后即刻想到这是铀核破裂了,并用裂变这一概念概括这个现象。可见,哈恩是在迈特纳的帮助下发现裂变而获得诺贝尔奖的。

奥托·哈恩

我们初中物理课本中介绍的裂变这个概念,就是出自科学家迈特纳之口。爱因斯坦曾称迈特纳是"德国的居里夫人"。

莉泽·迈特纳

(2) 人类在核能利用上的两种行为说明了什么?

第一个意识到核裂变的威力,并研制原子弹的是美国科学家罗伯特·奥本海默。他是直接参与美国研制原子弹的首席科学家。下面是美国曾在日本投放的原子弹和原子弹爆炸后的场面。

1954 年,苏联在莫斯科附近建成世界上第一座名叫奥勃灵斯克的核电站。从此,核能开始步入和平利用的轨道。

1957 年美国建第一座核电站,1959 年法国建第一座核电站,到 1995 年,全世界已有 500 多座核电站。我

投放日本的第二颗原子弹

被原子弹炸后的广岛一片废墟

国是 1991 年建成第一座秦山核电站。

以上事实说明事物总是具有两面性的,科学是一把双刃剑。

3. 课外阅读资料。

建议阅读"第一位两次获诺贝尔奖的玛丽·居里""从不说空话的爱因斯坦"和"人类从历史的反省中唤醒了良知"三个资料,重温"会做,就必须做对的查德威克"资料。

从这四个资料中同学们不仅能大致了解历史上原子弹的研制过程,认识科学家们是怎样探究原子内部的结构的,进而达到训练与培养同学们自主学习、拓展知识的能力,同时还能让同学们学习到这些科学家的思想、精神、态度和意志品质。

课外阅读资料

玛丽·居里(1867—1934)

第一位两次获诺贝尔奖的玛丽·居里

1903 年,居里夫妇和贝克勒尔因发现天然发射性现象共同获得诺贝尔奖,后来,居里夫妇又因发现钋和镭新元素,再次获得诺贝尔奖。

玛丽·居里(1867—1934)是历史上第一个两次获得诺贝尔奖的女性科学家。她是成功女性的先驱,她的故事激励了世界上许多的人攀登科学高峰,特别是女性,据统计,自诺贝尔奖颁发至今,已有 40 多位女性科学家获得了诺贝尔奖。

玛丽·居里从小勤奋好学,小学功课都是第一,中学成绩更是出色,15 岁以获得金质奖章的荣誉毕业。父亲早年在圣彼得堡大学攻读物理,对科学如饥似渴的精神和强烈事业心熏陶了小玛丽,因此,她一心想进巴黎大学学习。

　　父亲是一个收入有限的中学物理教师,知道小玛丽想上巴黎大学的心愿,于是跟玛丽的姐姐商量,一起帮助她实现这个愿望。

　　玛丽·居里终于实现了上巴黎大学的愿望,进大学后,她每天都乘1小时的马车早早地赶到学校,为的是能选择离讲台最近的位置,以便听老师讲课,看老师演示。为了节省车费和时间,集中精力学习,她入校4个月后,就迁到学校附近房租很低的一户小阁楼上。阁楼上没有火、没有水,也没有灯,只有一个小天窗,清贫虽然日益削弱了她的体质,但丰富的知识却使她心灵更加充实。

　　1893年,她以第一名的成绩从巴黎大学物理系毕业,次年又以第二名的成绩毕业于该校的数学系。因此,玛丽·居里不仅物理成绩优异,她的数学功底也很厚实。

　　她毕业后就直接投入科学研究工作之中,夜以继日,废寝忘食,当她发现放射性比铀元素强400倍的新元素时,却没有忘记那个时代被俄、德、奥瓜分的祖国波兰。

　　她把发现的新元素命名为钋,意味着自己祖国的名字波兰的"波",并把复印的关于发现新元素钋的论文提交给理科博士学院,同时又将文章的原稿寄回祖国。

　　因此,这篇论文在法国巴黎和波兰华沙,差不多同时发表。

玛丽·居里三则小故事
生活节俭的玛丽·居里

　　1895年,36岁的玛丽·居里与皮埃尔·居里结婚,结婚时新房子里只有两把椅子,正好两人各一把。皮埃尔见椅子少了,建议再增添几把,以免客人来了没有地方坐,可玛丽·居里却说:"有椅子自然好,但客人一旦坐下来,就要花很长时间陪他们谈一些无关紧要的事情,为了多一点时间搞研究,还是算了吧。"

　　1953年,玛丽·居里年薪已增加到了4万法郎,相当于当时人民币约5万元(当时我们国家一个普通的科技工作者年薪

玛丽·居里和丈夫皮埃尔在做实验和交流讨论问题

大约 500 元人民币），但她仍然非常节俭，每次从国外回来，总是要带很多宴会上的菜单，因为这些菜单纸既厚又好，在背面用来写字既节约，又方便。难怪人们说"她像一个匆忙的贫穷妇人"。

有一次，一位美国记者去访问她，走到村里一户鱼家房舍前，向低着头赤足坐在门口石板上的一位妇女打听居里夫人的住处，当这位妇女抬起头来时，这位美国记者大吃一惊，原来这位赤足坐在石板上的妇女，居然就是举世闻名的居里夫人。

淡泊名利的玛丽·居里

居里夫人虽然天下闻名，但她从不追求名利，一生中获得各种奖金 10 次，各种奖章 16 枚，各种名誉头衔 117 个，可她对这些名利全不在意。

有一天，一位朋友到她家做客，看到她的小女儿正在玩英国皇家学会刚刚发给她的一枚奖章。于是非常不解地问："夫人，能得到英国皇家学会奖章可是一种极高的荣誉呀，你怎么随意让孩子把这枚奖章当玩具一样玩呢？"

玛丽·居里说："我就是想让孩子从小就知道荣誉就像玩具一样，只能玩玩而已，绝不能看得太重，否则就一事无成。"

教子有方的玛丽·居里

玛丽·居里有两个可爱的女儿，她们从不娇生惯养。她在孩子智力发展的年龄优势上，有着自己培养并促进孩子迅速成长的一整套诀窍。

早在孩子还不足周岁时，她就开始引导孩子广泛接触陌生人，让孩子学习游泳，到动物园观赏动物，到野外欣赏大自然的美景；当孩子稍大一些时，就教她们做一种带有艺术色彩的智力体操，还教她们唱歌，让她们听童话故事；再大一些时，就开始对孩子们进行智力训练，教她们认字，学习弹琴，学习手工制作，还教她们学习骑马和骑车。居里夫人的这套培养方式，可谓是真正的全面发展式的基础训练。

由居里夫妇培养出来的后辈，都相继成了有作为的人，其中长女和小女婿均获得了诺贝尔奖。长女伊伦娜是核物理学家，与其丈夫因发现人工放射性物质共同获得诺贝尔奖；小女艾芙是音乐家、传记作家，其丈夫以联合国基金总干事身份获 1956 年的诺贝尔和平奖。

从不说空话的爱因斯坦

爱因斯坦(1879—1955)

1879 年，一个小生命在德国乌尔姆小镇降生了。父母为他起了一个具有希望意义的名字，即阿尔伯特·爱因斯坦(1879—1955)。可没过多久，父母的这个希望便变得模糊起来，因为比他小两岁的妹妹已经能跟邻居交谈了，但爱因斯坦的说话却停留在支支吾吾、前言不搭后语上。直到 10 岁爱因斯坦才开始上学，同学们都称他是一个"笨家伙"，老师也常指着他的鼻子骂："这鬼东西真笨，什么课也跟不上。"

少年时的爱因斯坦

爱因斯坦的母亲很有修养，试图从音乐上开发爱因斯坦的智力，于是教他学习小提琴，让他喜欢上了音乐，14 岁的爱因斯坦曾登台演奏过小提琴，同时他也很喜欢弹钢琴。

一次工艺课上，老师挑出一样学生的作品向全班同学展示说："我想，世界上也许不会有比这更糟糕的凳子了。"全班同学看着爱因斯坦，哄堂大笑。爱因斯坦红着脸站起来说："我想，这种凳子是有的。"接着从课桌下又拿出两只更不像样子的凳子说："这是我前两次做的，交给老师您的是第三次做的，虽然不好，却比这两个强得多。"从不善言的爱因斯坦一口气说了这么多话，就连他自己也感到吃惊，老师自然是目瞪口呆，坐在那里哑口无言。

爱因斯坦的童年，几乎是在讥讽和侮辱中度过的。升入慕尼黑路易波尔德中学后，爱因斯坦喜爱上了数学，孤独的他，在书中寻找寄托和力量。

他在书中结识了阿基米德、牛顿、笛卡尔、歌德、莫扎特等科学、文学以及艺术上的名人，书籍成了他拓展思维空间、增强丰富想象的最佳助手！

爱因斯坦在16岁那年,从父亲说的一个真实的故事中得到了很大的启发。

一次,父亲跟舅舅一道给人家掏烟囱,从烟囱的底部爬到烟囱的顶上,舅舅在前面,父亲跟在后面,出来时舅舅满脸是烟灰,而父亲的脸上却比较干净。于是,父亲在河边只是简单地洗了一下手就回家了,可舅舅看父亲的脸上比较干净,以为自己脸上也没有什么,因此,也随便洗洗手就往回走,路过小镇时,镇上的人都以为舅舅是个疯子,满脸烟灰地在街上乱跑。

父亲讲完这个真实的故事后接着又说:"不要只看别人,跟别人攀比,要看自己,跟自己竞争。"

从此,爱因斯坦每天都在跟自己竞争,一天,他问常为自己辅导数学的舅舅:"如果我用光在真空中的速度,跟光一道向前跑,能不能看见空间里的电磁波?"

舅舅用异常的目光盯着爱因斯坦好一会儿,这目光中既有赞许,又有疑惑,因为这个深奥的问题别说爱因斯坦这个年龄,就是再有学问的人,没有丰富的想象力,是很难提出来的。舅舅自然也无法给出正确的答案。

爱因斯坦被这个问题苦苦折磨了很长时间。

年轻时的爱因斯坦

1895年,他决定报考瑞士苏黎世大学,结果失败了,外语不及格。他并没有灰心,次年补习再考,终于考上了苏黎世理工大学。这时的爱因斯坦已经在筹划自己的未来了,大学期间他把全部的精力,几乎所有时间都用在课外阅读和做实验上,因此,教授们都认为他在不务正业。

大学毕业后又赶上经济危机,爱因斯坦失业在家,靠帮别人贴广告和辅导物理来维持生活。但是,坏事却变成了好事,他在辅导物理的过程中开始对牛顿的经典物理学进行反思,用了5周时间写下了9000多字的《论动体电动力学》的论文,由此,"狭义相对论"诞生。

当时许多科学家和学者都反对爱因斯坦所提出的与牛顿完全不同的新时空,但仍然有15所大学授予了爱因斯坦博士学位。世上的笨家伙瞬间变成了世界上最聪明的人。后来许多年轻人缠着爱因斯坦,要他说说成功的秘诀。

他信笔写下一个公式:A＝X＋Y＋Z,并解释说:"A 表示成功;X 表示勤奋;Z 表示什么呢? Z 表示少说空话!"

爱因斯坦的五则小故事

为自己曾出点子逃学而一直感到内疚

1895 年,爱因斯坦 16 岁,根据德国法律,男人 17 岁前可以离开德国,不必回来服兵役。由于他对军国主义深恶痛绝,加之独自一人待在军营般的路易波尔德中学已经忍无可忍,于是爱因斯坦没有跟父母商量就私自决定离开德国到意大利。但是,中途退学将来拿不到文凭怎么办?一向忠厚单纯的爱因斯坦想出了自以为不错的点子,他请数学老师开证明说他数学优异,早已达到了大学水平;又从熟悉的医生那里弄来一份身体有病的假证明,说他神经衰弱,需要回家静养。

爱因斯坦以为有了这两份证明就能离开这个讨厌的地方了。谁知,他还没有提出申请,训导主任就把他叫去,以他败坏班风、不守校纪为由勒令其退学。

爱因斯坦顿时脸红了,但转念一想,不管什么原因,只要离开这所中学他都心甘情愿。后来,他一想起这件事情,总因自己想出这么一个愚蠢又未实施的点子而感到十分内疚。

相对论是怎样出来的

科学家韦伯曾说,爱因斯坦的确是一个数学天才,他 12～16 岁就自学了解析几何和微积分,而不想表现自己的缺点,却是死不悔改。晚年的爱因斯坦曾写信给朋友说:"我年轻时对生活的需求是能有一个角落安静地做我的研究,公众人士对我完全不注意,可现在不行了。"

有一次,著名的喜剧表演演员查理·卓别林在他的影片《城市之光》于好莱坞首演之日,特邀爱因斯坦夫妇去看,当他们夫妇和卓别林同时下车时,许多人发现爱因斯坦来看电影,都围着他欢呼,爱因斯坦对注意力全部集中在自己身上而不是卓别林身上感到非常纳闷,因为他不喜欢这样的场面,便问卓别林:"这是什么意思?"卓别林安慰他说:"这没有什么。"

有一次,爱因斯坦的太太与卓别林在闲谈中把爱因斯坦构思相对论的工作情形告诉了卓别林,卓别林还把这件事情写进了他的自传。

爱因斯坦的太太说:"博士像往常一样穿着睡袍下楼用早餐,可那一天却显得十分奇怪,我想一定有什么问题发生了,于是便问他:'什么事使你魂不守舍?'

他回答说:'亲爱的,我有了一个巧妙的想法。'

喝完咖啡后,他走到钢琴前开始弹奏起来,然而又几次停下来在纸上记录一些东西,并自言自语地重复说一句话:'我有了一个巧妙的想法,非常巧妙的想法。'接着又说:'这是困难的,我仍需要进行工作。'谁也弄不明白他在说些什么,他继续玩钢琴,又写下一些东西。就这样,折腾了半个小时之后,就上楼到他的研究室并告诉我不要打扰他。他一直停留在楼上两个星期,每天都是我上楼把食物送给他,傍晚也只是下楼散一会儿步,回来后又上楼去工作。两周后走下楼时,他的脸色显得有些苍白,跟我说:'这就是我的表现。'

说完,他把两张纸放在桌上。原来是他相对论的框架手稿。"

爱因斯坦指导小姑娘数学作业

这就是爱因斯坦,他一边弹钢琴,一边做记录,一边跟自己说话,脑子里想的全都是当时好多人都搞不懂的相对论。

不拘仪容和穿戴的爱因斯坦

1940 年,爱因斯坦已经是 61 岁的老人了。一天,他在路上习惯性地边走路边思考问题,边喃喃自语,撞上了一位 12 岁的小姑娘也没有在意,仍然边走路,边想问题,边喃喃自语。爱因斯坦本来就不太讲究自己的仪容和穿戴,因此头发有些蓬乱,着装也不那么整齐。

小姑娘回去后,把她在路上撞上了一个似乎有些疯疯癫癫,嘴里喃喃自语的老头子的形象描述给父亲听。父亲大吃一惊,告诉她:"你撞上了世界上最伟大的人。"小姑娘觉得穿戴不整齐,头发蓬乱,似乎疯疯癫癫的老头,怎么会是世界上最伟大的人呢。

第二天,小姑娘恰好又遇上这位衣冠不整的老头,初生牛犊不怕虎,便大胆地向他提出穿戴不整齐的缺点,因为她觉得如果他果真是一个伟大的人,那么,这个缺点就有损于这位伟人的形象,因此建议他改正。爱因斯坦听了,点头笑笑,并虚心地接受了。从此,他们成了好朋友,小姑娘经常到爱因斯坦家教他如何整理房间,爱因斯坦也常常教她怎样做数学作业。

老年时的爱因斯坦

第二小提琴手丈夫的信

有一天,爱因斯坦收到一封信,此信没有地址,信中写道:"亲爱的教授……有一件急事,第二小提琴手的丈夫想和你谈谈……"

第二小提琴手是谁呢? 爱因斯坦猜到了,她是比利时的王后伊丽莎白。

伊丽莎白在未出嫁之前曾是巴伐利亚公主,跟爱因斯坦既是老乡,又是好友,确切地说是爱因斯坦的音乐之友。爱因斯坦喜爱音乐,或许伊丽莎白在未出嫁之前经常和爱因斯坦一块演奏,可能爱因斯坦就是首席小提琴手,而伊丽莎白是第二小提琴手。爱因斯坦每次到比利时都要拜访这位王后。因为这位王后多才多艺,爱好科学和文学,很喜欢小提琴。她生活朴素,思想开通,不摆架子,平易近人,比利时的人民都很爱戴她,称她是"红色王后"。

爱因斯坦复信要去王宫拜见这位王后的丈夫,比利时皇家车队奉命到火车站迎接这位伟人爱因斯坦,车队早早就在火车的头等车厢口等候,可旅客都走光了,却没有见到爱因斯坦的踪影。其实,爱因斯坦最不喜欢的就是这种场面,因此,他早就有所准备,不声不响地一个人从普通车厢走下来,独自步行走进了王宫,王后的丈夫觉得十分奇怪,便问爱因斯坦:"难道车队没有接到您?"爱因斯坦说:"不! 王子,我觉得独自慢步更自由!"

致美国总统罗斯福的一封事关重大的信

那是在第二次世界大战期间,即1938年8月的某天,一封由著名科学家爱因斯坦签名的信,放在美国白宫椭圆形办公室罗斯福总统的办公桌上。

"总统阁下：

……元素铀在不久的未来有可能成为一种新的重要的能源，但在不远的将来也可能制造一种威力极大的新型炸弹——原子弹。

……目前德国已经停止出售它侵占的捷克铀矿的矿石。如果注意到德国外交部部长次长的儿子在柏林威廉皇帝研究所工作，该所目前正在进行和美国相同的对铀元素的研究，就不难理解德国何以为此事了。"

罗斯福默默地读完了爱因斯坦的信，有些犹疑不定，觉得这件事非同小可。这种谁也没有见过的炸弹（原子弹）能否制造出来？人员、经费和保密问题如何解决？假设研制过程中不慎爆炸了又怎么办？他即刻招来他的科学顾问萨克斯。萨克斯提醒罗斯福总统说："当年拿破仑就是没有采用富尔顿创造的蒸汽船建议，最终没能渡过英吉利海峡而征服英国。如今德国正在疯狂地扩军备战，一旦它得逞了（指原子弹制成了），那么，美国就处于危险而又被动的境地。"

罗斯福总统经过一周的思考与研究，于 1938 年 10 月 9 日，对爱因斯坦作了肯定的答复。他在办公室按了一下电话铃的按钮，指着一大堆调查资料，对应声而入的军事助手平静地说："这件事必须很好地处理。"

按照罗斯福总统的指令，美国一方面紧锣密鼓地进行核武器试验，另一方面又精心策划破坏和阻止德国研制原子弹的计谋。美国精心策划的计谋不仅顺利实现了，同时美国也终于在 1945 年 7 月 16 日 5 时 30 分，首先将他们研制的第一颗原子弹在新墨西哥州爆炸试验成功。当时美国第一批共研制了 3 枚原子弹，第一枚爆炸成功的原子弹名字叫作"瘦子"，另外两枚原子弹分别叫作"胖子"和"小男孩"。罗斯福总统任期已满，接任美国总统的杜鲁门于 1945 年 8 月 2 日下令在日本广岛投放第一颗原子弹，这颗原子弹的爆炸威力已经使日本军队和民众慌成一团，但是，日本当局却仍然负隅顽抗，于是，美国总统杜鲁门又下令在日本长崎投放了第二颗原子弹。

两颗原子弹的轰炸，致使日本广岛和长崎两地将近 32 万人的生命瞬时人间蒸发，加上当时侵华日寇又在中国共产党领导下的全民抗日战争中被打得落花流水，溃不成军。1945 年 8 月 15 日，日本政府只好老老实实地向全世界人民公开宣布无条件投降，第二次世界大战终于宣告结束！

爱因斯坦的名言

- 你要知道科学方法的实质,不仅要听科学家对你说什么,更要仔细看他在做什么。
- 我们一来到世间,社会就会在我们面前树起一个巨大的问号,你怎样度过自己的一生?
- 科学绝不是,也永远不是一本写完了的书。每一项重大的成就都会带来新的问题,任何一个发展随着时间的推移都会出现新的严重的困难。
- 一个人对社会的价值,首先取决于他的感情和行动对于人类利益有多大作用。
- 凡在小事上对真理持轻率态度的人,在大事上也是不可信任的。
- 想象力比知识更重要,因为知识是有限的,而想象力概括着世界上的一切,推动着进步,并是知识进化的源泉。严肃地说,想象力是科学研究中的实在因素。
- 在天才和勤奋之间,我毫不犹豫地选择勤奋,它几乎是世界上一切成就的催生婆。

课外阅读资料

人类从历史的反省中唤醒了良知

20 世纪 30 年代,英国物理学家查德威克、意大利物理学家费米、德国物理学家哈恩等人,先后在原子弹的研究上有重大突破。

1939 年 4 月,德国纳粹将 6 名原子物理学家召到柏林举行秘密会议,决定研制原子弹,同年 9 月 26 日德军备规划局制定"U(铀)计划",即秘密制造核武器的计划。纳粹德国计划制造原子弹的消息,不慎被丹麦著名物理学家玻尔得知,他万分担忧,因为他知道德国有许多非常优秀的科学家。如 1939 年发现铀原子核裂变的科学家哈恩就是德国人,还有海森堡等都是当时跟爱因斯坦一样有名气的科学家。若这些科学家主动或被迫介入,再加上当时德国的工业实力,是完全有能力研制原子弹的。

于是,玻尔即刻奔赴美国将这一重要消息告诉正逃亡在美国的意大利科学家费米,并在美国的一些科学家中传开,这些深知核能巨大威力的科学家们个个心急如焚,他们知道若让纳粹德国造成了原子弹,那么,人类将面临史无前例的核灾难。可当时他们唯一能想出的办法就是以牙还牙,即设法抢在纳粹德国之前制造出原子弹来威慑纳粹德国。但是,制造原子弹除了要有一批科技人才外,还要有雄厚的资金和齐全的设备以及安定的社会环境。环顾当时参与反法西斯战争的国家,只有美国才有这样的条件。

本着对历史负责的精神,当时在美国的费米、西拉德和泰勒等科学家开始积极奔走呼吁,试图让美国出来研制原子弹,但美国军方领导认为这批科学家都是一些"怪人",并没有理睬。于是,这些科学家们便想到要说服美国总统罗斯福。要想说服美国总统,只有推出当时也逃亡在美国的德高望重的爱因斯坦做代表,于是,他们找到爱因斯坦并说明事情的严重性,具有正义感的爱因斯坦听了大家的建议后,欣然接受了委托。这就是我们在前面介绍爱因斯坦时说过的"致美国总统罗斯福的一封事关重大的信"。德国研制原子弹的计划在美国精心策划的阻止与破坏的计谋中落空,但美国原子弹的研制却成功了,于是,新的核灾难又产生了,美国率先在日本广岛和长崎投下了两颗原子弹,致使 32 万人的生命瞬间蒸发,同时还造成了广岛和长崎两个地区长达半个多世纪的核污染严重后果。

人们从历史的反省中唤醒了良知:

爱因斯坦虽然没有直接参与原子弹的研制,但他曾为自己写信说服美国总统罗斯福制造原子弹后悔莫及。

参与原子弹研制的奥本海默、查德威克等许多科学家,均因参与原子弹的研制而感到十分内疚。他们在战后都极力反对使用核武器。

亲手在长崎投下原子弹的投弹手克米特·比汉上尉,在临终前唯一的心愿就是"但愿我是世界上最后一个投下原子弹的人"。

1968 年 11 月 6 日,曾负责运送"小男孩"(原子弹的代号)的印第安纳波利斯号船长麦克维伊,在获悉当年自己运送的竟是葬送几十万人生命的原子弹后,愧疚不已而饮弹自尽。

后来的美国总统肯尼迪曾为美国所做的这件事情十分感慨地说:"我们毕竟是人类!"

20.3　能量的转化与能量守恒

本节通过"能量的转移"和"能量的转化"两个活动,让同学们认识到自然中各种形式的能量不仅可以转移,而且可以相互转化。又通过历史上曾有一些人设计并制作永动机,但都以失败告终的史实,让同学们一方面知道能量守恒原理是自然中最普遍、最根本的规律,另一方面让同学们认识能量在转移和转化过程中是有方向性的。

本节学习要点

- 知道能量守恒原理。
- 认识能量在转移和转化过程中是有方向性的。

本节学习支架

1. 能量守恒原理是怎样被人类发现的?

德国医生罗伯特·迈尔,从食物中含有化学能联想到它像机械能一样可以转化为热,并从无不生有,有不生变和因果关系等辩证唯物的思想出发,提出了在物理与化学过程中能量守恒的思想。

生理学家海尔曼·赫尔姆霍茨,从生理学上开始研究能量守恒问题,并提出"物体在引力和斥力作用下的所有运动中,如果引力和斥力的大小只与距离有关,那么,势能在量上的损失,始终等于动能在量上的增加,反之动能在量上的损失,始终也等于势能在量上的增加。因此,所有动能和势能之和,始终是一个常量,即不变的量"。

物理学家焦耳通过电流热效应实验,证明了能量在转化的过程中是守恒的。

能量守恒原理是在功和能的概念已被提出,机械能守恒定律已被发现,永动机的设想与研制宣告彻底失败,以及"各种自然现象之间普遍联系"的观点已被人们普遍接受的前提下,又在许多自然科学家实证和论证的基础上建立起来的。

因此,能量守恒原理是科学家们共同认识的结晶。

能量守恒原理告诉我们,一定量的某种形式的能在减少的过程中,总伴随有其他形式的能在增加,就其总量而言是不变的,即守恒的。这就是说,能量既不会凭空产生,也不会凭空消失,它只能从一个物体转移到另一个物体,或者是从一种形式转化为另一种形式。能量在转移和转化的过程中,能的总量保持不变。这就是能量守恒原理。

能量守恒原理是自然界中最普遍的规律之一。无论是宇观中的天体运行,还是微观中的粒子运动,它们都遵循这一规律。

可见,能量守恒是大自然的本性!

2. 怎样认识物理学中的"美"?

我们的物理学是一门非常美的科学。这句话可能有些同学持不同的观点,并说物理学难得让我们害怕，甚至恐惧，还有什么美？我们根本就体会不出它到底"美"在哪里。其实，造成害怕甚至恐惧物理的原因就是：同学们从一开始就没有进入学习物理的正确轨道，而被应试教育推进了"旁门左道"之中，又被那些偏、难、繁、怪的问题所拦截，进而对物理这门科学产生害怕和恐惧的心理。

其实，物理是一门既有趣，又有用，同时还十分美的科学。

关于"美"的内涵用一两句话是说不清的，但是，我们可以用科学家们是怎样认识"美"的进而慢慢体悟"美"的含义。

量子物理学家海森伯在《精确科学中美的意义》一书中，给"美"下了一个定义，即：美是各部分之间以及部分与整体之间，固有的和谐。他还说："simplex sigillumveri——简单是美的标志；pulchritudo spiendor veritatis——美是真的光辉。"

科学家爱因斯坦说："世界赋予的秩序和谐，我们只能以谦卑的方式不完全地把握其逻辑的质朴性的美。"又说："一切科学工作都基于这种信仰，确信宇宙具有一个完全和谐的结构。今天，我们比任何时候都没有理由让我们自己人云亦云地放弃这个美妙的信仰。"

哲学家弗兰西斯·培根给"美"制定了一条标准，即一切绝妙的美，都显示出奇异的均衡关系。

可见，在科学家心目中的"美"概括起来说，就是质朴、真实、简单、均衡、不变、对称、辩证、稳定、和谐等。

当同学们确立了上述的审美观念之后，就一定会体悟到物理中的"美"了，甚至还会觉得物理这门科学中处处都有"美"的表现。

3. 为什么说能量守恒原理是自然中最根本的规律？

能量是支撑自然中一切物质运动的动力之源，没有能量的存在，就没有宇宙的诞生，而能量守恒是支持自然中一切物质运动的秩序之本，没有能量守恒原理，就没有宇宙运行的秩序。

大到宇观天体，小到微观粒子，无一不遵循能量守恒原理。因此，能量守恒原理是自然中最根本的规律。

例如，热总是从高温处向低温处转移，直到两处的温度相等为止，即达到热平衡状态。可见，这是系统内能的守恒性决定了热传递的秩序性。

又例如，水总是从高处向低处流动，直到高、低处的水位相等为止，即两处的水位处于水平状态。可见，这是机械能的守恒性决定了水从高处向低处流动的秩序性。

上述的事实就是守恒性在自然中"美"的表现，同时也证明了大自然总是要使其系统的能量降低到最低为止，以确保其系统的稳定与和谐的特性。

4. 怎样认识能量在转移和转化过程中是有方向性的？

这里说的方向性，指能量在转移或转化的过程中的正向性。也就是说能量在转移和转化的过程中不可逆向。这是为什么呢？

其中最主要的原因就是自然中内能的耗散性。无论是何种形式的能量，它们在相互转移或转化的过程中总伴随有内能的耗散，而内能的耗散是无法回收的。

例如，各种机械的运动总避免不了摩擦生热的现象，电动机和发电机通电工作时，其中的线圈总避免不了电流的热效应，而这些热（内能），通常都耗散在大气中无法回收，就如同泼出去的水一样。

尽管大自然在内能的耗散方面不可避免，但大自然又总是要设法使自己系统结构内部的能量耗损降低到最低为止，以确保系统结构的和谐与稳定。

这就是自然中既对立又统一的辩证性的表现。

可见，我们常说"金无足赤，人无完人"，同样，自然也是没有完美的。

因此，人们将内能耗散这一自然特性引用到社会学中，告诫人类要尽可能地减少内耗，即通常说的"窝里斗"。因为内耗只会伤害人类自身。

这种告诫也告诉我们社会跟自然是一样的，需要和谐与稳定的发展环境。这大概就是我们国家向全世界呼吁"要构建互利共赢，和谐稳定的人类命运共同体"的根本原因！

20.4　能源、环境与可持续发展

本节通过"全球变暖对人们生活的影响""学会听、看天气预报"和"你对建核电站持何种态度"三个活动，让同学们认识到由于人类大量开发和使用能源，导致温室效应、酸雨现象和空气中铅含量的增加，进而对人类和动植物的生存和社会发展构成极大的威胁。

本节学习要点

- 认识温室效应、酸雨现象和空气中铅含量增加的危害。
- 能用对立统一的辩证观点，分析开发和利用能源与保护环境之间的关系。

本节学习支架

1. 何谓自然中三级生态循环系统？

所谓自然中三级生态循环系统，指由动物、植物和菌类组成的三级生态循环系统。

自然中的动物、植物和菌类，它们在相互关联中生存，又在相互制约中发展。

例如，植物把二氧化碳、水和无机盐合成为有机物提供给一切生物；菌类（细菌和真菌）分解所产生的二氧化碳要占大气中二氧化碳的90%。此外，氮、硫、磷等物质在自然生态系统中循环，也是靠细菌和真菌的活动来促进的。动物也并非仅只是获益者，自然中若没有昆虫的存在，地球上就不可能有各种各样艳丽的鲜花和植物出现，反过来，自然中若没有鲜花和植物，昆虫也无法生存。这就是三级生态系统相克相生的自然平衡。

相克相生是人类无法变更的自然辩证法则，也是矛盾对立统一的表现。如果自然的三级生态循环系统的平衡由于人类对环境的污染而遭到破坏，那么，人类就等于自己在为自己挖掘坟墓！

2. 人类对环境是怎样造成各种污染的？

地球上的煤、石油和天然气，统称为化石燃料。它们在燃烧时会产生大量的二氧化碳、二氧化硫以及氮氧化物等气体或烟尘；城市小汽车数量迅速增加，大量尾气的排放，各种废气、废液的排放，以及各种废固的随意堆放等。

这些，都是人类对环境的污染和破坏。

2008年10月10日，中央电视台第7频道曾报道，当全球平均气温上升2℃时，北极企鹅的生存空间就要减少一半，人类将可能有多种传染疾病发生。今天，在自然界中出现了各种各样的新病毒，它们正在危及人类和动植物的生存。

2003年出现的"非典"和2009年发生的H_1N_1甲型流感，2011年在德国发现的大肠病毒，2015年非洲地区大面积出现"埃博拉"病毒感染，2016年南半球大面积出现寨卡病毒传播，这些病毒或疾病均导致了数以万计人的死亡，谁能说这些病毒的出现，与目前自然环境的恶化毫无关联？

此外，还有火力发电所产生的余热引起的热污染，以及墨西哥湾漏油事件导致的海洋污染等。总之，一系列人为的环境污染，已经破坏了自然的生态平衡，如果自然生态平衡继续恶化下去，请同学们想一想，后果将会怎样？

3. 怎样用辩证的观点认识开发和利用能源与保护环境之间的关系？

由于人类认识的局限、科学技术发展的滞后，以及人类生存和社会发展的急迫需求，人类大量开发并利用不可再生能源就成了必然。

随着科技的发展和社会的进步，人类又意识到地球上不可再生的能源是有限的，大量开发并利用这些化石能源，一方面会用一点少一点，进而导致能源危机，另一方面又会给环境带来严重污染，破坏自然的生态平衡。长此以往，人类的生存和社会的发展均难以维系下去。正是这个矛盾，驱使人类思考并着手开发新的能源，提出"低碳、绿色、可持续发展"的观点，采取一系列的节能减排措施，推进社会朝着正确的方向发展，并积极倡导人类共同打造与自然和谐共存的格局。

上述事实证明了"矛盾是事物发展和前进的动力"这一辩证观点。

我国已经走在世界各国的前面，成为世界各国在低碳、绿色、可持续发展方面公认的倡导者和引领者。

本章值得思考与探究的问题

1. 下表中列出我国煤炭、石油和天然气目前探明的储存量。

（1）请按照我国 13.5 亿人口计算，分别测算一下人均分配量。

燃料名称	储存量	人均分配量
煤　炭	1.5×10^{12} t	
石　油	3.0×10^{10} t	
天然气	4.0×10^{12} m³	

（2）假设我国平均每人每年消耗 200 kg 煤炭、20 kg 石油、5 m³ 天然气，那么，分别要多少年可以用完这些燃料？

（3）通过上面的测算，一些同学产生以下想法，你认为正确的是（　　）。

A. 燃料使用与我无关，可以高枕无忧。

B. 要用完这些燃料，还早得很，不必着急，过一天是一天。

C. 尽量不用或少用本国这些能源，学习西方某些国家，到他国去掠夺。

D. 从现在起，发展科技开发新型可再生能源，同时要提倡节约能源。

2. 举例说明能源向人类发起挑战的根本原因是什么？

3. 据考察，我国南海海底储藏了丰富的可燃冰，这是我们开发新型能源的又一条重要途径。请同学们上网查阅关于可燃冰的资料，写在下面的方框中，并与全班同学交流分享。

4. 假设现有 50 亿的人民币资金,但只能用于满足 3 个新型能源的研制和开发,现有如下 6 个新型能源研究与开发的项目供选择,如果你可以支配这笔钱,那么,你打算选哪 3 个项目,说明选择的理由和力争项目实现的措施与办法。

(1) 风能研究与开发　(2) 地热能研究与开发　(3) 核聚变能研究与开发
(4) 太阳能研究与开发　(5) 可燃冰研究与开发　(6) 氢能研究与开发

5. 想一想,在物理学中有哪些美的地方值得赞颂,请写在下面的方框中。

6. 某同学设计了一台永动机,如下图所示。他把一台电动机与一台发电机连接在一起,首先让电动机转动起来并带动发电机,这样让发电机所产生的电再带动电动机,就这样电动机与发电机就会永不停息地工作了。你认为他的设想能成功吗? 为什么?

7. 我们在电灯光下烤火听音乐的时候用到了哪些能量? 这些能量是怎样被我们利用的?

8. 太阳能辐射到地球表面的平均功率约为 1.7×10^{14} kW,试计算太阳每小时辐射到地球上的总能量大约是多少? 相当于多少吨无烟煤完全燃烧释放出来的能量?(无烟煤的热值为 3.4×10^7 J/kg)

9. 同学们,初中物理学习到这里就结束了,让我们最后来想一想,在物理学中,人们是怎样应用辩证唯物的思想观点,正确处理生活、生产和社会中出现的一些问题的?

学完初中物理之后的一些建议

一、要学会总结

亲爱的同学们，当我们将初中物理学完之后，必须要学会总结。

现在就让我们来概括一下，在初中物理中我们到底学了些什么。

初中物理告诉我们：

> 要探究物质的性质、结构和运动规律，合理地利用各种能量，创造并研制各种机械，让它们为人类和社会做最需要、最合理和最有益的各种运动。

让我们从大自然这位人类最伟大的导师说起。

> 大自然为我们做出了最好的典范，她造化了人类这部最高级的机器，不仅会合理地从空气、水和食物中摄取各种能量，同时还会做两种最需要、最合理和最有益的运动：
> 一种是最简单的机械运动。
> 一种是最复杂、最高级的思维运动。

于是，人类从方方面面效仿大自然，学习大自然。

下面让我们列举一些事例来说明：

> 在用餐中，东方人发明、创造筷子，西方人发明、创造刀叉，在餐桌上利用自身的能量，让筷子、刀叉做各种有益的运动，进而尽情地享用自然中的美味佳肴。

　　在生产中,人类发明、创造各种生产劳动工具,如起重机、挖掘机、拖拉机、收割机、各种数控机床、机器人等,让它们利用各种能量,为人类做各种有益的运动,进而减轻劳动负担,避免危险劳动的伤害,提高生产效率。

　　在交通运输中,人类发明、创造各种交通工具,如自行车、摩托车、汽车、轮船、飞机等,让它们利用各种能量,为人类做各种有益的运动,进而为人类提供出行方便,让物流快速畅通。

　　在交往与交流中,人类发明、创造计算机、通信网和互联网系统工程,利用电能,借助电磁波为人类做缩短视、听距离的高速运动,进而使庞大的地球变成小小的村落。

　　在航天中,人类发明、创造运载火箭、飞船和各种遥感设备,它们同样也要利用能量,为人类做各种有益的运动,进而协助人类探究深空,实现遨游太空的梦想。

　　上述的例子,几乎涵盖了同学们在初中物理中学习的所有内容。

　　可见,在学习中,学会总结是多么的重要!

二、要学习并懂得一点哲学常识

　　在同学们学完了初中物理之后,本书还要再提出一点参考建议。

　　同学们阅读了本书之后,是否觉得在初中物理中,似乎处处都渗透着辩证唯物的思想观点。为此,我们建议同学们在初中就要学习并懂得一点哲学常识,这不仅对我们今后学习高中物理有好处,而且对学习所有的学科均有帮助。

　　哲学在自然科学和社会实践的研究中,具有十分重要的指导和启迪作用。它为各门科学提供了科学的世界观、认识论和方法论。

　　马克思22岁就获得了哲学博士学位,他曾在给其父亲的信中写道:

　　"没有哲学的帮助,就不能把别的学科吃透!"

　　下面列出一些关于哲学中唯物论、辩证法和认识论的一些基本观点或常识,供同学们学习参考。希望同学们能在平时的生活和学习中,找出一些事例来佐证它们,进而认识并熟悉和应用它们。

　　哲学中的唯物论告诉我们,人类必须承认:

- 世界是运动着的物质世界。
- 物质运动是以时间和空间形式进行的。
- 人类的意识是一种特殊的物质,它是人脑的一种机能,意识一经产生,便对客观存在的物质具有能动的反作用。

哲学中的辩证法告诉我们,人类必须坚信:

- 自然界的物质与运动既是多样的,又是统一的。
- 世界既是普遍联系的,又是无限循环发展的。
- 事物总是具有两面性的,它们既是对立的,又是统一的。
- 矛盾是普遍存在的,它是事物发展的动力。矛盾的双方在一定条件下是可以转化的,矛盾的双方往往是对立的统一体。
- 量变到质变是事物发展的普遍规律,变中有不变,不变中有变,它们也是对立统一的。
- 事物总是在肯定与否定中发展,又在否定之否定中前进的。
- 必然是偶然的支撑,偶然是必然的表现和补充。
- 真理既是绝对的,又是相对的。

哲学中的认识论告诉我们,人类必须确信:

- 人类对客观世界的正确反映,才是正确的认识。
- 人的认识必须从感性上升到理性,才能揭示事物的本质。
- 实践是认识的起点,又是认识的归宿。
- 现象是事物本质在各个方面的外部表现,本质是事物内在的,是某一事物与其他事物内在联系得比较深刻、相对稳定的内部表现,它是事物的性质或事物运动的规律。
- 原因是直接产生某种现象的现象,结果是原因的作用所产生的现象。

真诚地希望同学们不要以为自己是初中生,就不能接触哲学而将这门非常有用的科学拒之门外,其实它就在我们身边,也在我们所学的初中物理之中。我们曾在前面介绍的辩证唯物思想中常用的一些观点,就在哲学之中。

亲爱的初中同学们，编者在这里再次提个醒：

你们千万不要自己人云亦云地在少年这个最佳时机，在以物理这门科学为自然哲学的启蒙老师面前，放弃接受辩证唯物的科学思想教育的机会，放弃认识自然哲学中的一些最基本的观点的机会。

倘若你们放弃了，将可能是终生的遗憾，因为辩证唯物的科学思想，恰恰是每个人在青少年时期形成科学素养的最佳营养！

最后，我们还希望感兴趣的同学阅读下面 8 位科学家的资料。

我们将这 8 位科学家的资料，按照年代排序出来。

他们是：

天下奇人和奇才——列奥纳多·达·芬奇(1452—1519)

学物理要认识哲学家弗兰西斯·培根(1561—1662)

敢为天空立法的开普勒(1571—1630)

三个奇特梦境的笛卡尔(1596—1650)

医生开错药差点丧命的罗伯特·波义耳(1627—1691)

曾担任过法国教育部长的库仑(1736—1806)

震惊世界的"遗嘱"——诺贝尔(1833—1896)

"节外生枝"的贝克勒尔(1852—1908)

我们之所以按年代排序让同学们阅读这些资料，其目的有两个：一是让同学们从这 8 位科学家在不同的年代想了些什么、说了些什么和做了些什么中，进一步了解物理这门科学的发展进程，以及诺贝尔奖的由来；二是让同学们从这些科学家如何做人、怎样做事和怎样做学问三个方面，能获得更多的收益！

天下奇人和奇才——列奥纳多·达·芬奇(1452—1519)

列奥纳多·达·芬奇是欧洲文艺复兴运动时期的杰出代表。他 5 岁就能凭记忆在沙滩上画母亲的肖像，同时还能即席作词谱曲，并自己伴奏自己唱，引得在场的人赞叹不已。达·芬奇十四岁开始学习绘画，具有极其丰富的想象力和创造力，他把绘画艺术与科学研究紧密结合起来，通过绘画深入研究人体解剖、动植物以及力学、光学、地质学、数学等多方面的知识，并力求使自己成为认识自然和模仿自然的巨匠，后人称他是一位多才多艺的天才和奇人。

达·芬奇是世人敬慕的伟大画师，几乎没有人不知道他最著名的两幅杰作《蒙娜丽莎》和《最后的晚餐》。尤其是蒙娜丽莎的微笑，引来后人无限的遐想和无穷的猜测，特别是画面中的蒙娜丽莎的右手，堪称美术史上最美的手。

蒙娜丽莎

达·芬奇
两幅最著名的
代表作。

从15世纪开始，
许多哲人、智者为
了争取发挥个人聪
明才智的自由，奋
勇投身到文艺复兴
运动之中，达·芬
奇就是其中最杰出
的代表之一。

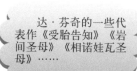

达·芬奇的一些代表作《受胎告知》《岩间圣母》《相诺娃瓦圣母》……

在达·芬奇的一些作品中，常能见到美丽的圣母和可爱的婴儿，我们推测，可能在这位大师的心目中，圣母代表了造物主的伟大，婴儿代表了人类的希望，而母亲和婴儿则是他的心目中最美的两样东西。

达·芬奇还是雕刻家、音乐家、工程师、数学家、生物学家、哲学家。他在当时的每个科学领域里，都取得了极高的成就，可谓集百家于一身的顶级科学大师。

例如，在物理学尚未诞生的 500 多年前，达·芬奇就提出了连通器原理和惯性原理；设计研制出初级机器人，并设想用机器人给人进行修复心脏手术；提出"月亮是靠反射太阳光而发光的"，"地球是绕太阳运转的星球"，甚至幻想利用太阳能等，这是何等了不起的科学想象与科学发现。

因此，后人又称他是探究物理学的先驱，并公认他是伟大的物理学家。

达·芬奇非常厌恶封建宗教的排异思想，公开说"真理只有一个，她不在宗教之中，而在科学之中"。他当时把观察和实验当作独一无二的真正方法，认为"智慧是经验的产儿"。还认为"任何探讨若不通过数学证明，就不能说是真正的科学"。他说："热衷于实践而不要理论的人，就好像一个水手上了一只没有舵和罗盘的船一样，拿不稳该往哪里航行。"他又说："理论脱离实践是最大的不幸，实践应以好的理论为基础。"

他鼓励人们向大自然学习，到自然中寻求真理！这些至理名言，至今光芒四射！

达·芬奇是实验科学的先驱之一，是当时欧洲的"百科全书"。他遗留下的手稿多达 7 000 余件，可惜直到 18 世纪末才被发掘整理出来，未能在当时充分发挥推进科学发展的重大作用。但是，这一发掘却为后来哥白尼、开普勒、伽利略的科学研究指明了正确的方向，开辟了新的航程。

因此，我们要学习物理，就不能不认识这位天才和奇人——列奥纳多·达·

芬奇。

达·芬奇的名言和部分名言的注释参考

- 趁着年轻壮志去探求知识吧！它将弥补由于年老而带来的亏损。智慧乃是老年时的养料，所以年轻时应当努力，这样，年老时才不至于空虚。

- 有天资的人，当他们工作得最少的时候，实际上是他们工作得最多的时候，因为他们在构思，并把想法酝酿成熟，这些成熟的想法随后通过他们的手表达出来。

- 不能超过师父的徒弟是不幸的。

- 愚昧将使你达不到任何成果，并在失望和忧郁中自暴自弃。

- 一生没虚过，可以愉快地死去，如同一天没虚过，可以安眠。

- 水若停滞即失其纯洁，心若不活动精气立消。（心若不活动指思想僵化）

- 勤劳一日，可得一夜安眠，勤劳一生，可得幸福长眠。

- 人的智慧不用，就会枯萎。

- 你们不见美貌青年穿戴过分而折损了他们的美吗？你们不见山村妇女穿着朴实无华的衣服反比盛装的妇女要美得多吗？

- 敌人的判断时常比朋友的判断更适当些，更有用些。（你的敌人是不会为你唱颂歌的）

- 当你单独时，你的全部都是自己的，有了一个伴，只剩半个自己，若做伴的品行愈次，所剩的就愈少。（这里的"伴"可以理解为妻子，也可以理解是朋友，如果你的妻子或朋友品行不端，就会影响你，即近墨者黑）

- 如果你是一个艺术家，你要牢记：必须开拓你的胸襟，务使心如明镜，能够照见一切事物，一切色彩。

弗兰西斯·培根(1561—1662)

学物理要认识哲学家弗兰西斯·培根(1561—1662)

弗兰西斯·培根是英国文艺复兴时期的重要文学家、思想家和哲学家，同时也是物理学家。

他 1561 年出生在英国伦敦的一个贵族家庭，父亲是英国女王的掌玺大臣和大法官，母亲也是贵族家庭出身。

培根小时候体弱，经常生病，但非常爱学习，喜欢读比同龄人可读的更为高深的书籍，因此，显得格外聪慧伶俐。因父亲是女王的掌玺大臣和大法官，儿时的培根深得女王喜爱。他13岁就进入剑桥大学读书,大学毕业后又学习法律。42岁的培根凭着他的智慧步入了政坛并和父亲一样,于1603年成为英国国王詹姆士一世的掌玺大臣和大法官,并荣升为圣尔本斯子爵。但好景不长,仅三年他就被议会弹劾,从权力的宝座上跌落下来。培根经历了诸多磨难和人生沉浮,复杂多变的生活经历丰富了他的阅历,从此他决心投入学术研究,随之而来的便是他的思想成熟,言论深邃,富含哲理。从他的著作《培根随笔集》中,我们可以看出他热爱哲学,富有生活情趣,自强不息的性格特征。

培根不仅在文学和哲学上多有建树,在自然科学领域也取得了重大成就。

1620年在他出版的又一部著作《新工具》一书中,就响亮地提出了"知识就是力量"的名言。指出"要想利用自然,就必须要掌握科学知识"。他十分重视实验,认为只有实验才能获得真正的知识。

在物理学史中关于"热是什么"的问题,科学家们曾有过一场大的争论。有的科学家认为热是一种运动,有的科学家则认为热是一种物质。培根就是首先从摩擦生热的现象出发,提出热是运动观点的第一人。他认为"热是一种膨胀的、被约束的、而在其斗争中作用于物体的较小粒子上的运动",这句话简而言之就是"热的实质是运动"。这种看法影响了许多科学家,如笛卡尔把热看作是物质粒子的一种旋转运动;胡克用显微镜观察火花,认为热并不是什么其他东西,而是物体各部分的非常活跃、极其猛烈的运动;波义耳指出热是物体各部分发生的强烈而复杂的运动;牛顿也认为热不是一种物质,而是组成物体的微粒的机械运动。罗蒙诺索夫根据摩擦、敲击能生热,物体受热熔化,以及种子发芽,物体腐烂过程都因受热而加快的现象得出结论,即"热的充分根源在于运动"。

但在18世纪,认为热是一种特殊物质的观点却占了上风。其原因有两点:一是当时人们对各种物理现象孤立起来研究,尚未注意到它们之间相互关联和转化的关系;二是"热质说"能作出被许多人容易接受的一些关于热现象的解释。例如,物体温度变化现象,用"热质说"解释是因为吸收或放出"热质"多少而引起的;又例如热传导现象,用"热质说"解释是"热质"的流动等。

到了18世纪末,"热质说"受到了严重的挑战。英籍物理学家伦福德在慕尼黑军工厂用数匹马带动一个钝钻头钻炮膛,并把炮筒浸在60F°的水中发现,经过1小时后水温升高了47F°,两个半小时后,水开始沸腾,只要机械功不停,热就不断产生,由此,他认为热是物质的一种运动形式。1799年,英国科学家戴维曾在一个同周围环境隔离开来的真空容器里,使两块冰相互摩擦熔解为水,发现水的比热比冰高。因此,戴维断言,"热质"不存在。伦福德和戴维的实验支持了热运动说,并为热学中"分子动理论"的架构奠定了思想和实验基础。

弗兰西斯·培根的名言和部分名言的注释参考

- 一次不公正的审判,比十次犯罪所造成的危害还要严重,因为犯罪不过弄脏了水流,而不公正的审判却败坏了水的源头。
- 知识就是力量。
- 历史使人明智,诗词使人灵秀,数学使人周密,自然哲学使人深刻,伦理使人庄重,逻辑修辞使人善辩。
- 没有友谊,则世上不过是一片荒野。
- 最能保持心神健康的预防药,就是朋友的忠言规谏。
- 狡猾就是一种阴险的聪明,一个狡猾的人与一个聪明人之间确有很大差异,这种差异不但在诚实上,而且在才能上。
- 顺境的美德是节制,逆境的美德是坚忍,这后一种是较为伟大的一种德行。(指坚忍是比节制更富有内涵的一种品性)

敢为天空立法的开普勒(1571—1630)

开普勒(1571—1630)

开普勒是德国天文学家,因为他是早产儿,故自幼体质很差,这是他先天的不足。他的后天更是多灾多难,曾患过天花和猩红热,视力衰弱,一只手又出现了半残。在先天不足、后天灾难的情况下,开普勒并没有灰心,从小学到大学成绩一直名列前茅。因此,大学毕业就应聘到奥地利格拉茨的路德派高级中学任教。他在大学学习期间,因受到热心宣传哥白尼学说的教授迈克尔的影响,成了"日心说"的忠实拥护者。

开普勒在任教期间阅读了大量的天文资料,并坚持长期观察、记录、计算和思考,发现哥白尼学说中有些数据跟实际观察有出入,于是他废寝忘食地认真、细心计算、复核,最后写成《神秘的宇宙》一书。但开普勒自己也认为此书并没有解开宇宙的秘密,于是求教于当时著名的天文学家弟谷,并将《神秘的宇宙》书稿寄给他。弟谷看了书稿之后,虽然觉得不太满意,但慧眼识出开普勒是一位有发展前途的年轻人,便邀他前来布拉格共同研究。

1600年,开普勒历经艰辛的长途跋涉,曾一度贫病交加,潦倒在异乡客栈,幸好受到弟谷的及时接济,终于来到布拉格并成了弟谷的助手。

55岁的弟谷和30岁的开普勒一见如故,从此,他们成了好朋友。可惜,次年弟谷因病去世,开普勒便接替了弟谷的位置继续研究,并参考弟谷积累了 20 多年的宝贵观察资料,结合自己的观察记录,经过一次又一次反复地精心计算,终于发现并总结出了行星运动三定律,进而获得"天空立法者"的光荣称号。

开普勒的一生是我们今天人难以想象的,一生中除了得到过弟谷短暂的帮助外,几乎都处在生活贫困的逆境之中,但他的一生又告诉我们,有志者事竟成!

三个奇特梦境的笛卡尔(1596—1650)

笛卡尔 1596 年 3 月 31 日出生于法国安德尔-卢瓦尔省的图赖,为了纪念笛卡尔这位伟人,后人将图赖更名为笛卡尔。他是法国哲学家、数学家、物理学家和神学家。

笛卡尔出生在一个地位较低的贵族家庭,父亲是地方议会的议员,也是地方法官。笛卡尔 1 岁多时,母亲患肺结核去世,而他也受到传染,造成他体弱多病。父亲希望笛卡尔将来能成为一名神学家,故将 8 岁的笛卡尔送入当时欧洲最有名的贵族学校——耶稣会皇家大亨利学院学习。校方为了照顾他的身体,特许他暂不受校规约束,因此,他经常独自一人学习,故他从小养成了

笛卡尔(1596—1650)

喜欢安静和善于独立思考的习惯。他在该校学习 8 年,学习了古典文学、历史、哲学、法学、医学、数学和物理,其中包括伽利略的工作。但他对教科书中的一些论证感到失望,进而产生怀疑,并想到如何得到确凿的知识。

1616 年 12 月笛卡尔从亨利学院(中学)毕业进入普瓦捷大学,按照父亲的意愿学习法律和医学,但这时的笛卡尔却对哲学、数学和物理特别感兴趣,因此,笛卡尔大学毕业后的择业不定,他一心想游历欧洲,通过游学的途径,专心寻求世界这本大书中的智慧。真是日有所思,夜有所梦,据说他在一个晚上连做了三个奇特的梦:第一个梦是自己被风暴吹到一个风力吹不到的地方;第二个梦是他得到了打开自然宝库的钥匙;第三个梦是他开辟了通向真正知识的通道。

1622 年,26 岁的笛卡尔下决心变卖了父亲留下的资产,用 4 年时间游历了欧洲。他在意大利住了两年,随后迁往法国巴黎。但因法国教会势力庞大,不能自由讨论科学问题,因此笛卡尔在 1628 年又移居荷兰,在荷兰住了 20 年。在这 20 年中他对数学、哲学、物理学、天文学进行了深入的研究,取得了诸多研究成果,出版了多部重要文集。如《世界论》《屈光论》《几何学》《气象学》《哲学原理》和《方法论》等。

在《屈光论》中,是他首先完成了对光的折射规律的理论论证。

他在《哲学原理》中写道："上帝在创造物质的时候，就赋予物质各部分以不同的运动，而且使所有物质保持创造出来的那个时候所处的方式和状态，所以，是上帝使这些物质保持着原来的运动量（这里的'上帝'应理解为大自然）。"进而首先提出自然中运动守恒的结论，这为同时代的伽利略和后来的牛顿对运动和力的研究，奠定了重要的思想基础。

在《几何学》中，由于笛卡尔首先将几何坐标体系公式化，因此，他被后人称作是"解析几何之父"。

笛卡尔堪称 17 世纪欧洲哲学界和科学界最有影响力的巨匠之一，被誉为"近代科学的始祖"。他留下的名言是"我思故我在"。这句名言的意思是：当我怀疑一切事物的存在时，我却不怀疑我本身的思想，因为此时我唯一可以确定的就是我自己思想的存在，也就是当我怀疑一切时，不能怀疑那个正在怀疑着的"我"的存在。

1650 年 2 月 11 日，笛卡尔在瑞典斯德哥尔摩逝世，后人在他的墓碑上刻下"笛卡尔，欧洲文艺复兴以来，第一个为人类争取并保证理性权利的人"。这句话指笛卡尔第一个提出"理性思考"是上帝赋予人类的一种权利，或者说"理性思考"是人类与生俱来的一种本性。

笛卡尔的名言和部分名言的注释参考

- 读一切好书，就是和许多高人的说话。
- 愈学习，愈发现自己无知。
- 反对的意见在两方面对于我们有益，一方面是使我们知道自己有错误，一方面是多数人看到的比一个人看到的更明白。
- 尊重别人，才能受人尊敬。
- 行动十分迂腐的人，只要始终循着正道前进，就可以比离开正道飞奔的人走在前面很多。（不论做什么，如果方向、路线错了，就不可能达到终极目的）
- 犹豫不决才是最大的危害。
- 无法做出决策的人，或欲望过大，或觉悟不足。
- 实在说来，没有知识的人，总爱议论别人的无知，知识丰富的人却时时发现自己无知。
- 仅仅具备出色的智力是不够的，主要问题是如何出色地使用它。
- 征服你自己，而不要征服世界。

医生开错药差点丧命的罗伯特·波义耳(1627—1691)

罗伯特·波义耳是英国化学家、化学史家和物理学家。马克思和恩格斯都说是波义耳首先把化学确立为一门科学。罗伯特·波义耳出生在一个贵族的家庭,童年时代的波义耳并非十分聪明,说话有点口吃,比较喜欢安静,酷爱读书,常常书不离手。

8岁那年,父亲送他到伦敦郊区伊顿一所专门为贵族办的寄宿制学校学习。三年后波义耳又到欧洲教育中心之一的日内瓦学习了两年,主要学习法语、实用数学和艺术等课程。

罗伯特·波义耳(1627—1691)

在这两年中,因受到瑞士宗教改革中反映资产阶级思想的新教义影响,波义耳在思想上一直倾向于革命。

波义耳家庭中的兄弟姐妹较多,共有14个,他最小。三岁时母亲去世,可能是因为缺乏母亲的精心照顾,因此波义耳体质很差,经常生病。

有一次生病,医生开错了药,他差点因此丧命。经过这次遭遇,他再也不去求医生了,开始自修医学,到处寻找药方和偏方为自己治病。

英国当时的医生通常都是自己配制药方,因此,自修医学就必须研究药物和做实验,这就是波义耳对化学特别感兴趣的重要原因。1654年他迁居牛津,创立了一个设备齐全并属于自己的实验室,还聘用了一些助手,其中就有后来成为英国著名科学家的胡克。波义耳就是在自己的实验室里完成了10本著作,并在英国皇家学报上公开发表了20篇文章。

波义耳生活在欧洲资产阶级革命的兴盛时期,也是近代科学的萌芽时期。这是一个巨人辈出的时代,可谓时势造英雄的时代。例如,提出"知识就是力量"著名论断的思想家、哲学家弗朗西斯·培根,经典物理学创始人伽利略与牛顿,天空立法者开普勒,著名的数学家、哲学家笛卡尔等,他们都是那个时代的名人。

因此,当时的英国科学研究风气非常浓厚,一批对科学感兴趣的人经常自发地聚会,从1664年起,便定期聚会讨论自然科学问题,他们称这种定期聚会是"无形学院"。这种"无形学院"的队伍越来越壮大,于是,在1668年的一次聚会上宣布成立一个以促进物理、数学为主的实验知识学院。不久又经英国国王查理二世批准,并将该学院变成以促进自然科学为宗旨的英国皇家学会,并根据培根的思想,强调科学在工艺和技术的应用,力争创建一个理论联系实际的研究自然科学的学会。

波义耳就是学会的重要发起人之一,1680 年,波义耳被选为英国皇家学会会长,但他因体弱多病,又讨厌宣誓仪式而拒绝了就任。

波义耳的兴趣是多方面的,在热学、光学、物质结构理论、气体物理、无机化学、分析化学以及哲学上均有建树,其中化学尤为突出。

早期的初中物理中讲的"一定质量的气体,在温度不变时,它的压强与体积成反比"这一规律,就是波义耳通过实验方法总结出来的。

他的许多成果都是在实验中敏锐观察而获得的,因此他说:"要做好实验,就要敏于观察。"他曾在实验中发现五倍子的水浸液和铁盐在一起,会生成一种不生沉淀的黑色溶液,且永不变色。于是,他发明了制取黑墨水的方法。这种黑墨水曾在东、西方用了一个世纪。

因此他又说:"人之所以效力于世界,莫过于勤在实验上下工夫!"

曾担任过法国教育部长的库仑(1736—1806)

库仑(1736—1806)

库仑是法国物理学家。他长期在军队服役,退役后从事科学研究工作,并发现了电荷间相互作用的规律,后人称为"库仑定律"。他曾当选为法国科学院院士,晚年任法国教育部部长。

库仑于 1736 年 6 月 14 日出生在法国昂古莱姆。他在青少年时期受到了良好的教育,中学毕业后,就进入巴黎军事工程学院读书。

这所学校不仅注重理论知识,更重视实际应用。因此,库仑在这所学校打下了坚实的工程建筑方面的理论与实践基础。库仑毕业后到部队就直接担负起建筑军事要塞方面的工作。后来,又被调到当时法国殖民地西印度群岛的马提尼克岛工作了 9 年,直到 1776 年因病复员回到法国。

库仑在军队里从事多年军事建筑工作,与此同时他还进行了大量的科学研究工作,因此,复员回国后就立即投入到科学研究之中,并在多方面获得了重要的成果,发现电荷之间相互作用的规律只是他研究成果的一部分。

库仑是在 1777 年采用跟卡文迪许扭秤类比的方法,设计并制作出测量微小电力的扭秤,后人称"库仑扭秤"。他用该扭秤进行多次精细的测量与计算,历经 8 年时间,终于在 1785 年总结出了后人用他名字命名的"库仑定律"。

人们为了纪念他,将电量的单位命名为"库",符号为 C。一个电子所带的电量约为 1.6×10^{-19} C,或者说 1 C 相当于 6.25 千兆个电子所带的电量。

自 1785 年至 1789 年,他又以高度精湛的实验技术和技巧,对电荷间相互作用力做了一系列的研究,并连续在英国皇家科学院备忘录中发表了多篇电学论文。

库仑为人耿直,品质高尚,科学家托马斯·杨曾称赞库仑的道德如同他的电学研究一样出色。"库仑定律"不仅揭示了自然中电荷间的相互作用规律,还让我们从这一规律中,认识到自然中的一些哲理,直觉到了自然中的美。

例如,简单永远胜过复杂,简单就是美的象征;自然中的现象既是多样的,又是统一的;数学是美的原型;对称是自然美的外在表现形式。

17 世纪,开普勒发现行星运动三定律,牛顿在此基础上发现了万有引力定律;18 世纪库仑采用类比的方法,通过库仑扭秤精细的测量与计算,总结出了电荷间相互作用的规律,即库仑定律。

万有引力定律和库仑定律的数学表达形式十分相似,都表现出与距离平方成反比的关系。

宏观物体(星球之间相互作用力 F)万有引力定律的数学表达式: $$F = G = \frac{Mm}{r^2}$$ 上式中 G 为万有引力常数,M、m 为两星球的质量,r 为两星球之间的距离。	对称	微观粒子(电荷之间相互作用力 f)库仑定律的数学表达式: $$f = K\frac{Qq}{r^2}$$ 上式中 K 为静电力常数,Q、q 为两电荷的电量,r 为两电荷之间的距离。

其实,库仑通过实验数据的测算结果,并非绝对与平方反比,要比平方多一点点,即 2.01 或 2.001 次方,我们若忽略这一微小的测量误差,便是平方。

这样显得更加简单,而这种简单的平方反比关系,恰恰是大自然最真实的美的表现。也就是说平方反比关系才是自然的本来面貌,而 2.01 或 2.001 次方是人们在测量中的误差所造成的。

上面的两个表达式,既让我们看到了自然的对称美,又让我们看到了自然的简单美。上述两个表达式所表达的两条自然规律,既让我们认识到了宇宙运动的多样性,又让我们体悟到了宇宙运动的统一性。

多样性表现在宏观物体的运动与微观粒子的运动上,它们是两种不同形式的运动,一个是机械运动,一个是电磁运动;统一性表现在它们之间的相互作用力上,均与距离的平方成反比关系。

由此,又让我们联想到在初中物理中曾经认识到的一些自然规律,不少都是用正比关系式来表达的。

例如:

物质的质量跟其体积成正比:$m = \rho V$;

物体受到的重力跟其质量成正比:$G = mg$;

通过导体的电流跟加在导体两端的电压成正比:$U = RI$;

……

可见,数学是多么的简洁,它魅力无穷,难怪许多科学家都认为大自然就是按照数学结构来打造的。

正因为大自然是按照数学结构打造的,我们才可以说数学是人类精雕细刻大自然的最佳工具。

由此可见,要学好物理,就必须要学好数学!

震惊世界的"遗嘱"——诺贝尔(1833—1896)

科学家们梦寐以求的诺贝尔金质奖章,下图是奖章的正面和背面。

诺贝尔(1833—1896)

诺贝尔奖是世界近代史上享有盛誉的一项国际大奖。它从一个侧面真实地反映了世界科学文化发展的进程,生动地记载了人类文明发展的历史。

诺贝尔奖从 1901 年开始颁发,并规定在每年的 12 月 10 日,即诺贝尔去世的那天颁奖,以纪念这位世人崇敬的伟人。

诺贝尔不仅是一位化学家、发明家,而且是举世闻名的科学伟人。他于 1833 年 10 月 21 日出生在瑞典的斯德哥尔摩,于 1896 年 12 月 10 日在意大利的圣雷芙逝世,终年 63 岁。

诺贝尔主要从事炸药研究,连同其他的发明,他一生中一共获得 255 项专利,后人称他是"炸药大王"和"炸药之父"。诺贝尔的父亲是一位建筑师和机械师,但他非常喜欢研制炸药。受父亲的影响,诺贝尔从小就酷爱化学。热衷于化学实验的诺贝尔,立志将来要当一名化学实业家。于是,他在 17 岁时就选择了研制炸药作为终生的事业。19 世纪下半叶前,人们只知道从东方古老的中国传到西方的火药是唯一的炸药,但它爆炸的威力却很有限,不能满足当时欧洲工业生产发展的需求。因此,人们渴望找到一种更具威力的炸药。1847 年,意大利青年化学家斯卡尼奥·索卜里罗发现硝化甘油具有猛烈的爆炸性。1862 年,素以发明创造成癖的老诺贝尔带着小诺贝尔,在斯德哥尔摩首次试验用硝化甘油制作炸药。他们都知道这是拿自己的生命在下赌注,但更知道人们迫切需要一种既安全、又具有爆炸威力的炸药来减轻繁重的体力劳动,以完成许多人力所不及的事情。于是,他们最终选择了冒险,并在自家工厂一间简陋实验室中进行冒险试验。

1844 年 9 月的一天,诺贝尔和父亲、弟弟以及几个助手正在进行这项新的冒险试验,突然一声巨响,猛烈的爆炸使整个工厂化为乌有,弟弟和几个助手均被夺去了生命,而父亲和自己也被炸伤。从此,老诺贝尔就卧床不起。这时的诺贝尔,既没有在死亡面前屈服,也没有在来自四面八方的非议和嘲讽中退却,仍然坚持继续冒险试验。由于在城中试验的风险实在太大,于是他改用一条船开到马拉伦湖上进行试验。一个偶然发现,让他受到了启发,即硝化甘油流到砂土上便成了胶乳状,却没有因受到震动而爆炸。因此,他开始到处寻找能吸收硝化甘油的物质,最后终于找到一种名叫硅藻土的物质,掺有这种物质的硝化甘油即使用重锤击打也不会爆炸,高能爆炸物质的安全性解决了,余下的就是研制新的引爆物质和装置了,诺贝尔又通过多种物质的研究,发现雷酸汞受热震动会引起爆炸,于是,他把雷酸汞放进密封的金属管中作为引爆装置,这就是雷管的发明过程和雷管名字的由来。

雷管的发明,结束了人们用黑火药的年代,开辟了高能炸药生产的新时期,促进了爆破行业的技术进步与发展。诺贝尔把自己的一生都献给了人类的科学事业,辉煌的成就也给他带来了丰厚的财富,他在许多国家都建有自己的工厂和实验室,却从来也没有为自己建造一处舒适的房子。

他说:"有钱不能使人幸福,幸福的源泉只有一个——是让别人也得到幸福。"他在临终时,终于找到了造福于人类的最佳途径。1896 年 11 月 27 日,他亲笔写下震惊世界的遗嘱:

"将我的 920 万美元作为基金,每年用其约 20 万美金的利息,奖励对世界科学作出重大贡献的科学家。"

贝克勒尔(1852—1908)

"节外生枝"的贝克勒尔(1852—1908)

贝克勒尔是研究荧光和磷光方面的专家。当他知道伦琴发现 X 射线时,便对这一发现产生了极大的兴趣。开始他只是想探究在 X 射线与荧光之间能否找到某种联系,试探荧光物质能否也会产生这种看不见的射线,就此,他做了一系列的实验。

他首先选择双氧铀钾这种铀盐作为研究对象,起初,他只知道这种物质能在阳光下发出荧光,不会穿透黑纸使胶片感光,而 X 射线能穿透黑纸使胶片感光。于是,他设想把这种铀盐和胶片一道放在黑纸里包严,并让它们在阳光下暴晒。按照他原来的设想,这种铀盐发出的荧光应当不会透过黑纸,如果它能透过黑纸使底片曝光,那么,就可以说明这种物质也能发出 X 射线。试验后,他把暴晒后黑纸包内的底片拿到暗房里冲洗,却发现底片上出现铀盐的黑影,这个事实说明底片感光了。

他把这个现象即刻告诉了科学家父亲,具有严谨科学态度的父亲教导他,不要轻易地相信一两次实验的发现,一定要反复地进行多次的实验验证才能下结论。按照父亲的教导,他准备再次做实验验证,但是,天不作美,连续几天下雨,他只好把准备好的底片连同铀盐用黑纸包在一起放在抽屉里,为了防止黑纸包散开,他就顺手放了一大把钥匙压在纸包上面,之后就去忙别的事情了。

三四天之后天晴了,他想起要继续做铀盐的实验验证,当他打开抽屉时,他吃惊地发现底片已经曝光了,且底片上所显示的铀盐包和钥匙的影像非常清晰。后来,他又经过多次实验,发现所有铀盐都能放出射线,但放出的射线跟 X 射线不同,后来经研究表明,这种射线是由三种成分组成的。

一种成分是高速运动的氦原子核的粒子束,称 α 射线。它的电离作用很大,但穿透本领较弱;另一种成分是高速运动的电子束,称 β 射线。它的电离作用较小,但穿透本领较强;还有一种成分就是波长很短的电磁波,称 γ 射线。它的电离作用很小,但穿透本领非常强。

这三种射线就是我们初中物理课本中介绍的电磁波家族成员中看不见的光线。当时人们并不知道射线对人体的伤害,贝克勒尔长期在射线下工作,因此,他在 56 岁那年就与世长辞了。

1975 年,第十五届国际计量大会为了纪念贝克勒尔,将他的名字命名为放射性活度的国际单位,符号为 Bq。放射性元素每秒有一个原子发生衰变时,其放射性活度为 1 Bq(1 Bq 剂量的射线对人体是没有伤害的)。

1903 年他和居里夫妇因发现天然放射性现象共同获得诺贝尔物理奖。

各章值得思考与探究的问题解答思路和参考建议

本书不按照传统习题训练那样提供参考答案,而是依据"有支架的学习最有效"这一观点,提供解答问题的思路和建议,同学们根据所提供的思路和建议,自然就会找到问题的答案。

第一章 走进物理世界

1. 这是一道开放性的问题,没有标准答案,每个同学根据自己阅读科学家资料的感悟来说明。但这里建议同学们从科学家们的思想、精神、态度、毅力和意志品质方面来谈自己的感悟。

2. 建议从观察实验和理性思维的作用以及科学家们的思想、精神、态度、毅力和意志品质两个方面来阐明怎样才能把物理学好。

3. 这是一道开放性的问题,目的是引导同学们善于观察发现,勇于提出问题。每个同学在学习与生活中体悟不同,通过观察与实践,想到值得探究的问题也不一样,但要注意所提出的问题必须有一定的探究意义和价值。

4. 这是一道联系生活实际的问题,同学们只要到裁缝师傅那里去调查或上网查询,就一定会有答案。

5. 这是一道通过测量来进行科学探究的问题,因此,建议同学们从以下三个要点着手:

(1) 选用精度为毫米的刻度尺,细心测量等边三角形的边长与高。

(2) 多次测量分别求出它们的平均值,再分别计算它们的边长与对应的高之比,进而就会有所发现。

(3) 利用从个别到一般的逻辑推理方法,想一想,你在大小不同的等边三角形边长与高之比中的发现,可以推广到何种类型的几何图形中应用。

6. 建议从自然中一些事物的运动具有等时性的规律出发,思考并作解答。

7. 建议从光的直线传播原理和第 5 题推广应用的规律出发,思考测量方案。

8. 建议从测量工具的选择要根据实际需要出发,思考并作解答。

9. 建议用滚轮、圆规和棉线等用具,采用间接测量的方法获得测量结果。

第二章　声音与环境

1. 建议对照科学探究中的"七个要素",梳理帕斯卡的实验探究过程,每个同学的阅读感想并非都相同,因此,由同学们各自从阅读的认识中作答各自的感想。

2. 本题的前一问,建议同学们从声音传播的方式作答;后一问,建议同学们从"机遇总是在等待着那些有准备的人"这一观点出发,进而发表自己的见解。

3. 建议从物质组成的疏密程度中提出猜想,并说明依据。文字组织越简练,越清楚,越好。

4. 建议把所学到的关于声音的知识,跟二胡和小提琴的结构、演奏方式以及它们所发出来的声音等,结合起来思考并作答。

5. 建议从光速与声速之间的差距非常大角度,采用忽略次要因素的思想,思考实验方案的设计。

6. 上网搜寻资料是自主学习的重要途径,因此,同学们要养成上网搜寻资料的习惯,只要上网点击"超声"与"次声",就一定能查到关于超声和次声的应用。

7. 建议用所学到的声音方面的知识,跟声波的波形图能形象、直观地表达声音的哪些特征做比较,进而从对比中寻找答案。

8. 首先,同学们要熟悉音乐中七个音符,然后再选择一些生活用品耐心地敲击尝试,即使尝试出其中部分个音符也是成功的。

第三章　光和眼睛

1. 人们利用光的直线传播原理的应用例子有很多,但同学们要知道人们是怎样应用的。例如,大自然为人类配置的两只眼睛,不仅能产生视觉,而且能准确判断物体所在的位置。若只用一只眼睛,就很难准确判断物体的位置了。为什么呢? 同学们若把这个问题弄明白了,那么,关于光的直线传播原理的应用例子就会接踵而来。

2. 编制物理习题和试题必须从物理事实出发,把那些影响物理事实的关键因素提取出来,并依据它们之间的内在关联性,进而显露出一些因素,作为题中的已知条件,再隐蔽某个因素作为题中要求解的内容,在显露或隐蔽的因素中若涉及物理量,一定要尊重事实,千万不可伪造数据。

当你知道物理问题的由来,明白上述编制物理习题和试题的原则和要求时,那么,编制物理习题和试题就不困难了,只不过编制的是否巧妙而已。如果你能编制出一个科学而又巧妙的物理问题,就可以说你对这个物理问题进入了理解和应用级别。那么,你对物理学中的习题和试题就不会再神秘了。

3. 本题是一道学科渗透的问题。诗句"举杯邀明月,对影成三人",若从文学角度分析,建议同学们上网查询诗句作者当时的生活背景和处境,然后再作出说明。若从科学角度分析,建议同学们从"酒杯中酒水平面"和"月亮光照"两个因素,可能会对举杯人产生什么现象这一思路上去思考并作答。

4. 建议动手对折一个直角纸板,并跟互成直角的平面镜如右图所示的方式放置。想一想,人站在什么位置并露出头部就会导致错觉,进而收到"隐身"的效果。那么,"隐身术"的光学原理便一目了然,制作也就不困难了。

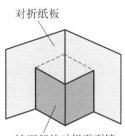

对折纸板

镜面朝外对折平面镜

5. 建议从平面镜成像角度出发去思考并作答。

6. 建议从不同的色光通过三棱镜所走的路程不同,但又同时到达三棱镜另一个侧面角度出发,由此比较各种色光的速度,进而提出猜想。

7. 建议从"火炉周围空气受热不匀"和"光的折射原理"两个方面去思考,进而作出回答。

8. 同学们只要按照问题引导的要求去做,一定会有观察的结果。

9. 建议从平面镜怎样组合能使光按照原来方向返回,再从光速来回的行程去思考,那么,本题中的两问便迎刃而解。

10. 建议了解这幅画作背后的故事,然后通过画面采光的明暗、色彩和人物面部表情来判断叛徒犹大在画面中的位置。

第四章　物质的形态及其变化

1. 请同学们重温华伦海特、摄尔修斯和开尔文三位科学家的资料,然后再作出回答。

2. 请同学们重温华伦海特、摄尔修斯和开尔文三位科学家的资料,然后再作出回答。

3. 建议从酒精温度计和水银温度计的使用范围角度思考,再从几种液体的沸腾的条件方面提出问题。

4. 建议先从描述水的沸腾、海波的熔化和石蜡的熔化三个过程的图像中能了解到些什么,进而再去说明你对图像方法的认识。

5. 这是一道在家里进行实验探究的问题,要知道在 15、16 世纪那个时代,是没有专门的实验室的,科学家们都是在家庭工作室中进行实验探究,并发现了诸多自然奥秘。因此,同学们在家里只要完成这个实验,就一定会有观察结果,进而在观察的基础上通过理性思考得出结论。

6. 建议从自然中的水循环是人类获得淡水的源头和补充,以及水资源的危机两个方面去谈水资源的意义。

7. 建议从全章知识的梳理中,寻找反应物质运动与变化特征的那些量值,并一一列出,然后再去说明它们的意义。

8. 本章知识以"温度变化"为线索梳理。同学们可以用提纲、表格和方框图等自己喜欢的方式进行归纳和总结。

第五章　我们周围的物质

1. 建议将物理学中说的"质量"概念和平时说的"质量"概念在内涵上进行比较,然后再去区分它们。

2. 建议从牛顿说的"物体的属性,凡既不能增强,又不能减弱者,并为我们实验所能及的范围内一切物体所具有者,就应视为所有物体的普遍属性"这句话出发,进而组织文字表达。文字组织越简洁,越清楚,越好。

3. 顺口溜是民间喜闻乐见的一种有趣的总结方式,同学们只要按照它的韵律,将天平的结构、使用和注意事项一一归纳出来,就一定会完成本题的要求。

4. 本题是一道测量方面的综合思考题,建议同学们从下面两个要点去思考:

(1) 比较天平和直尺,它们中哪一个在精密度上高一些。

(2) 硬币的两面是凹凸不平的,选用什么测量工具测量体积,可以避免硬币两面凹凸不平因素的影响。

那么,测量方案的改进以及对测量误差的进一步认识,便在其中。

5. 本题让同学们了解人体的血量和抽血后如何补充的常识的同时,应用密度或比例知识去解决问题。但应用比例测算时,要知道其中的道理。

6. 本题一方面训练同学们采用列表的方法归纳总结知识的能力,另一方面让同学们知道人类自古到今都在不停地探究与认识物质的各种性质,目的就是为了更加合理地应用这些性质。

7. 人们获取知识的途径有很多。上网已经是今天人们获取知识和信息的重要方式。因此,同学们要养成上网搜索有用资料的习惯,只要同学们上网查询,本题的答案就一定会呈现出来。

8. 本题让同学们认识宇宙中特殊的物质组成的白矮星、中子星或黑洞。然后通过估测熟悉的鸡蛋的体积,再利用密度公式测算,看看用中子星物质组成跟鸡蛋体积相同的"星蛋"有多少个,就能跟庞大的黄山质量相比。

第六章　力和机械

1. 本题让同学们尝试科学家们采用科学抽象的方法,将事物中本质因素抽取出来为物理概念进行定义。同学们只要知道反映力的作用效果的两个本质因素是什么,便可自行组织文字表述,建议文字表述要简洁清楚。

2. 学会归纳、总结是同学们自学的必备要素,因此,本题旨在训练同学们寻找力的相互性的一些特点,进而举例说明力的相互性的应用。这方面的例子很多,就拿我们走路来说,靠的就是力的相互性,走路时,单脚蹬地的作用力、地面对脚同时产生反作用力,正是这个反作用力驱使人前进的……

3. 这是一道让同学们学习应用图像法来描述重力与质量之间的关系的题目。只要把实验中测量的重力和质量在坐标方格中的对应点一一找出,然后将各点用线条连接起来,便可表示物体的重力跟物体质量之间的关系。

4. 这是一道设计验证猜想的实验题。建议同学们从控制变量的方法入手,根据猜想去思考控制什么量,改变什么量,进而设计实验。在设计实验中自然就会知道要用到哪些器材、如何操作,以及操作的步骤。

5. 这是一道让同学们学习应用"自然中事物总是具有两面性"辩证观点,来分析摩擦现象利弊的问题。怎样作答,同学们自己去组织文字,建议文字组织要简洁清楚。

6. 这是一道用数学方法来论证的问题,进而让同学感悟数学的魅力。

建议同学们从两次称量水泥电线杆的杠杆平衡式中,寻找可以消除且无须知道的未知量,问题便迎刃而解。

7. 本题让同学们应用杠杆平衡原理解决并不困难,重要的是同学们要知道杆秤是我国古代一大发明,虽然退出了历史的舞台,但它作为中华民族的一个文化符号以及公正、公平、天地良心的标尺,却永留人间的意义。

8. 本题是一个有趣的实验题。建议同学们从动滑轮和定滑轮的作用,以及怎样用很小的力来控制很大的力去思考问题的答案。

9. 这是一道综合计算题,要用到密度知识、滑轮和滑轮组的知识,以及小学科学中讲到的物体热胀冷缩的知识。

相信同学们解决这个问题并非难事,但同学们要从本题中认识一个重要的道理,即:小小的滑轮组原理(杠杆原理),却解决了今天高速电动机车在运行中输电线要保持恒定拉力的大问题。

可见,我们做习题并非仅是为了求出一个正确的答案,往往在问题中我们还会吸纳一些知识与技能并灵活地应用到实际中,同时要知道原理的重要性,即使是一个简单的原理也可能发挥重要的作用。

第七章　运动和力

1. 本题是一道学科渗透题,"坐地日行八万里,巡天遥看一千河"这句诗词,从文学和科学两个方面分析。

若从文学方面分析,建议同学们了解毛泽东所处的时代,他领导中国人民从抗日战争到解放战争,从新中国成立到土改、镇压反革命等一系列的运动一步步走来,使中国人民挺直腰杆站立起来的史实。进而从毛泽东的思想、魄力、学识以及个人魅力等方面思考作答。

若从科学方面分析,建议同学们要知道运动的相对性和参照物的选择等知识,同时还要知道地球的赤道周长大约是四万千米(公里)。

有了上述认识,解决这个问题就不难了。

2. 建议从运动与静止相对性原理上去思考。

3. 建议从运动与静止相对性原理上去思考。

4. 本题用到图像法和知识迁移。建议从图像中 OA、AB、BC 三条线段,它们分别反映物体处于什么样的运动状态去思考并作答。

5. 本题是一道跟实际联系的运动问题,从题中给出的条件,即汽车速度表一直指在 $60\ \text{km/h}$,说明汽车是匀速穿过山洞的,又知道穿过山洞的时间,依据速度公式问题便迎刃而解。

6. 建议同学们从观察到的一些运动现象,例如,物体在某一方向上不受力和物体在平衡力作用下怎样运动两个方面去思考,那么,本题所要的证据是什么,也就清楚了。

7. 在自然中,关于力的现象和运动的现象的例子比比皆是。建议例子要具有较普遍的代表性。例如,"万有引力"就是一个具有普遍代表性的例子。

8. 本题需要同学们用历史的、辩证唯物的思想观点去分析。

9. 这是一道假设并具有丰富想象的问题。建议同学们从以下两个方面去思考:

(1) 物体自由下落到地心时是否受到力的作用,即四面八方的引力共同作用的效果是什么。

(2) 物体穿过地心后的引力方向是否改变。

那么,该物体的运动图景就会在你的头脑中浮现出来。

第八章　神奇的压强

1. "一指禅"是我国少林功夫之一,常人是办不到的。因此,本题让同学们采用估测手指接触地面的面积,进而应用压强知识估算"一指禅"功夫到底有多大,进而了解武林功夫和它的魅力。

2. 皮沙发是同学们常见的家庭生活用具。人们为了让沙发坐着舒服、方便,又创造并增设了许多功能,其中涉及不少物理知识。因此,同学们除了想到压强知识外,还要从转动、杠杆、电动、振动等多方面去思考。

3. 建议重温关于帕斯卡的资料,了解简易 U 型压强计的结构,将帕斯卡传压原理与连通器原理结合起来分析,本问题的答案就在你的心中。

4. 大量事实表明,正确的思想和科学的方法比知识更重要,同学们已经认识了建立物理模型的方法,那么,若在连通器的底部假设竖直方向有一个小液片,那么,小液片两边在什么条件下才会处于静止状态呢。若能这样的想象,问题便迎刃而解。

5. 同学们首先要熟悉液体内部的压强有哪些特点,然后在生活、生产和科学技术三个方面寻找例子。例如,用水银而不用水来研制压强计,就是科学与技术方面的一个小例子。

6. 实验设计关键是如何制造相对的真空。只要同学们认真地去想,一定会有办法的,但不要用课本中现成的实验。

7. 本题仍然一道是学科渗透的问题。唐代诗人许晖写的"溪云初起日沉阁,山雨欲来风满楼",若从文学方面分析建议同学们要了解诗人所处的时代,此时唐王朝处在什么状态,进而分析诗句折射出什么样的政治局势。若从科学方面分析,建议同学们要知道大气压跟空气中含的水蒸气多少有关以及风的成因。知道诗句中"溪云"指的是什么。弄清了这些,那么,同学们就会从科学的角度来解释这句诗句的含义了。

8. 大气压与人类密切相关,宇航员身上穿的宇航服就相当于地球周围的小空间。宇航员穿上它步入太空就不会因太空中没有大气压而遇到危险。这就是科学技术方面的一个例子。至于在生活和生产方面大气压应用的例子很多,只要同学们肯动脑筋去想就一定会有满意的答案。

9. 利用大气压与高度有关的知识,即在 2 000 m 内,每升高 10 m,大气压约减小 110 Pa,那么,解决这个问题就不困难了。

第九章　浮力和升力

1. 本题采用等效变换的方法便迎刃而解。

2. 建议思考用量筒在测量固体体积中所用到的方法是什么,若同学们认识到是等效变换。那么,很多例子便接踵而来。

3. 建议同学们想一想,潜艇在哪些地方跟鱼类相似,想到了它们的相似之处,那么,解决问题的路子就清楚了,接着再建议同学们从"大自然是人类最伟大的导师"这一观点,发表自己的感想。

4. 建议从阿基米德原理出发,采用简单的逻辑推理便可知道水的密度与木块的密度之比,跟木块排开水的体积与木块的体积之间成反比关系。那么,问题的答案就出来了,至于将木块截去一半,仍然用上述推理,便可得出相同的结论。

5. 建议同学们在家里做一做这个实验,然后再用流体中流速与压强之间的关系解释这个现象。但要弄清旋涡中什么地方流速大,什么地方流速小。

6. 本题同样要用流体中的流速与压强之间的关系解释这个现象。同样也要弄清"竹蜻蜓"叶片旋转时造成的气流旋涡,什么地方流速大,什么地方流速小,至于感想各有不同,因此,由同学们各自作答。

7. 同学们只要知道物体的浮沉跟液体的密度有怎样的关系,那么,办法和道理就在其中。

8. 题目告诉我们,鸡蛋置入装有密度为 $1.1 \times 10^3 \, kg/m^3$ 盐水的量筒中悬浮,那么,只要知道悬浮状态的物体密度跟液体密度之间的关系,同时又能利用量筒直接将鸡蛋的体积测量出来,那么,本题的答案就会即刻出现。

9. 首先从科学的角度,即从流体压强方面的知识寻找直接真凶,同时具体说明其中的原因,然后再从法理的角度查找间接真凶,同时也要说明其中的原因。

第十章　从粒子到宇宙

1. 本题是一道开放性的问题,每个同学都各自有童年时代的想象(幻想),且想象(幻想)的由来或成因也不一样,因此,由同学们各自发挥作答。

2. 建议同学们从阅读资料中寻找,关键是找到德谟克里特成为古希腊杰出的全才的原因,问题的答案就有了。

3. 当同学们了解了固体、液体、气体内部分子之间的距离和作用力有什么不同,问题答案便水落石出。

4. 建议同学们在了解分子动理论的基础上发挥想象,大量分子的运动,势必有跟容器壁碰撞的现象出现,再想象大量分子跟容器壁发生碰撞会产生什么效果,那么,这里问题的答案便出来了。

5. 这是一道开放性的问题,同学们要按照各自平时实验的体悟作答。

6. 这是一道开放性的问题,同学们要按照各自阅读的领悟作答。

7. 若同学们接受了本书开头所说的"事物总是在否定之否定中前进的"观点,那么,本题的答案就在其中。

8. 当同学们了解了本书前面介绍的欧洲文艺复兴运动前后的简史,问题便迎刃而解。

9. 这是一道用实验方法进行科学探究的问题。同学们只要细心、耐心动手做试验,硬币漂浮在水面上的现象一定会出现。建议同学们从分子动理论出发,进而猜想其中的原因。验证实验的设计可能有些难度,建议在满杯水中轻轻投放数枚硬币,看看满杯水是否溢出,若不会溢出,想一想,其中的原因是什么,再想一想,这个实验结果能否作为猜想的验证。

第十一章 机械功和机械能

1. 本题是一道跟建筑工地联系的测算题。题中告诉我们重锤的质量、重锤自由下落的高度和桩柱的高度,那么,利用机械功的概念和公式以及动能与重力势能的转化知识,问题便迎刃而解。

2. 这是一道应用数学方法推演,进而显示数学在物理学中应用功能的问题。建议从数学推演的过程中寻找能反映速度的物理量,那么,问题便水落石出。

3. 建议同学们弄清 $P = FV$ 式中 F 的含义,那么,问题的解答思路便茅塞顿开。

4. 同学们在做滑轮组实验时,只要留心观察记录并测算滑轮组机械效率,同时注意滑轮组在挂不同重物时测算出来的机械效率是否相同,并思考其中原因,那么,这个问题的答案也就在你的心中了。可见,同学们平时做实验一定要细心、留心,并积极提出问题和思考问题。

5. 这个问题跟前一个问题相同,同学们在测算滑轮组机械效率时,要能知道额外功产生的原因,那么,问题的答案就在其中。

6. 建议同学们从人类在能量使用上出现危机的现象以及浪费能量的同时又造成环境污染两个方面去思考并作答。

7. 建议从弹簧上思考,激发灵感,即用不同硬质的弹簧下挂相同的重物和不同重物进行实验,进而提出猜想并设计实验验证,然后再从个别推广到一般。

8. 课本上虽然只是说物体的动能与势能是可以相互转化的;有摩擦等阻力时,在动能与势能的相互转化中,机械能会减少。若同学们在学习中能提出"假设没有摩擦等阻力的影响,那么,动能与势能在相互转化中机械能是否不变"这个问题,就值得赞赏。因为这个问题一旦被提出,就会引出大自然的守恒性这个本能的大问题。至于机械能守恒,只不过是大自然的守恒性在动能与势能相互转化中的一个具体表现罢了。同学们若接受了"守恒是大自然与生俱来的本性"这一观点,那么,你不仅能说明地球在近日点和远日点动、势能的变化情况,同时还能欣赏到地球做椭圆运动的对称美,进而认识对称是守恒美的外在表现,即自然中的守恒现象,往往是通过对称的方式表现出来的。

第十二章 内能与热机

1. 建议同学们将统称与总和两个概念区分开来,那么,这个问题的答案就明白了。

2. 建议同学们从分子动理论出发思考,即物体都是由分子组成的,而分子总是在做永不停息的运动,分子之间总是有相互作用力的,那么,本题的答案也就清楚了。

3. 本题的关键是知道天然气燃烧释放的热量和水吸收的热量如何测算,以及这两个热量之间的关系是什么,那么,本题所提出的要求的答案均在其中。我们编制本题还有一个意图,那就是让同学们尝试编制物理计算题,体悟计算题中的数据从哪里来的,怎样给出计算题中的一些条件,如何隐蔽计算题中要求他人破解的答案。同学们经历编制物理计算题的过程,就会觉得物理中训练习题和考试试题并非神秘了。

4. 建议同学们从自己是怎样获得所需要的能量,这个事实中去寻找到答案。

5. 同学们要学会用"事物总是具有两面性"的观点分析问题。因此,建议从热机的出现与使用在促进社会进步与发展中的作用以及热机的使用又不可避免地带来环境污染两个方面去思考。

6. 这是一道训练同学们用列表的方式归纳总结知识的题目。因此,建议从汽油机和柴油机的结构、点火方式上去寻找答案。

7. 本题建议从以下四个方面思考:

(1) 小汽车的汽油发动机的功率是否变化。

(2) 汽油燃烧所释放的热量是热机效率中的总热量,以及这个总热量如何测算。

(3) 小汽车在高速公路上行驶 5 小时内所做的功,即消耗的能量,就是热效率中的有用热量,以及这个有用热量如何测算。

(4) 密度知识的应用。

结合以上四点,该题的解题过程便豁然开朗。

8. 建议同学们尝试编制填空、选择、问答、综合计算等类型的物理问题。这样做也是总结这章知识掌握情况的一种做法。

第十三章　探究简单电路

1. 建议从自然中的物质统统都是由原子组成的,而原子又是由原子核与核外电子组成的,原子核内有质子和中子,因此,所有物质的内部都有带负电的电子和带正电的质子。于是,这个问题的答案也就出来了。

2. 静电现象是自然中一种比较普遍的现象,如雷电现象就经常发生。人们通常都是从静电作用力和静电火花两个方面考虑它们的应用和防护,因此,建议同学们从这两个方面去思考并作答。

3. 我们在本章第三节的"本节学习支架"部分的"怎样认识电流"中,说到有一种力在驱使电荷做定向运动,而这种力总是由某种物质来传递的,再加上如同光速那样快的事实为依据。那么,同学们根据这些事实去发挥想象,在闭合电路中,到底是什么东西驱使电荷如此快的速度移动,进而提出合乎科学的猜想。

4. 建议同学们从电流表和电压表的符号、用途、校零、连接方式、电流的进出、量程等方面进行比较。

5. 同学们只要认识图中器材的符号以及电表的连接方式,那么,自然就会将电路图正确画出来。

6. 同学们需要凭经验对待测电路中的电流或电压作出预判,以及倘若预判不准确,怎样采用试探的方法来解决问题。

7. 本题的关键是同学们要会使用开关对电路进行局部短路的方法。

8. 出现题中所说的现象,说明电源和电压表没有问题,也不可能是短路,因此,建议同学们从电路其他方面进行检查,进而说出灯泡不亮的可能原因是哪些。

第十四章　探究欧姆定律

1. 本题是一道知识拓展题,关键是同学们在阅读关于欧姆的资料时,要善于发现当时欧姆通过数据分析并归纳得出的关系式,跟我们现在学习的欧姆定律的表达式区别在哪里。

例如,欧姆当时的表达式 $X = \dfrac{a}{B+y}$ 中的 X 表示电路中的电流,a 表示电源的电动势(在初中,我们可视为电路的总电压),$b+y$ 表示外电路中电阻和电源内部电阻之和。由此,你会从中找到答案。

2. 本题是一道阅读思考题。因此,建议同学们认真阅读并思考题中给出的阅读内容,并从欧姆怎样吸纳他人的成果以及从父亲那里学到精湛技艺等方面作答。

3. 建议从课本欧姆定律应用一节的"活动 1"中最后提出的三个问题上去思考并作答。

4. 同学们在今后的学习中一定要注意课本上提供的表格。因为表格栏目内所呈现的数据、规格,甚至是条件等,都是前人通过探究发现的知识。因此,在本题中,我们只要应用几种导电材料的电阻表格中提供的知识就能找到解决问题的办法。

5. 这个问题要用到欧姆定律的表达式,但同学们要弄清电路中的电流表和电压表分别测量的是哪一段电流中的电流和哪一段电路两端的电压,问题便迎刃而解。

6. 这个问题要用到欧姆定律的表达式,但同学们要弄清电路中的电流表和电压表分别测量的是哪一段电流中的电流和哪一段电路两端的电压,问题便迎刃而解。

7. 从若题中出现电流单位是毫安、电阻单位是欧姆、电压单位是毫伏时,我们应该怎样处理这些单位,才能使用欧姆定律的表达式这个角度来思考,即从国际单位制建立的意义角度来思考。

第十五章　电能与电功率

1. 建议同学们从"人类不可能创造能量"这个观点出发,问题自然就会有答案。

2. 建议同学们从功和功率两个概念的意义以及测算方法上寻找共同点和不同点。

3. 阅读是自学的重要途径,也是获取知识的重要渠道。这里说的知识不仅仅是前人发现的自然规律和社会真谛。它还包括前人的正确思想、科学方法、巧妙技能,以及正确的态度、美好的情感和坚强的意志品质等。

因此,希望同学们要把自己在"从无数次实验测量中逼出真理的焦耳"资料的阅读中,打心里领悟到的一些东西表达出来。

4. 这是一道数学方法在物理学中应用,进而让同学们体悟数学魅力的问题。

因此,建议同学们要带着体悟数学功能的情趣,把焦耳定律的表达式 $Q = I^2Rt$ 和电功率的计算式 $P = IU$ 结合起来,找到共同的物理量 I,再应用欧姆定律的表达式进行数学推演。那么,电功率的一些计算式就会呈现在同学们的眼前。

5. 这是一道让同学们区分额定电压和实际电压以及额定功率和实际功率的问题。只要同学们会区分,那么,本题答案便水落石出。

6. 这是一道让同学们学习评价的问题。"评价"有"自我"与"他人"之分。本题是对他人的提供的"设想"作出评价。通常要从设想的意义、价值、可行性,以及值得参考的地方和存在的问题等多方面发表自己的意见和建议。

7. 解决这个问题要用到欧姆定律的表达式以及电功率的计算式。只要同学们能弄清两个电路中的电流表和电压表分别测量的是哪一段电流中的电流和哪一段电路两端的电压,问题便迎刃而解。

8. 解决这个问题要用到欧姆定律的表达式以及电功率的计算式。只要同学们能弄清两个电路中的电流表和电压表分别测量的是哪一段电流中的电流和哪一段电路两端的电压,问题便迎刃而解。

第十六章 电磁铁与自动控制

1. 希望同学们能真实地表达自己的认识。

2. 这是一道评价题,请同学们参照前面评价的做法发表自己的见解。

3. 首先,同学们要吸纳并接受"一切科学都是建立在假设基础上"的观点。例如,牛顿等科学家创立的经典物理学就是在牛顿假设的时空框架中建立起来的。爱因斯坦的相对论也是在光速不变的假设中架构起来的。这些事实说明,在科学探究中假设是多么重要。本题只是为了让同学们尝试假设,进而训练想象与假设的能力。因此,建议同学们要想象并假设那些能被磁化的物质内部分子环形电流的分布状况与不能被磁化的那些物质内部分子环形电流的分布状况有什么不同,然后才能作出解释。

4. 同学们只要会用右手螺旋定则判断通电导体周围的磁场方向,又了解直线、环形和螺管形状的导体通电后,它们周围的磁场分布状况,便可得出问题的答案。

5. 建议同学们从力、电、磁、热、光等多方面观察思考,进而才能将图中所用到的物理知识一一列出。

6. 从上一题中可找到答案。

7. 同学们只要知道水是导体,同时又知道电磁继电器的原理,那么,本题的答案便出来了。

第十七章 电动机与发电机

1. 观察实验在物理的学习与探究中极为重要。历史和今天的事实表明,任何科学探究都不可能有现成的实验方案和器材。

通常情况下,科学家们都是自己设计实验的,有时还要自己动手制作实验探究仪器。因此,本题让同学们在经历了不少观察实验过程之后,再一次认识实验的作用、意义和价值。

2. 建议同学们重温关于奥斯特和法拉第的资料,要从心里发出对这两位科学家的崇敬,进而才能发现自己在他们身上要学习的东西。

3. 本题是一道评价题,同学们要参照前面评价的做法进行评价,要将值得肯定的地方以及为什么值得肯定或应当否定的意见说出来并说出否定的原因。

4. 电动机中的换向器的作用是即时改变电流方向,而发电机并不需要改变电流方向。因此,建议同学们从这个角度思考,再找出它们的相同点和不同点。

5. 同学们在解答本题时要知道,电动机超负荷就意味着它的输出功率超过了它的额定功率。那么,在电压不变的情况下,通过电动机线圈中的电流势必增大,再根据电流的热效应不可避免以及电动机转动摩擦产生热量也不可避免等因素去思考并作答。

6. 同学们在解答本题时要知道,电动机在额定电压下才能正常工作,然后再去思考:电动机输出的功率比额定功率少,那么,减少的这部分功率又消耗在哪里呢? 顺着这一思路往下想,解答问题的过程便明朗清晰了。

7. 同学们在思考本题时,只要抓住以下四个要点就明朗了。

(1) 发电机的额定功率是不变的。

(2) 输电线是有电阻的,且线路越长电阻越大。

(3) 根据焦耳定律的表达式 $Q = I^2 Rt$,那么,输电线上的发热量跟电流平方成正比。

(4) 输电线上耗损的热量不仅无用,而且有害。

8. 同学们只要会用"自然中万事万物都是有联系"的辩证观点去思考自然中各种能量之间的关系,那么,问题的答案就在你心中。

第十八章　家庭电路与安全用电

1. 本题是一道联系实际的家庭电路问题。同学们需要掌握下面两个要点:

(1) 火线必须首先进开关。

(2) 家庭电路中的所有电器都必须并联。

再去连接家庭电路就不难了。

2. 本题是一道联系实际的家庭电路问题。同学们需要掌握下面两个要点:

(1) 熟悉单刀双掷开关的结构和使用方法,即这种开关的闸刀或键钮分别可以跟两个触点接触,进而收到接通一条电路、断开另一条电路的效果。

(2) 用电器(电灯)的进出电线,若连接到同一条进户线上就相当于加在用电器两端的电压为零。

再去连接楼梯灯的电路就不难了。

3. 建议同学们从哪些家用电器的外壳容易漏电去思考。

4. 顺口溜这种形式便于记忆,建议同学们要积极去编。

5. 本题不难,意义在于同学们要通过测算,进一步认识节约用电的意义和价值。

6. 同学们首先要知道,题中提供的所有用电器电功率同时使用时的总功率,然后利用电功率的计算式和家庭电路的电压,便可计算线路中的电流。

7. 本题需要利用焦耳定律的表达式和燃料的热值定义式,只要同学们熟悉并会使用这两个公式,同时,通过分析又知道两个公式中所反映的共同的物理量之间的关系。那么,解决这个问题就不困难了。

8. 本题用到了电路局部短路的知识,同学们只要把电路在局部短路时,电烙铁在额定电压下单独工作所消耗的电功率计算出来,再跟电路在没有局部短路时,灯泡和电烙铁都不在额定电压下工作,它们共同消耗的电功率计算出来进行比较,便知道消耗的电能大幅度降低的原因了。

9. 自然中事物是多种多样的,但是它们总是有共同的东西存在的,从这一思路出发,同学们就会豁然开朗。

第十九章　电磁波与信息时代

1. 建议同学们从光传播速度比声音传播速度快得多上思考忽略了什么,那么,题中问的"为什么"也就在其中了。

2. 建议同学们从今天人们对电磁波的广泛应用角度思考并作答。

3. 建议同学们从电磁波和超声波的穿透能力的比较上去思考并作答。

4. 同学们首先要知道电磁波的传播是需要时间的,然后再从延时现象以及电磁波传递往返的路程角度去思考并作解答。

5. 课本是我们学习的重要载体,因此,本题建议同学们从课本本章的第二节中寻找答案。

6. 建议同学们从电磁波的波形图能为我们提供哪些信息角度思考,然后再通过比较来作答。

7. 同学们只要记住光速的数值,同时注意光的往返路程,那么,很快就能解决本题。

8. 希望同学们要如实作答第一问。然后再用"一分为二"的辩证观点发表自己的见解完成第二问。

第二十章　能源与能量守恒定律

1. 本题有 3 问,每一问都不难,相信同学都能正确作答。重要的是同学们要能从作答中思考自己得到了哪些启发,受到的教育是什么。

2. 建议从人类自身找原因并举例说明。

3. 在上一章的值得思考与探究的问题 8 中,问到使用互联网可以做些什么,因此,希望同学们上网更多的是学习,并从现在就做起。

4. 本题是一道开放性的问题,建议同学们从 6 个项目中选出自己认为更有意义和价值,同时又有比较充分的理由去争取实现的 3 个项目。

5. 建议同学们参照科学家们在审美时,采用的质朴、真实、简单、均衡、不变、对称、守恒、稳定、和谐等标准,来选择物理学中美的东西,越多越好。

6. 建议同学们用研制永动机失败的史实和能量在转移、转化的过程中具有方向性,即内能耗损不可回收的事实来说明这个问题。

7. 建议同学们从"在电灯光下烤火听音乐"这句话中,思考"灯光""烤火""听音乐"分别是什么能量在发挥作用,然后再去思考这些能量分别是通过何种方式被我们利用的。

8. 本题同学们只要知道并会应用功和功率的定义式以及燃料热值的定义式,又通过分析能找到这些公式中的物理量之间的直接与间接关系。那么,本题便迎刃而解。

9. 同学们在解答本题时,首先要梳理课本和本书中哪些地方用到了辩证唯物的思想观点来处理生活、生产和社会方面的问题。

例如,事物总是具有两面性的,既对人类有有益的一面,又对人类有有害的一面,人们是怎样趋利避害的;又例如,人们是怎样利用"矛盾既是对立的,又是统一的,矛盾是事物运动和发展的动力"这一辩证观点处理某些社会问题的等。

后　记

　　感谢我的学生周沛、张毅、王进、朱斌辉、范志刚、李晓明、毕德梅、何微、殷枫、胡敏、强燕、胡业功、曹荃、蒋翔、毕颖、周元珺、张泉、宋长霞、谷岚、王海祥、张靖、赵大勇、盛颖、汪峰、马利亚、金标、刘江淮、马振清、胡波、陆南飞、邬江、胡坚、徐光兵、杨捷、庄慧忠、赵栋伟、朱循宇、喻文承、吴明、薛峰、梁军、吕勃、许怀新、方明、陆铭。

　　他们在我古稀之年共同资助推出我编写的《叩开学习物理的门与道》这本书，并赠送给马鞍山市初中学生阅读。

　　《叩开学习物理的门与道》，虽然是供初中生在自主学习物理这门学科中，作为参考使用的工具书。但其中涉及的内容却十分广泛，既有自然与社会方面的，也有生活与生产方面的，还有文学和艺术方面的。这不仅贯彻了课标倡导的学科渗透思想，说明了自然中的万事万物都是有联系的，同时也告诉同学们千万不要将物理这门学科孤立起来学习！

　　因此，本书也可供高中学生阅读，甚至连学生家长空闲时读一读，也能从中明白自然与社会之间关联、相通和互动的一些科学道理。

　　本书的完稿，是我暮年的一大愿望，也是我一辈子教学改革与实践经验总结的结晶。期盼这本书的出版，能在物理这门学科的教育与教学发展中发挥正能量作用。真诚希望物理老师们能坚持在"辩证唯物思想"的指导下，采用"给思想、给路子和给方法"的做法，积极引导同学们尽快地步入"自主学习"物理的轨道，让他们在轻松愉快地学习物理的过程中，既能品尝到这门科学的原汁原味，又能接受到科学思想、科学精神、科学情感、科学方法、科学态度、科学毅力和科学习惯的教育。

　　在这里，我还想特别感谢我的学生周沛和陆铭两位国内外知名的专家教授，他们目前所研究的领域，作为曾是他们老师的我，也只能是坐在学生的席位上，认认真真地听他们讲课了。可见，没有永恒的老师，只有永远的学生。

　　让我吃惊的是当我把这本书稿的部分内容让他们阅读之后，他们不约而同地产生了共鸣，即刻就为这本书写出了序文，并从不同的角度精准地说出了我想要表达的内涵，也是《叩开学习物理的门与道》这本书的中心思想和核心观点。

此刻，一幅青出于蓝而胜于蓝的景象，瞬间展现在我的眼前，实在是后生可畏，后生可赞！

再一次感谢马鞍山市第二中学 89～91 届初、高中毕业的同学们，你们今天的举动，是母校的荣誉，也是母校老师的自豪！

我真诚地希望今天在马鞍山市第二中学学习的学子，一定要向你们的学长们好好学习！

汪延茂

2016 年 3 月 24 日